塑性成形大变形理论

主　编　刘英伟
副主编　高卫红　孙　斌　傅宇东

哈爾濱工程大學出版社
Harbin Engineering University Press

内容简介

本书主要对材料塑性成形大变形理论进行初步但重要的阐述。为了定量刻画变形的程度，本书引入了变形梯度的概念，并以此概念为基础引出格林应变和阿尔曼斯应变。由于材料变形时，各个物理量每时每刻都在变化，因此本书引入了变形速度的概念，与此相对应，还引入了客观应力率的概念，并建立了二者的本构关系。

本书共分两篇：上篇主要介绍小变形理论，其中第1章介绍了晶体塑性变形的物理基础，第2章介绍了应力分析，第3章介绍了应变分析，第4章介绍了屈服准则，第5章介绍了本构关系；下篇主要介绍大变形理论，其中第6章介绍了大变形描述方法，第7章介绍了极分解定理，第8章介绍了弹塑性变形耦合，第9章介绍了客观应力率，第10章介绍了晶体塑性本构关系。

本书适合高校和研究所材料科学与工程专业研究生(员)以及在此领域从事生产工作的科研人员参考使用。

图书在版编目(CIP)数据

塑性成形大变形理论/刘英伟主编. —哈尔滨：哈尔滨工程大学出版社，2024.6
ISBN 978-7-5661-4259-7

Ⅰ. ①塑… Ⅱ. ①刘… Ⅲ. ①塑性变形 Ⅳ. ①TB301.1

中国国家版本馆 CIP 数据核字(2024)第041733号

塑性成形大变形理论
SUXING CHENGXING DABIANXING LILUN

◎**选题策划** 丁 伟 ◎**责任编辑** 丁 伟 ◎**封面设计** 李海波

出版发行 哈尔滨工程大学出版社
社　　址 哈尔滨市南岗区南通大街145号
邮政编码 150001
发行电话 0451-82519328
传　　真 0451-82519699
经　　销 新华书店
印　　刷 哈尔滨午阳印刷有限公司
开　　本 787 mm×1 092 mm 1/16
印　　张 12.5
字　　数 328千字
版　　次 2024年6月第1版
印　　次 2024年6月第1次印刷
书　　号 ISBN 978-7-5661-4259-7
定　　价 58.00元

http://www.hrbeupress.com
E-mail:heupress@hrbeu.edu.cn

前　　言

材料塑性成形作为一门学科，在工科领域的地位是极其重要的，它对制造业的支撑意义也是十分重大的。此类图书的出版十分活跃，为该领域的教学、科研以及技术创新做出了很大贡献。然而，目前大部分图书论述的理论都是基于小变形的，而塑性成形常常是大变形，因此加强此方面的理论推广和普及显得十分重要和迫切。

本书对大变形理论进行了介绍，与为数不多的此类图书相比，本书的最大特色是对复杂、深奥的理论进行了深入、细致的阐述，对于广大读者，尤其是初学者来说，对该理论的掌握十分有益。作为铺垫，本书首先对小变形理论进行了介绍，因为大变形中的一些理论需要小变形理论来支撑，而且在一定条件下，二者的结论还是一致的。

全书共分 10 章。第 1、2 章由哈尔滨工程大学傅宇东教授负责编写，第 3、4、5 章由哈尔滨工程大学高卫红副教授负责编写，第 6、7 章由哈尔滨工程大学孙斌副教授负责编写，第 8、9、10 章及附录由哈尔滨工程大学刘英伟副教授编写。全书由刘英伟统稿。

由于国内关于大变形理论方面的图书不多，本书参考了一些同领域的外文资料，在此向相关资料的作者表示感谢。

由于编者水平有限，书中难免有错漏之处，请各位专家及学者批评指正。

编　者

2023 年 12 月

目　　录

上篇　小变形理论

第 1 章　晶体塑性变形的物理基础 …… 3

1.1　位错滑移机制 …… 3

1.2　位错攀移机制 …… 14

1.3　晶体应变硬化 …… 16

1.4　形变孪生机制 …… 20

1.5　多晶体变形 …… 25

1.6　塑性变形过程中的晶界 …… 30

参考文献 …… 38

第 2 章　应力分析 …… 39

2.1　应力与应力状态 …… 39

2.2　主应力 …… 44

2.3　任意两个坐标系下的应力变换关系 …… 51

2.4　几种特殊的应力状态 …… 53

2.5　切应力和最大切应力 …… 55

2.6　应力偏张量及其他常用概念 …… 59

2.7　直角坐标系下的应力平衡微分方程 …… 61

2.8　圆柱坐标系下的应力状态与平衡微分方程 …… 62

参考文献 …… 63

第 3 章　应变分析 …… 64

3.1　应变的概念 …… 64

3.2　主应变及其他常用概念 …… 73

3.3　位移分量和应变分量的关系——小变形几何方程 …… 76

3.4　应变增量和应变速率张量 …… 80

3.5　平面应变问题 …… 83

3.6　轴对称问题 …… 84

参考文献 …… 85

第 4 章　屈服准则 …… 86

4.1　屈服函数与屈服曲面 …… 86

4.2　屈雷斯加屈服准则与米塞斯屈服准则 …… 87

4.3　两个屈服准则的比较——中间主应力的影响 …… 90

4.4　屈服面与 π 平面 …… 91

4.5　平面问题中屈服准则的简化 …… 94

4.6　后继屈服面 …… 95

参考文献 …… 98

第 5 章　本构关系 …… 99

5.1　弹性变形本构关系 …… 100

5.2　塑性变形应力-应变关系的特点 …… 102

5.3　塑性流动基本假设 …… 104

5.4　列维-米塞斯方程(增量理论——塑性变形本构方程) …… 108

5.5　普朗特-路埃斯方程 …… 111

5.6　塑性变形的全量理论 …… 112

参考文献 …… 115

下篇　大变形理论

第 6 章　大变形描述方法 …… 119

6.1　大变形简介 …… 119

6.2　变形梯度 …… 119

6.3　应变的度量 …… 122

参考文献 …… 127

第 7 章　极分解定理 …… 128

7.1　变形梯度矩阵分解 …… 128

7.2　速度梯度　变形速度　连续体旋转 …… 130

参考文献 …… 136

第 8 章　弹塑性变形耦合 …… 138

8.1　弹塑性变形耦合原理 …… 138

8.2　速度梯度与弹塑性变形速率 …… 140

参考文献 …… 143

第 9 章　客观应力率 …… 144
9.1　客观应力率的概念 …… 144
9.2　客观应力率举例 …… 147
参考文献 …… 149
第 10 章　晶体塑性本构关系 …… 150
10.1　晶体塑性力学 …… 150
10.2　单晶体塑性力学本构理论基础 …… 151
10.3　基于位错密度本构模型 …… 160
10.4　基于形变孪生的本构模型 …… 163
10.5　多晶体塑性力学本构理论基础 …… 165
参考文献 …… 166
附录 A …… 167
A.1　位错的基本概念 …… 167
A.2　位错的几何描述 …… 168
A.3　层错 …… 174
A.4　孪晶 …… 183
A.5　位错与层错的关系 …… 184
A.6　层错与孪晶的关系 …… 190

上篇
小变形理论

第 1 章　晶体塑性变形的物理基础

金属材料的宏观变形是由晶体的微观滑移产生的，二者密不可分，而塑性变形理论，则是把微观层次的晶粒、晶界、位错等细节统统忽略掉，把材料看成宏观的连续介质，运用适合于宏观连续介质的研究方法，阐述变形过程中材料所遵循的规律。不过，随着科学的发展，人们不满足于对问题浅层次的理解，而把塑性力学由宏观层次向晶体层次发展，其中一个代表就是晶体塑性理论。

晶体塑性理论是从材料的晶体结构出发，考察与宏观塑性变形相关的微观变形机理。晶体材料塑性变形的方式从微观机制上来看有晶体滑移、孪晶、晶界滑移等多种方式，目前的晶体塑性理论主要是针对以滑移为主的变形过程，也称为经典塑性理论。该理论起源于 20 世纪 30 年代 Taylor 的工作，后来在 70 年代由 Hill、Rice 等人给出了较为严密的数学描述。在经典晶体塑性理论中，单晶体的塑性变形被归结为特定晶面的特定晶向上的位错运动，同时引入自硬化和潜硬化，分别描述同一滑移系和不同滑移系中位错的相互作用；多晶体本构关系由构成该多晶体的取向各不相同的单晶体的本构关系经过统计平均化后得到，不同的统计平均方法得到不同的多晶体平均化模型。因此晶体塑性理论的研究主要包括单晶体塑性本构关系、多晶体平均化模型以及本构关系，这些内容将在第 10 章展开论述。

由于晶体塑性理论涉及晶体滑移、孪晶、晶界滑移等微观物理过程，因此本书开篇先介绍晶体塑性变形的物理基础。

1.1　位错滑移机制

1.1.1　滑移系

滑移是指在外力作用下晶体沿着某些特定的晶面和晶向发生相对滑动的形变方式。滑动发生的晶面称为滑移面，滑动的晶向称为滑移方向。二者组合称为滑移要素。注意关键字“特定”一词，它说明滑移不是随随便便发生的，发生滑移的面一定满足了某种条件（与此同时，其他面则不满足这一条件）。实际上，晶体中选择的滑移系由如下两个相互补充的准则来确定：(1) 能量准则，即位错线能量最小（即位错的柏氏矢量最小），以及它们所在面之间切变刚度最小；(2) 迁移率准则，即位错迁移经受最小的晶格阻力。对于确定的晶体结构，不论载荷大小或载荷的取向如何，滑移系的类型一般都是确定的（一般是一种，特殊情况可能有两三种）。因为塑性变形的滑移主要是位错移动的结果，因此这些准则决定了晶体的滑移系必然是由晶体的最密排面与密排方向组成的。

在外力作用下，晶体滑移的简单机制，可以用图 1-1 展示：在切应力 τ 的作用下，晶体首先发生弹性变形,此时晶格只出现了弹性扭曲。当切应力 τ 达到足够大(τ_k)时,晶体的一部分便会相对另一部分发生滑动。晶体滑移的距离是沿滑移方向上原子间距离的整数倍,这样便使得大量原子从一个平衡位置运动到另一个平衡位置。表 1-1 列出了一些常见金属晶体的滑移系。

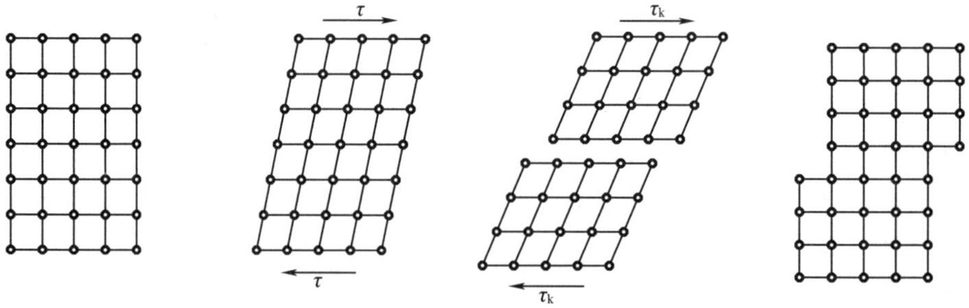

图 1-1　切应力作用下单晶体滑移变形示意图

表 1-1　一些常见金属晶体的滑移系

晶体结构	晶格类型	滑移面	滑移方向
Cu, Au, Ag, Ni, CuAu, α-CuZn, AlCu, AlZn	fcc	{111}	<110>
Al	fcc	{111} {100}	<110> <110>①
α-Fe	fcc	{110} {112} {123}	<111> <111> <111>
Mo, Nb, Ta, W, Cr, V	bcc	{110} {112}	<111> <111>②
Cd, Zn, ZnCd	hcp c/a>1.85	(0001) {10$\bar{1}$0} {11$\bar{2}$2}	<2$\bar{1}\bar{1}$0> [11$\bar{2}$0]③ [$\bar{1}\bar{1}$23]③
Mg	hcp c/a=1.633	(0001) {10$\bar{1}$1} {10$\bar{1}$0}	<2$\bar{1}\bar{1}$0>④ <2$\bar{1}\bar{1}$0>⑤ <2$\bar{1}\bar{1}$0>⑥
Be	hcp c/a=1.568	(0001) {10$\bar{1}$0}	<2$\bar{1}\bar{1}$0> <2$\bar{1}\bar{1}$0>
Ti	hcp c/a=1.587	{10$\bar{1}$0} {10$\bar{1}$1} (0001)	<2$\bar{1}\bar{1}$0>⑥ <2$\bar{1}\bar{1}$0>⑥ <2$\bar{1}\bar{1}$0>⑥
Ge, Si, ZnS	金刚石立方	{111}	<101>

表 1-1(续)

晶体结构	晶格类型	滑移面	滑移方向
As, Sb, Bi	菱方	(111) $(11\bar{1})$	$[10\bar{1}]$ $[101]$
NaCl, KCl, KBr, KI, AgCl, LiF	岩盐结构	$\{110\}$ $\{001\}$	<110> <110>⑦
MgTl, LiTl, AuZn, AuCd, NH_4Br	氯化铯结构	$\{110\}$	<100>

注:①450 ℃以上;②在高温时的第二滑移系;③250 ℃以上;④225 ℃以上;⑤在室温以及室温以下;⑥锥面和基面滑移比棱柱面滑移难激活;⑦在高温时的第二滑移系。

对于 fcc 结构,除了经常观察到的$\{111\}$滑移面外,在高温特别是层错能(stacking fault energy)比较高的金属中还观察到$\{100\}$、$\{110\}$、$\{112\}$和$\{123\}$作为滑移面。对于 bcc 结构,可能的滑移面为$\{110\}$和$\{112\}$。$\{110\}\langle 111\rangle$这一滑移系应该是所有 bcc 过渡金属首选的滑移系。一般来说,选择什么滑移面与温度有关:温度低于$\frac{T_m}{4}$(T_m为熔化温度)的首选滑移面为$\{112\}$,在$\frac{T_m}{4}$与$\frac{T_m}{2}$之间的首选滑移面为$\{110\}$,而高于$\frac{T_m}{2}$的首选滑移面为$\{123\}$。α-Fe 在室温时这三种滑移面都会开动。对于 hcp 结构,室温的滑移系一般为$(0001)\ \langle 2\bar{1}\bar{1}0\rangle$,滑移系较少。其他滑移系的开动取决于温度和 c/a(晶体轴向间距/晶格常数)值:$c/a>1.633$ 的金属在较高温时选择$\{10\bar{1}0\}\ \langle 11\bar{2}0\rangle$(棱柱滑移)和$\{11\bar{2}2\}\ \langle \bar{1}\bar{1}23\rangle$(滑移系),$c/a>1.633$ 的金属在低温时选择$\{10\bar{1}1\}\ \langle 2\bar{1}\bar{1}0\rangle$(锥面滑移)和$\{10\bar{1}0\}\ \langle 2\bar{1}\bar{1}0\rangle$ 等滑移系。

当某一滑移系开动时,并非这个滑移系中的所有晶面都会均匀地滑移,而仅是不均匀地分布在某些地方。若在形变前把晶体表面仔细抛光,那么形变后在表面上就会观察到很细的滑移痕迹:滑移带和滑移线。一个滑移带是由若干滑移层构成的,滑移层则对应于滑移线。滑移层的宽度约为 100 个原子直径,滑移量约为 1 000 个原子直径。变形时,观察到滑移带(滑移线)从无到有,由浅到深(对应滑移带内新的滑移线增多,整个滑移带的滑移量增加),由短到长(两头增长),由少到多。由此看出,整个形变过程是不连续的。

1.1.2　位错滑移力学条件

要想使晶体在固定的滑移系产生相对滑动,需要在滑移系上有适当的分切应力。现以简单的单轴拉伸情况为例进行讨论。设拉伸载荷为 P(正应力 $\sigma=P/A$,式中 A 是试样的截面积),P 与滑移面法线夹角为 φ,与滑移方向夹角为 λ,如图 1-2(a)所示。P 在滑移方向的分力等于 $P\cos\lambda$,而滑移面的面积为 $A/\cos\varphi$,所以在滑移面滑移方向上的分切应力 τ 等于:

$$\tau=\frac{P\cos\lambda}{A/\cos\varphi}=\frac{P}{A}\cos\lambda\cos\varphi=\sigma m \tag{1-1}$$

式中，m 为外加力相对于晶体滑移系的取向因子，又称 Schmid 因子，$m=\cos\varphi\cos\lambda$。

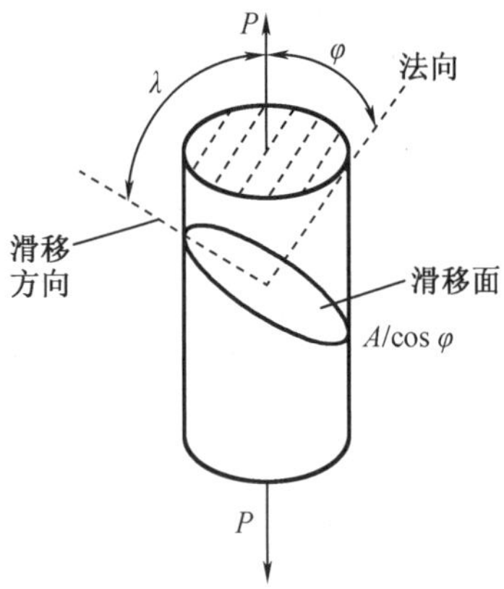

(a)拉伸力在滑移系上的分切应力

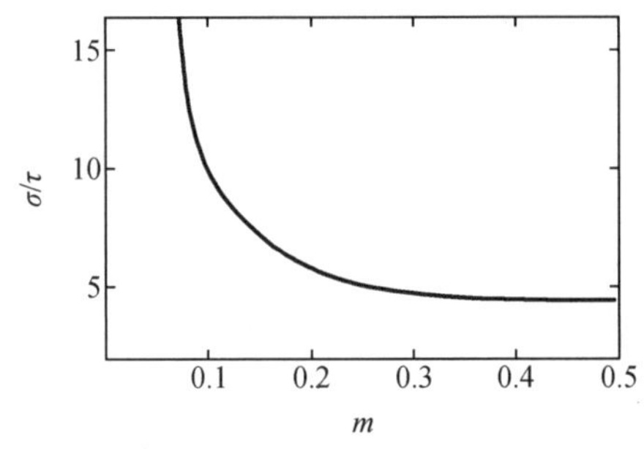

(b) hcp 晶体开始塑性变形时 σ/τ 与 m 的关系

图 1-2　单晶体单向拉伸的 Schmid 因子

图 1-2(b)所示为同一形变温度及相同形变速度下的一些六方金属(Zn、Cd 和 Mg) 晶体开始塑性变形的正应力 σ 和滑移系(基面滑移)分切应力 τ 的比值(σ/τ)与 m 的关系，该曲线是双曲线的一支，说明式(1-1)中的 m 为常数。这说明滑移系开动所需要的分切应力是一个定值，与外加力的取向无关。把滑移系开动所需要的最小分切应力称为临界分切应力，记为 τ_{CR}。滑移系开动所需要的临界分切应力是与外力取向无关的常数，这一规律称为 Schmid 定律。

当所加的应力场不只是一个拉伸应力，即晶体承受的应力状态较复杂时，取向因子的表达形式不同，可能有不止一个取向因子。普遍看来，若在某坐标架(x,y,z)下应力场为 $\boldsymbol{\sigma}$，要求这个应力场在立方系某个滑移系(hkl)[uvw]上的分切应力，可以设一个新的坐标架(x', y',z')，把 x'定义在滑移方向[uvw]上，y' 定义在滑移面(hhl) 的法线上，找出(x,y,z)与(x', y',z') 间的变换矩阵 $\boldsymbol{A}$(组元为 A_{xy})，把应力张量 $\boldsymbol{\sigma}$ 变换到(x', y',z') 坐标架上，获得 $\boldsymbol{\sigma}'$，应力张量 $\boldsymbol{\sigma}'$的分量 σ'_{xy}就是所求的在滑移系上总的分切应力：

$$\sigma'_{xy}=\sum_{l=x,y,z}\sum_{k=x,y,z}A_{xl}A_{yk}\sigma_{kl} \tag{1-2}$$

即将 $\boldsymbol{\sigma}$ 的所有应力分量向滑移系投影，得到总的切分应力 σ'_{xy}。

1.1.3　晶体在滑移时的转动

如果晶体在拉伸时，夹头不受约束，则滑移时各滑移层一层层滑开，且每一层与力轴的夹角χ_0 保持不变，如图 1-3(a)所示。但是在实际的拉伸过程中，夹头不能移动，这将迫使晶体发生转动，在靠近夹头处由于夹头的约束晶体不能自由滑动而产生弯曲，在远离夹头处会引起晶体点阵的逐渐转动，转动的方向是使滑移方向转向力轴。

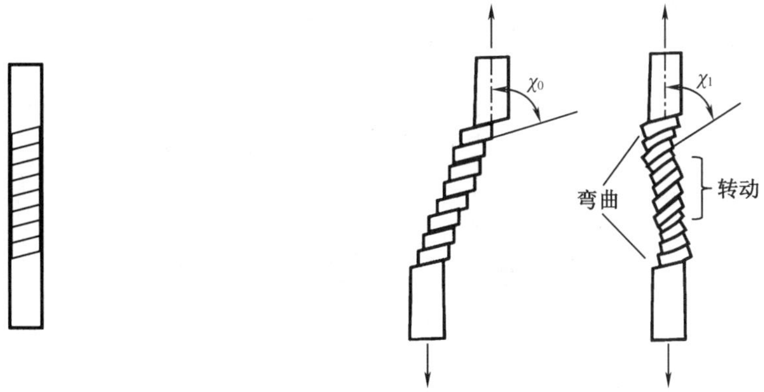

(a)拉伸时不受约束滑移层的相对滑动，不发生转动　　(b)固定夹头拉伸时滑移面的转动($\chi_1<\chi_0$)

图 1-3　拉伸时晶体的转动

1.1.4　等效滑移系与多系滑移

图 1-4(a)是 fcc 晶体的一个晶胞。图 1-4(b)把 fcc 晶体的极射投影图中 3 个{001}类型的面的极点分别标记为 w_1、w_2、w_3；4 个{111}类型的滑移面的极点分别标记为 A、B、C、D；6 个<110>类型的滑移方向的迹点分别标记为Ⅰ、Ⅱ、Ⅲ、Ⅳ、Ⅴ、Ⅵ。若外力轴取向处在每一个以{001}、[101]、{111}为顶点的曲边三角形内部时，只有一个滑移系的取向因子最大，即只有一个滑移系最先开动。在图 1-4 中把外力轴处在各曲边取向三角形中所对应最先开动的滑移系以 AⅠ，AⅡ，…，BⅤ，BⅥ等方式标出。例如，拉伸力轴取向处于图 1-4(a)中的 w_1-Ⅰ-A，即以[001]、[101]和[111]这 3 个极点为顶点的取向三角形内投影三角形时，只有一个滑移系[(1$\bar{1}$1) [011]，即 BⅣ]的取向因子最大，即只有这个滑移系最先开动。又例如，拉伸力轴取向处在图 1-4(b)所示的 w_1-Ⅳ-A，即以[001]、[011]和[111]这 3 个极点为顶点的三角形内时，只有 1 个滑移系[($\bar{1}\bar{1}$1)[110]，即 CⅠ]的取向因子最大，即只有这个滑移系最先开动。

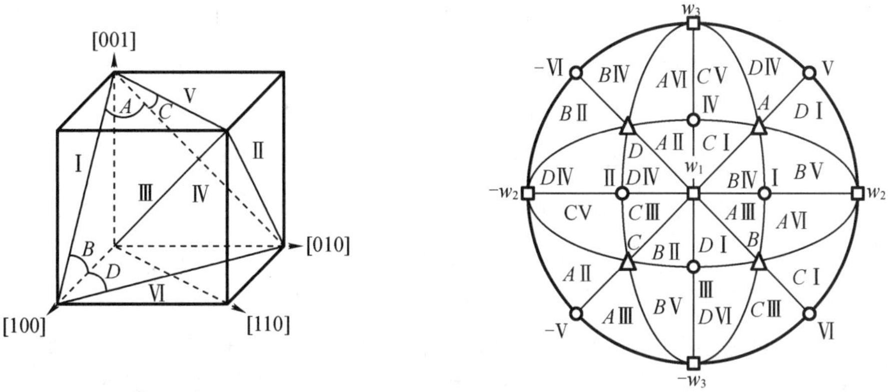

(a)晶胞中表示的滑移　　(b)各类迹点

图 1-4　fcc 晶体不同取向的拉伸力轴对应最先开动的滑移系

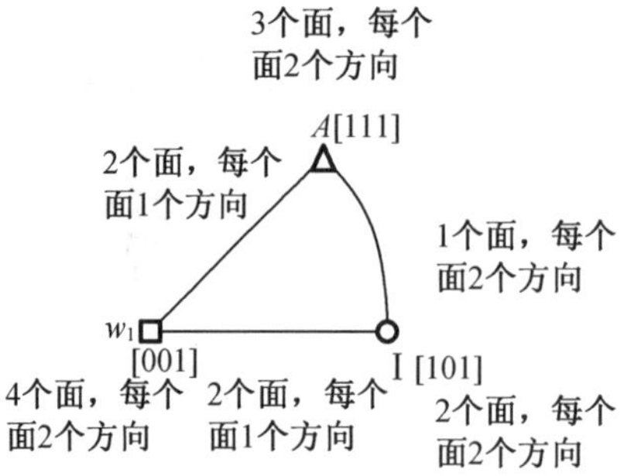

(c)力轴处不同取向能开动的等效滑移系数目

图 1-4(续)

对 fcc 晶体计算的结果表示于图 1-4(b)中。图 1-4(c)所示为力轴处不同取向能开动的等效滑移系数目。

因为晶体的对称性，立方系晶体的任一个晶向都有 24 个等效方向，在投影图中也有 24 个等效的曲边三角形，所以在研究立方系时，只要采用[001] 标准极射投影图的一个曲边三角形就有足够的代表性了。通常用以[001]、[101]和[111]这 3 个极点为顶点的曲边三角形[图 1-4(c)]作为取向三角形的代表(基本投影三角形)。

同样因为晶体的对称性，只要知道其中一个取向三角形内最先开动的滑移系，就可以推出其他任一个取向三角形内最先开动的滑移系。例如，知道了图 1-4(b)中 w_1-Ⅰ-A 取向三角形内开动的滑移系是 BⅣ，以Ⅴ-Ⅴ线[(110) 面的迹线]为对称面，则 w_1-Ⅳ-A 取向三角形内开动的滑移系的滑移面是与 B 点对称的 C(面)，开动的滑移方向是与Ⅳ点对称的Ⅰ点(方向)，即开动的滑移系为 CⅠ。又例如，w_1 是 4 次旋转轴，当 w_1-Ⅰ-A 取向三角形绕 w_1 逆时针转动 90°时就成为 w_1-Ⅳ-C 取向三角形，在这个取向三角形内开动的滑移面是由 B 点绕 w_1 逆时针转动 90°对应的 A(面)，滑移方向是由Ⅳ点绕 w_1 逆时针转动 90°对应的Ⅱ点(方向)，即开动的滑移系为 AⅡ。其他取向三角形内开动的滑移系可按类似的方法推出。

若拉伸轴取向处在取向三角形的边上，有 2 个滑移系的取向因子最大且相等，这两个滑移系就是这个取向三角形边邻接的两个区域所开动的滑移系。例如，拉伸轴取向处于图 1-4(b)的 A-Ⅰ线上时[同时参看图 1-4(c)]，能同时开动的滑移系是 BⅣ和 BⅤ，即分别与同一个滑移面上的两个滑移方向组成的两个滑移系；拉伸轴取向处于图 1-4(b)的 w_1-A 线或 w_1-Ⅰ线上时[同时参看图 1-4(c)]，前者能同时开动的滑移系是 CⅠ和 BⅣ，后者能同时开动的滑移系是 AⅢ和 BⅣ，它们都是分别在两个滑移面，每个面上有由一个滑移方向组成的两个滑移系；当拉伸轴取向处在<110> 迹点时，迹点所邻接的 4 个取向三角形内所能开动的滑移系的取向因子相等且最大，这 4 个滑移系能同时开动。例如，拉伸轴取向处于图 1-4(b)的Ⅰ迹点时[同时参看图 1-4(c)]，能同时开动的滑移系就是 BⅣ、BⅤ、AⅢ、AⅥ，即分别在两个滑移面，每个滑移面上各有由两个滑移方向组成的 4 个滑移系；当拉伸轴取向是<111>时，<111>极点所邻接的 6 个取向三角形所能开动的滑移系的取向因子相等且最大，这 6 个滑移系能同时开动。例如，拉伸轴取向处于图 1-4(b)的极点 A 时[同时参看图 1-4

(c)]，能同时开动的滑移系是 *B*Ⅳ、*C*Ⅰ、*C*Ⅴ、*D*Ⅳ、*D*Ⅰ、*B*Ⅴ，即分别在 3 个滑移面，每个滑移面上各有由两个滑移方向组成的 6 个滑移系。当拉伸轴取向是<100>时，<100>极点所邻接的 8 个取向三角形所能开动的滑移系的取向因子相等且最大，这 8 个滑移系能同时开动。例如，拉伸轴取向处于图 1-4(b)的迹点 w_1 时[同时参看图 1-4(c)]，能同时开动的滑移系是 *C*Ⅲ、*B*Ⅱ、*D*Ⅰ、*A*Ⅲ、*B*Ⅳ、*C*Ⅰ、*A*Ⅱ，即分别在 4 个滑移面，每个滑移面上各有由两个滑移方向组成的 8 个滑移系。能同时开动的滑移系称为等效滑移系，具有等效滑移系是晶体具有对称性的必然结果。

1.1.5　交滑移

一般来说，螺型位错倾向于沿着某晶面运动。但当它在这一滑移面上的移动受阻时，它将从这个滑移面转移到与其相交的另一个滑移面上继续运动，这个过程叫作交滑移(cross slip)。图 1-5 为面心立方金属中的交滑移示意图，图中$[\bar{1}01]$晶向是(111)晶面和$(1\bar{1}1)$晶面的公共滑移方向，*S* 处的螺型位错可以在这两个晶面上自由滑动，交滑移会产生一个非平面的滑移表面。在图 1-5(a)中，Burgers 矢量为 $\boldsymbol{b}=\frac{a}{2}[\bar{1}01]$，位错线在外加剪应力的作用下在(111)晶面上向左运动。其他含有这一 Burgers 矢量的晶面中只有$(1\bar{1}1)$晶面。假设位错环使局部应力场增大，引起位错运动发生变化，导致位错运动发生在$(1\bar{1}1)$晶面上而不是(111)晶面上。与具有单一滑移面的刃型位错和混合位错不同，纯螺型位错可以在$(1\bar{1}1)$晶面上和(111)晶面上自由运动，因此会在图 1-5(b)中的 *S* 处发生交滑移。然后，位错将在$(1\bar{1}1)$晶面上运动，如图 1-5(c)所示。交滑移后该位错又再次在另一个$(1\bar{1}1)$晶面与(111)晶面的交界处发生交滑移，从而又转回与原滑移面平行的滑移面上继续滑移，这种现象称为双交滑移(double cross slip)，如图 1-5(d) 所示。

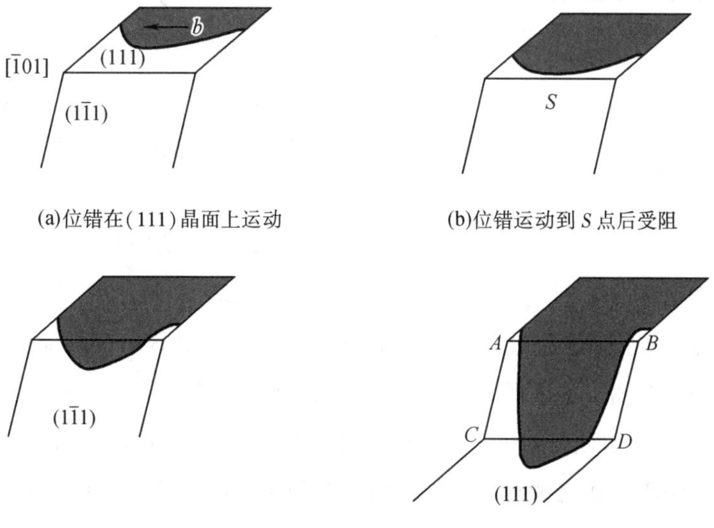

(a)位错在(111)晶面上运动　(b)位错运动到 *S* 点后受阻

(c)位错发生交滑移　(d)位错发生双交滑移

图 1-5　面心立方金属中的交滑移示意图

1.1.6 位错的交割

1. 刃型位错与刃型位错的交割

如图 1-6(a)所示,在切应力作用下,具有 Burgers 矢量 $\boldsymbol{b}_1$ 的刃型位错 ***AB*** 沿滑移面Ⅰ向下滑移,与 Burgers 矢量为 $\boldsymbol{b}_2$ 的刃型位错 ***CD*** 交割,且 $\boldsymbol{b}_1$ 平行于 $\boldsymbol{b}_2$。根据位错类型确定规则,当位错 ***AB*** 向下滑移时,平面Ⅰ左边的晶体会沿 $\boldsymbol{b}_1$ 方向运动,而右边的晶体则向相反的方向运动,因而 ***AB*** 与 ***CD*** 交割后将在 ***CD*** 上产生一个小台阶***PP′***,且***PP′*** = $\boldsymbol{b}_1$。由于***PP′***的滑移面也是原***CD***位错的滑移面(平面Ⅱ),所以台阶 ***PP′***在线张力的作用下会自行消失,位错 ***CD*** 则恢复其直线形状。这种位于同一滑移面上的位错台阶通常称为扭折(kink)。为了确定两个位错交割后位错形状的变化,假设位错 ***AB*** 不滑移,根据相对运动原理,位错 ***AB*** 沿其滑移面Ⅱ向上滑移。根据位错类型确定规则,在位错 ***CD*** 与位错 ***AB*** 交割后,位错 ***AB*** 上也会出现扭折。图 1-6(b)示出了位错 ***AB*** 与 ***CD*** 交割后在两条位错线上出现的扭折情况。这些扭折在线张力的作用下都会自行消失,所以两条位错线最终仍然是直线。

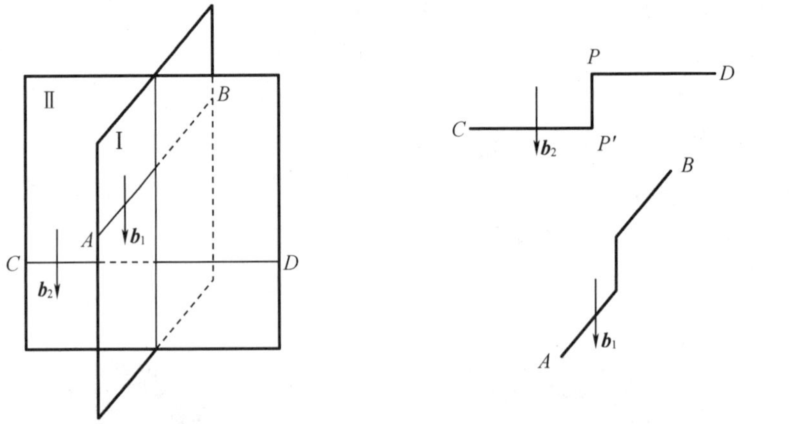

(a)刃型位错的交割 (b)位错交割后在两条位错线上出现的扭折情况

图 1-6 Burgers 矢量相互平行的两个刃型位错交割机制图

图 1-7 示出了 Burgers 矢量相互垂直的两个刃型位错的交割情况。根据相对运动规律和原理可知,位错***AB*** 在交割后的形状不变,而在位错 ***CD*** 上则产生了一个小台阶***PP′***,且***PP′***平行于 $\boldsymbol{b}_1$。与上述情况不同,这个台阶的滑移面是Ⅰ,而不是交割前位错***CD*** 的滑移面Ⅱ,它在位错 ***CD*** 的线张力作用下不会自行消失。这种位于不同滑移面上的位错台阶称为割阶(jog)。由于滑移方向上的 Burgers 矢量长度通常只有一个原子间距,所以当位错 ***CD*** 发生滑移时,割阶***PP′***也随之滑移, 刃型位错上的割阶一般不会影响位错的后续滑移。

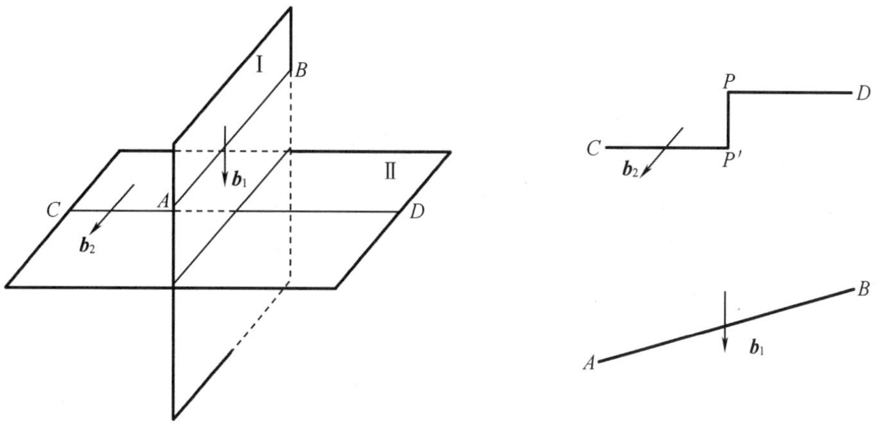

(a)刃型位错的交割　　(b)位错交割后在两条位错线上出现的割阶和扭折

图 1-7　Burgers 矢量相互垂直的两个刃型位错交割机制图

2. 刃型位错与螺型位错的交割

图 1-8 示出了刃型位错 ***AB*** 在滑移过程中与螺型位错 ***CD*** 交割的情况。根据位错类型确定规则和相对运动原理可知，交割后在位错 ***AB*** 和 ***CD*** 上将分别形成刃型台阶 ***PP′*** 和 ***QQ′***，其中 ***PP′*** $=\boldsymbol{b}_1$，***QQ′*** $=\boldsymbol{b}_2$。***PP′*** 是割阶，因为它的滑移面($\boldsymbol{b}_1\times\boldsymbol{b}_2$)不是位错 ***AP*** 和 ***P′B*** 的滑移面。从图 1-8(a)中可以直观地观察到割阶 ***PP′*** 的形成过程。由于螺型位错 ***QQ′*** 周围的原子面是螺旋面而非平面，因此，当位错 ***AB*** 通过位错 ***CD*** 后，它的 ***AP*** 段和 ***P′B*** 段不在同一层上，而在螺距为 $\boldsymbol{b}_1$ 的螺旋面上，两段之间的线段 ***PP′*** 就是割阶。图 1-8(b)中螺型位错 ***CD*** 上的台阶 ***QQ′*** 是扭折而非割阶，因为它的滑移面($\boldsymbol{b}_1\times\boldsymbol{b}_2$)也是位错 ***CD*** 的滑移面，或者说 ***CQ***、***QQ′*** 和 ***Q′D*** 三段位错都在同一滑移面($\boldsymbol{b}_1\times\boldsymbol{b}_2$)上，由于螺型位错的滑移面可以是包含位错线的任何平面，因而在线张力的作用下 ***QQ′*** 可能会自行消失，使位错 ***CD*** 恢复直线形状。

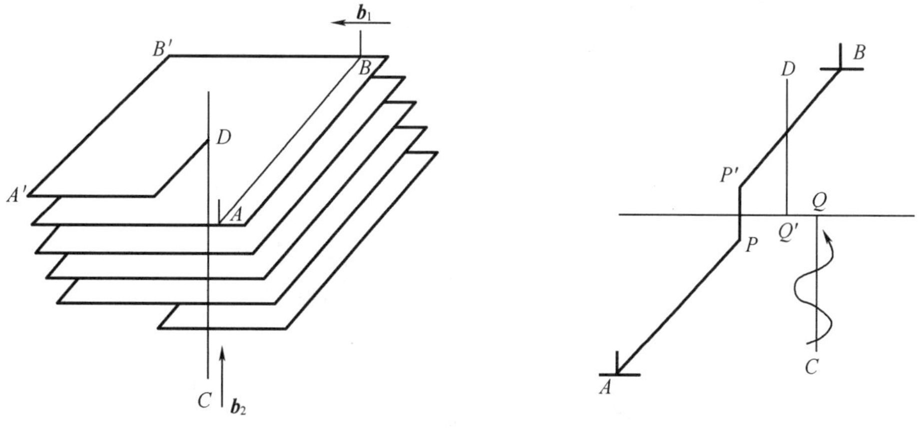

(a)刃型位错与螺型位错的交割　　(b)位错交割后两条位错线上的割阶和扭折

图 1-8　刃型位错与螺型位错交割机制图

3. 螺型位错与螺型位错的交割

图 1-9 示出了 Burgers 矢量为 $\boldsymbol{b}_1$ 的右螺型位错 **AB** 在滑移过程中与另一个 Burgers 矢量为 $\boldsymbol{b}_2$ 的右螺型位错 **CD** 交割的情况。与前面一样，可以判断出在位错 **AB** 和 **CD** 上会分别形成台阶**PP′**和**QQ′**，其中$\boldsymbol{PP'}=\boldsymbol{b}_2$，$\boldsymbol{QQ'}=\boldsymbol{b}_1$。虽然**PP′**和**QQ′**都是螺型位错上的台阶，但**PP′**是割阶，**QQ′**是扭折。这是由于位错 **AB** 的滑移面已经确定，而位错 **CD** 的滑移面并不确定，它可以是任何包含位错线 **CD** 的平面。所以，台阶 **QQ′**可以在线张力作用下消失，使位错 **CD** 在交割后恢复直线形状，但台阶 **PP′**却不会消失。

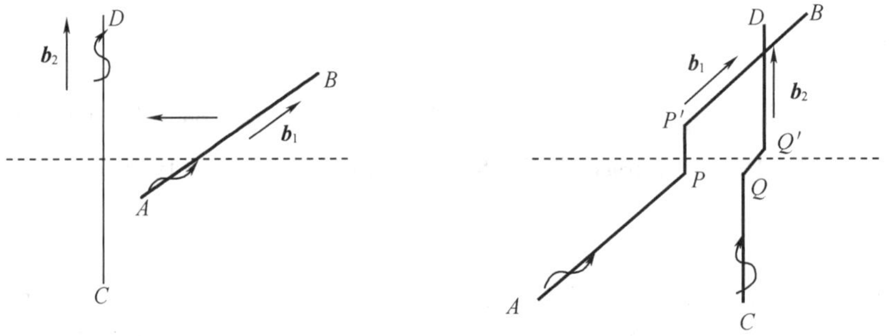

(a)两个右螺型位错的交割　　(b)位错交割后在两条位错线上出现的割阶和扭折情况

图 1-9　螺型位错与螺型位错交割机制图

螺型位错上的刃型割阶不能随着位错一起滑移。由图 1-10 可以看出，台阶**PP′**的滑移面是图中的阴影面，其只能沿位错线 **AB** 方向滑移。要使台阶**PP′**与位错**AB** 一起运动，只能通过攀移(climb)，因为其攀移面(*PP′M′M* 面)是刃型位错的额外半原子面。台阶**PP′**与位错 **AB** 一起运动将使额外半原子面缩小，从而在晶体中留下许多间隙原子。然而，这种攀移只有在较大的正应力和较高温度下才有可能发生。如果位错**AB** 是左螺型位错，则 **PP′**与 **AB** 一起运动将会使额外半原子面增大，从而在晶体中留下许多空位。由于金属中生成间隙原子所需的能量是生成空位所需能量的 2~4 倍，所以即使在外加正应力较大和温度较高的条件下，也是空位的生成优先于间隙原子的生成。在常温下，螺型位错上的刃型割阶会阻碍该位错的继续滑移，这样不仅需要更大的切应力，还会使滑移方式发生变化。

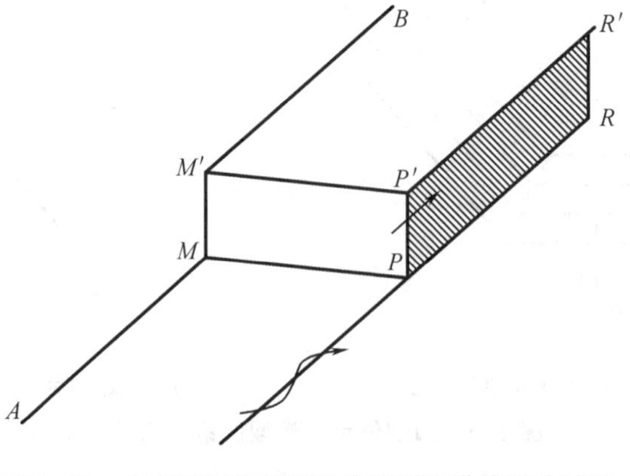

图 1-10　含有刃型位错割阶的螺型位错的运动过程

上述讨论中是假设割阶的长度为一个原子间距,这样的割阶称为基本割阶。在有些情况下,形成的割阶长度也可能大于一个原子间距,这样的割阶称为超割阶。当一个螺型位错在运动过程中先后与一系列螺型位错交割时,就会在该位错上形成一系列刃型割阶,如果这些割阶沿位错线的分布不均匀,即不等距分布,则当该位错线滑移时,与其距离最近的割阶将会在线张力作用下相互靠近和汇合。结果可能是它们相互抵消而使割阶消失,也可能是它们相互叠加而成为超割阶。根据其长度不同,超割阶又可分为短割阶、中割阶和长割阶三类。短割阶的长度只有几个原子间距。在滑移过程中,螺型位错可能拽着割阶一起运动,从而在晶体中留下若干空位[图 1-11(a)]。长割阶的长度大于 60 个原子间距。这类割阶只有在温度非常高且正应力非常大的条件下才可能攀移,否则无法攀移。因此,当发生螺型位错滑移时,这种割阶将被牢牢地钉扎住而成为极轴位错。螺型位错段将围绕这个极轴位错进行旋转,从而形成扫动位错,如图 1-11(b)所示。图中的长割阶 ***MN*** 是极轴位错,***XM*** 和***YN*** 是两段扫动位错,它们分别在距离为 ***MN*** 的两个平行滑移面上独立地进行滑移。它们实际上是两个同极轴的 L 形位错源。中割阶的长度介于短割阶和长割阶之间,如图 1-11(c)所示。长割阶 ***MN*** 仍然难以攀移,所以它仍然是一个极轴位错,而 ***XM*** 和 ***YN*** 也仍然是扫动位错。然而,中割阶与长割阶还是有一定区别的。对于长割阶而言,当两个扫动位错滑移(旋转)到有两个位错段[图 1-11(b)中 ***OM*** 和 ***NP***]相互平行的位置时,因为它们之间的距离 ***MN*** 很小,使得这两段平行的位错段之间的相互作用力(吸引力)非常大,导致该段位错不能继续滑移,只有其他部分[图 1-11(b)中的 ***XO*** 和 ***PY***]可以继续滑移。这样就形成了一对相距很近的平行异号位错[图 1-11(b)中的 ***OM*** 和 ***NP***],这对位错称为位错偶极子(isocatondipole)。

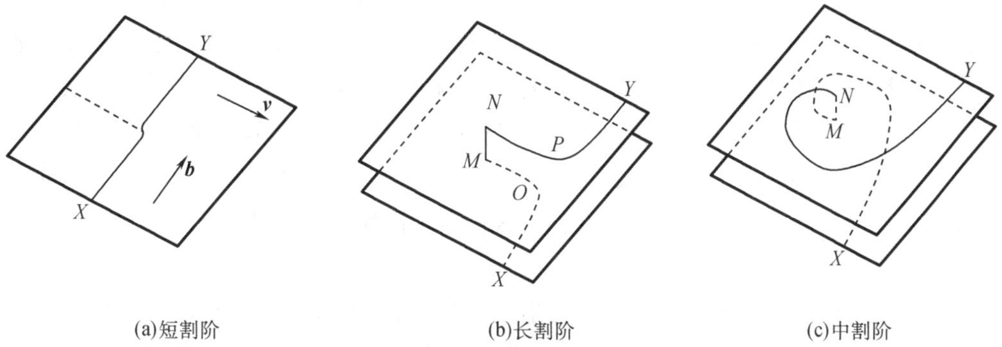

图 1-11　含有割阶的螺型位错的滑移过程

综上所述,割阶和扭折是位错的小单元,它们与所处的位错线具有相同的 Burgers 矢量 ***b***,如图 1-12 所示。与位错线具有相同滑移面的扭折不仅不会阻碍位错的滑移,反而还会有助于位错的运动。同样地,刃型位错中的割阶[图 1-12(c)]也不会影响滑移。螺型位错中的割阶[图 1.12(d)]具有刃型位错特征,但只能沿着直线滑移。

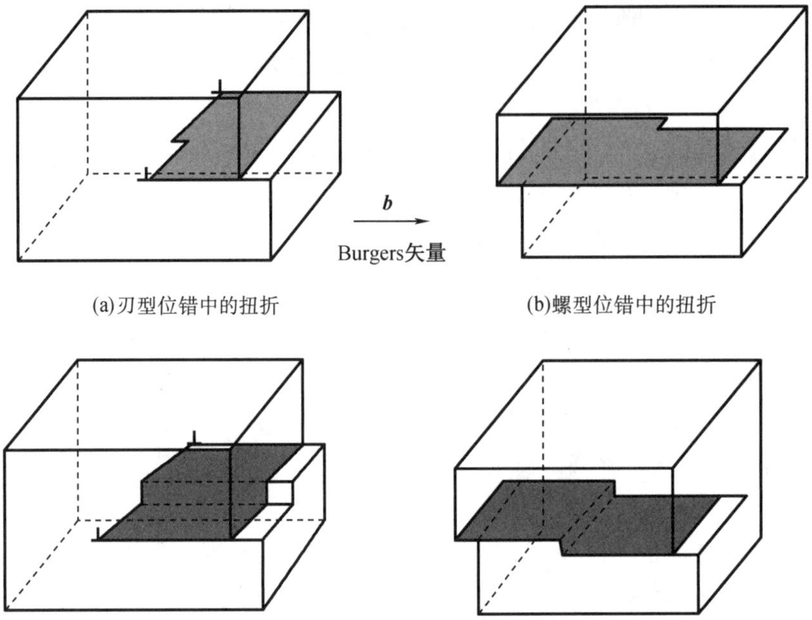

(a)刃型位错中的扭折 (b)螺型位错中的扭折

(c)刃型位错中的割阶 (d)螺型位错中的割阶

图 1-12 刃型位错和螺型位错中的扭折和割阶

1.2 位错攀移机制

在低温条件下,原子很难发生扩散,并且非平衡的点缺陷浓度的缺乏也限制了位错的运动,所以此时的原子运动几乎完全依赖滑移。然而,在较高的温度下,刃型位错可以通过攀移过程向滑移面外运动。图 1-13 为刃型位错攀移示意图。如果将一排垂直于纸面的原子 A[图 1-13(a)]移走,位错线将向上移动一个原子间距,从而跑到原来的滑移面上,这种攀移称为正攀移(positive climb),如图 1-13(b)所示。类似地,如果在额外半原子平面下引入一排原子,位错将向下移动一个原子间距,这种攀移称为负攀移(negative climb),如图 1-13(c)所示。

上面提到的攀移是一排原子同时被移走,而实际晶体中只是单个空位或一小团空位向位错扩散。图 1-14 示出了位错的一小部分发生攀移形成的一对割阶。正攀移和负攀移均可通过割阶的形核和运动来进行。相反,割阶是空位的发出源和吸收源。

引起位错攀移的应力分量应该为正应力。如图 1-15 所示,假设晶体中存在长度为 l 的刃型位错,如果沿着平行于 Burgers 矢量的方向施加拉应力 σ_x,则单位长度位错所做的功为

$$F_y d_y = -\sigma_x d_y b \tag{1-3}$$

可得

$$F_y = -\sigma_x b \tag{1-4}$$

式中,d_y 为攀移位移;F_y 为攀移力;b 为 Burgers 矢量的大小。

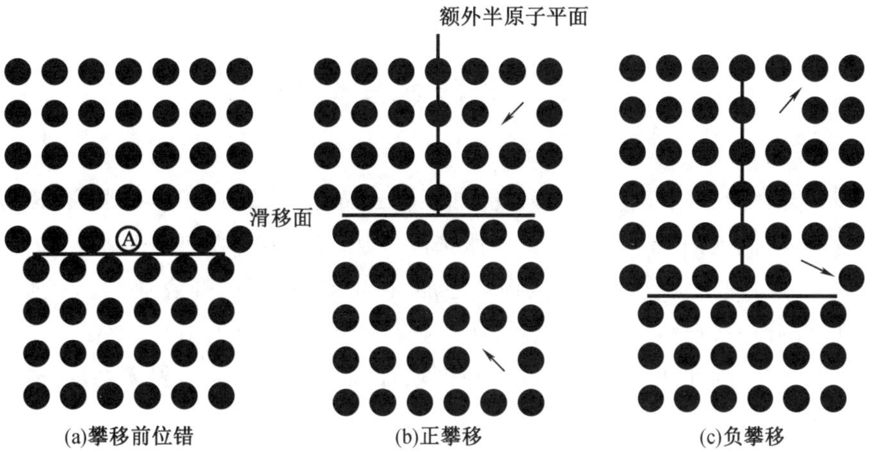

图 1-13　刃型位错的正攀移和负攀移(箭头表示空位运动的方向)

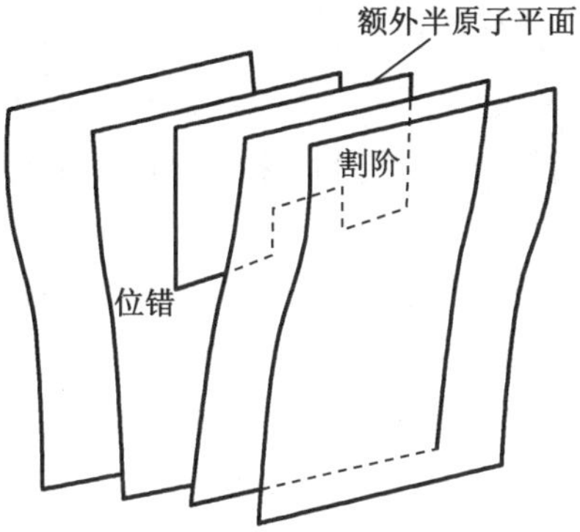

图 1-14　刃型位错上的一对割阶

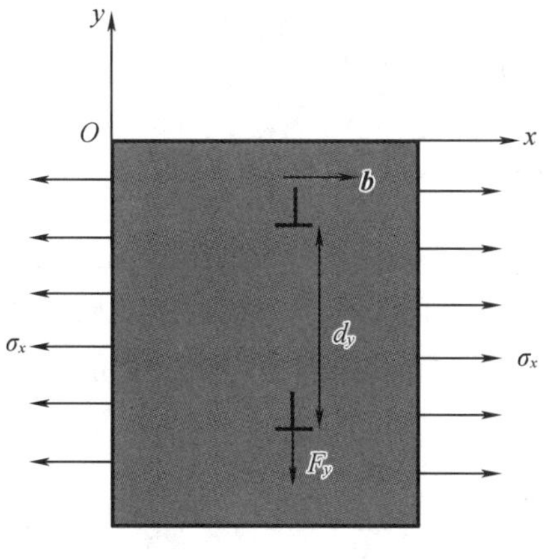

图 1-15　作用在刃型位错上的攀移力

式(1-4)中的负号含义如下:若 σ_x 为拉应力,则 F_y 向下;若 σ_x 为压应力,则 F_y 向上。与滑移力一样,攀移力可以通过外部或内部应力源产生。位错线的张力也会产生攀移力,但在这种情况下,所产生的力会减少额外半原子面上位错线的长度。然而,由于点缺陷的产生和湮灭也与攀移有关,所以除了这些机械攀移力外,还应考虑缺陷浓度变化引起的攀移力。

1.3 晶体应变硬化

金属和合金在低温(相对于熔点来说)加工后,很多性能都发生改变:强度和硬度增加,塑性下降。例如,低碳钢经冷加工后其屈服强度可从 170 MPa 增加至 1 050 MPa。这种现象称加工硬化。冷加工也改变了其他物理性能,如电导率、密度都会降低。金属和合金经冷加工后性能的改变,自然引起从事理论和工业实践研究的人们的巨大兴趣。由于塑性流变以位错机制进行,因此加工硬化来源于应变增加而使位错移动的阻力增加,故加工硬化又称应变硬化。

最早对应变硬化(加工硬化)原因的看法是 Taylor 提出的,他认为某些位错在晶体内部被“卡住”而产生内应力源,它们可以是长程的或是短程的,内应力源对抗其他滑动位错移动而产生硬化。实际上,发生塑性流变的机制是位错移动机制,所以发生应变硬化意味着随着应变增加位错移动困难,应变硬化理论都以这一概念为基础。

从应变硬化的根本原因可知,很多内外因素都可以影响应变硬化。内部因素有晶体结构、晶体取向或织构、堆垛层错能、化学成分、显微组织的几何形状和尺寸、当前的位错亚结构等;外部因素有温度、应变速率、形变模式、预形变史、试样尺寸和表面积与体积的比率等。尽管影响因素如此之多,但不管材料的晶体结构差异有多大,它们应变硬化的现象却几乎是相同的,这也可从上述几种晶体结构的应力-应变曲线看出。因此,它们在变形各阶段的硬化机制是类似的。

应变硬化的理论很多,对于第Ⅰ阶段和第Ⅲ阶段的硬化理论没有很大的分歧,但对第Ⅱ阶段的硬化理论至今仍有很大的分歧,各理论有各自的实验观察证据,但是由于很难观察到变形实体的真实位错结构,所以各种理论也存在争议。在这里不介绍各种理论的细节,只着重讨论一些共性的行为。

1.3.1 第Ⅰ硬化阶段

在这一阶段,只有单滑移系激活开动,滑移的总量主要是通过新滑移面的开动而不是靠原来的滑移面增加滑移量来实现的。刃型位错的相互捕捉形成多极位错辫,螺型位错大都通过交滑移而对消。这个阶段的硬化来自位错辫的非屏蔽长程应力场内应力,由于内应力很低,所以硬化率很低。

1.3.2 第Ⅱ硬化阶段

这一阶段的理论模型很多,但不管哪一种理论,都会涉及如下的一种或多种机制。在这一阶段,初次滑移系和第二滑移系都发生滑移,结果形成一些新的点阵不规则区域,它们包括林位错、L-C 阻塞、由移动位错与林位错交割或由林位错与位错源交割产生的割阶。因此,在这一阶段的流变应力应该足够大,才可以继续开动第二滑移系的位错源,并使位错能够克服诸多阻力而移动。在这一阶段位错滑移可能遇到如下阻力:

(1)原滑移系中位错塞积产生的长程应力场导致另一滑移系(次滑移系)开动,于是产生大量林位错,位错滑移和林位错交割,增大了位错滑移的阻力。

(2)林位错滑移使原滑移系中的 F-R 源产生大量割阶,带割阶的位错运动阻力加大。

(3)第二滑移系开动,形成越来越多的 L-C 不动位错,以 L-C 位错为核心逐渐形成由位错环、长位错偶组成的位错辫,它成为位错塞积的有效障碍。位错辫的长程应力场又阻止相邻滑移面中的位错滑移,同时,位错密度也越来越大,这样就增大了形变的抗力。

(4)由局部应力场(位错的短程交互作用)引起的硬化。

对于冷加工金属,上述所有因素都会不同程度地存在,应用任何一种因素都可以导出第Ⅱ阶段的线性硬化规律,所以存在好几种第Ⅱ阶段的硬化理论,它们是位错塞积理论、林位错理论和割阶理论等。这些理论对解释变形过程各种形貌特点都各有局限性。因为变形过程中位错的积累可提供硬化行为的信息,所以上述理论被基于对变形过程位错分布的直接观察提出的唯象理论所取代。

作为例子,下面简单地介绍林位错理论的第Ⅱ阶段硬化理论。

位错在滑移面滑过时,遇到与它相斥或相吸的穿过滑移面的林位错,有些林位错可以让滑移面上的位错切割滑过,设这种林位错在滑移面上的面密度为 ρ_p,它们的平均间距 $l_p=\rho_p^{-1/2}$;有些林位错不能让滑移面上的位错切割滑过,设这种林位错在滑移面上的面密度为 ρ_i,它们的平均间距 $l_i=(\rho_i)^{-1/2}$;两类林位错的密度的比值 $\beta=\dfrac{\rho_i}{\rho_p}=\left(\dfrac{l_p}{l_i}\right)^2$。林位错总密度 ρ 为

$$\rho=\left(\frac{1}{l}\right)^2=\rho_i+\rho_p=\left(\frac{1}{l_i}\right)^2+\left(\frac{1}{l_p}\right)^2 \tag{1-5}$$

式中,l 为全部林位错的平均间距:

$$l=\frac{1}{\left[\left(\frac{1}{l_i}\right)^2+\left(\frac{1}{l_p}\right)^2\right]^{\frac{1}{2}}}=\frac{l_p}{(1+\beta)^{\frac{1}{2}}} \tag{1-6}$$

现在用式(1-7)来描述林位错对滑移面上的滑动位错的切变阻力:

$$\boldsymbol{\tau}=\alpha'\mu\boldsymbol{b}\sqrt{\rho} \tag{1-7}$$

式中,α'为比例系数,$\alpha'=\alpha=0.045$;μ 为切变模量;$\boldsymbol{b}$ 为柏氏矢量。由林位错增量引起的滑移位错切变阻力增量为

$$\mathrm{d}\boldsymbol{\tau}=\frac{\alpha'\mu\boldsymbol{b}}{2}\cdot\frac{\mathrm{d}\rho}{\sqrt{\rho}}=\frac{\boldsymbol{\tau}}{2}\cdot\frac{\mathrm{d}\rho}{\rho} \tag{1-8}$$

随着应变的增加,障碍位错的密度增加,切应变增量为

$$\mathrm{d}\gamma=\frac{\boldsymbol{b}}{V}\mathrm{d}\left(\sum_i\Delta a_i\right)=\frac{\boldsymbol{b}}{V}\mathrm{d}(L\Lambda_t) \tag{1-9}$$

式中,$\sum_i\Delta a_i$ 表示相应于应变增量的全部滑移位错扫过的总面积;L 为位错源与滑移障碍之间的距离;Λ_t 为在材料体积 V 内滑动位错的总长度。这样,Λ_t/V 就是相应于应变增量的滑移位错并随后被封锁住的总位错密度。因为阻碍位错滑移的障碍位错密度来自被封锁的总位错密度,所以

$$d\gamma = \boldsymbol{b} L d\rho \tag{1-10}$$

上式已经假设了 L 是缓慢变化的,它等于现时障碍的平均距离 l 乘以常数 C_1,即

$$L = C_1 l = \frac{C_1}{\sqrt{\rho}} \tag{1-11}$$

L 与群集的“位错辫”尺度 D 相当,再结合式(1-7)至式(1-10),获得在第Ⅱ阶段的非热(与热激活无关)硬化率 $\Theta_{\mathrm{II}} = \frac{d\tau}{d\gamma}$ 为

$$\Theta_{\mathrm{II}} = \frac{\alpha' \mu}{2C_1} \tag{1-12}$$

Kocks 用计算机模拟证实了这一关系,对于随机分布的位错障碍,C_1 的值约为 15。对于能够切过全部林位错的温度范围,$\alpha' \approx 0.3$,按式(1-12),硬化率 $\Theta_{\mathrm{II}} = 10^{-2}\mu$。

1.3.3 第Ⅲ硬化阶段

在这一阶段,外加应力使螺型位错大量交滑移,一些交滑移的位错对消;位错塞积群前的障碍在塞积群的高应力集中下被“摧毁”,从而使塞积位错群的高应力场得以松弛,结果硬化率下降。这种由应力帮助交滑移而使内应力松弛的现象称为动态回复。

塞积群中的螺型位错交滑移后,在原滑移面和交滑移面之间留下两群刃位错(图 1-16)。因为热激活也有助于交滑移,这就解释了为什么第Ⅱ硬化阶段开始时所需的应力因形变温度高和层错能高而降低。

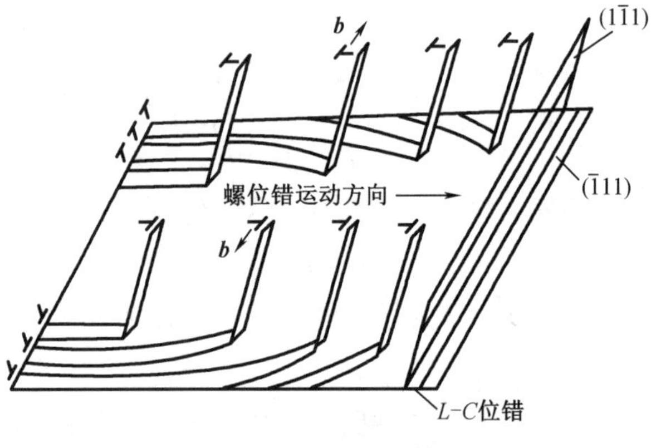

图 1-16　塞积群中螺型位错交滑后留下两群刃位错

位错交滑移使一些位错对消,位错密度 ρ 随着应变量 γ 的增加而降低,降低的速率 $\frac{d\rho}{d\gamma}$ 与位错密度成正比:

$$\left(\frac{d\rho}{d\gamma}\right)^{-} = -C_2 \rho \tag{1-13}$$

式中,括号项上角标的“-”号表示减小项;$C_2 = C_{02} P_{cs}$,其中 C_{02} 为比例常数,P_{cs} 为在特定地方位错交滑移对消的概率,它随温度的增加而增加。

根据式(1-7)，塑性切变阻力与总的位错密度的平方根成正比,则

$$d\rho = \frac{2\sqrt{\rho}}{\alpha'\mu b}d\tau \tag{1-14}$$

把上式代入式(1-13),得

$$\left(\frac{d\rho}{d\gamma}\right)^{-} = -C_2\rho = \frac{2\sqrt{\rho}}{\alpha'\mu b}\left(\frac{d\tau}{d\gamma}\right)^{-} \tag{1-15}$$

因位错对消的“软化”率为

$$\left(\frac{d\rho}{d\gamma}\right)^{-} = -C_2\frac{\alpha'\mu b\rho}{2\sqrt{\rho}} = -\frac{C_2}{2}\tau \tag{1-16}$$

结合式(1-12)的硬化率,获得第Ⅲ硬化阶段的净硬化率(其中系数 α' 和 C_2 都与温度有关)：

$$\left(\frac{d\tau}{d\gamma}\right)_{net} = \Theta_{Ⅲ} = \frac{\alpha'(T)}{2C_1}\mu - \frac{C_2(T)}{2}\tau \tag{1-17}$$

上式也可以写成如下约化形式：

$$\frac{\Theta_{Ⅲ}}{\mu} = \frac{\alpha'(T)}{2C_1} - \frac{C_2(T)}{2}\cdot\frac{\tau}{\mu} \tag{1-18}$$

式(1-18)给出了约化硬化率 $\frac{\Theta_{Ⅲ}}{\mu}$ 与约化流变应力 $\frac{\tau}{\mu}$ 的关系：$\frac{\Theta_{Ⅲ}}{\mu}$ 随 $\frac{\tau}{\mu}$ 线性减小。随着温度的增加,由于与温度有关的 $C_2(T)$ 的影响，$\tau_{Ⅲs}$(第Ⅲ硬化阶段的饱和应力)即偏离 $\frac{\Theta_{Ⅲ}}{\mu} \sim \frac{\tau}{\mu}$ 线性行为相应的应力值越小。因为发生动态回复,在第Ⅰ硬化阶段 Cottrell-Stokes 定律不再成立。

1.3.4　第Ⅳ硬化阶段

第Ⅳ硬化阶段已经建立了完整的蜂窝状锋锐位错胞,这一阶段的主要特征是硬化率很低,并且硬化率与温度和应变速率无关;储存的位错几乎全部集中在位错胞壁中,在胞内几乎没有位错。很多研究者都把胞内和胞壁的硬化和回复分别讨论,把两者对硬化的贡献叠加,即切变阻力是胞内阻力和胞壁阻力贡献的叠加,以此来描述这一阶段的硬化：

$$\tau = f\tau_{wc} + (1-f)\tau_c \tag{1-19}$$

式中，τ_c 和 τ_{wc}(它等于 $\alpha'\mu b\sqrt{\rho_{wc}}$)分别为胞内和胞壁的切变阻力；$f$ 为胞壁的体积分数。

Argon 和 Hasen 基于实验观察基础,以如下的重要观点建立讨论第Ⅳ硬化阶段的模型：

(1)当流变应力 $\tau \geq \tau_{Ⅲs}$ 时,胞壁的 τ_{wc} 也达到饱和。

(2)当 $\tau \geq \tau_{Ⅲs}$ 时,第Ⅳ硬化阶段的硬化率 $\Theta_{Ⅳ}$ 仅由胞内建立的弹性应变所贡献。

(3)在第Ⅳ硬化阶段,随着应变增加,胞壁逐渐锋锐,胞的尺寸以自相似的形式减小。

(4)胞壁两侧的取向差 θ 在 $\tau = \tau_{Ⅲs}$ 时约等于 1°,取向差 θ 在第Ⅳ硬化阶段随切变量 γ 的平方根逐步增大：$\theta = B\gamma^{\frac{1}{2}}$，其中 $B = 1.75\times10^{-2}$,为比例常数。

他们导出在胞内的 τ_c 为

$$\tau_c = \frac{4}{3} \cdot \frac{B^2\gamma^2\mu}{1-\nu} \tag{1-20}$$

式中，ν 为泊松比。当 $\tau \geqslant \tau_{\mathrm{III}s}$ 时，$d\tau_{wc}/d\gamma \approx 0$。所以第Ⅳ硬化阶段的约化硬化率为

$$\frac{\Theta_{\mathrm{IV}}}{\mu} = \frac{8}{3} \cdot \frac{(1-f)B^2\gamma}{1-\nu} \tag{1-21}$$

当 $\tau = \tau_{\mathrm{III}s}$ 时，$\gamma = 1$，$\theta = B$（即 $\theta \approx 1°$），胞壁分数 $f \approx 0.1$。一般金属的 $\nu \approx 0.3$，则 $\frac{\Theta_{\mathrm{IV}}}{\mu} \approx 10^{-3}$。

按式（1-19）估算室温下胞壁的 τ_{wc} 为

$$\tau_{wc} = \frac{1}{f}\tau - \frac{1-f}{f}\tau_c \tag{1-22}$$

利用式（1-20）、式（1-22）和 $\tau_{wc} = \alpha'\mu b\sqrt{\rho_{wc}}$ 的关系，可以估算出 $\tau = \tau_{\mathrm{III}s}$ 时的胞壁位错密度 ρ_{wc}。如果不忽略这一阶段胞壁对硬化的贡献，可获得如下关系：

$$\frac{\Theta_{\mathrm{IV}}}{\mu} = \frac{4\sqrt{3}}{3}B\sqrt{\frac{1-f}{1-\nu}\left(1-f\frac{\tau_{wc}}{\tau}\right)\frac{\tau}{\mu}} \tag{1-23}$$

式（1-23）表示 Θ_{IV} 随着 $\tau^{\frac{1}{2}}$ 轻微增加。

1.4 形变孪生机制

孪生是塑性变形的另一种机制，以切变形式产生塑性变形，切变的结果是产生孪晶。孪晶是指晶体中原子排列以某一晶面（称为孪生面）成镜面对称的部分。孪晶可以在变形过程中形成，称为形变孪晶或机械孪晶；也可以在晶体生长时形成，如自然孪晶；还可以在退火及相变过程中形成，称为退火孪晶。图 1-17（c）所示为孪晶形成示意图。

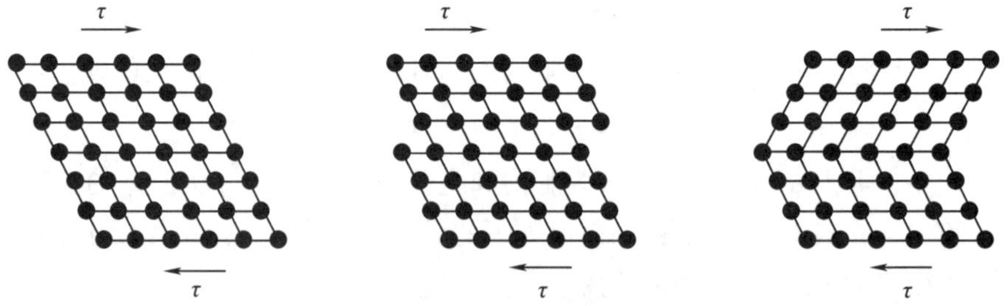

(a)未变形　　(b)滑移　　(c)孪生

图 1-17　剪切变形的基本形式

形变孪生与位错滑移一样，都是金属塑性变形的基本方式，在宏观上都是金属晶体在切应力作用下发生的均匀剪切变形，在微观上都是晶体的一部分相对于另一部分沿着一定的晶面和晶向平移，而且都不改变晶体结构。然而，与位错滑移不同，形变孪生改变了晶体

的位向,孪晶和基体具有不同的位向且保持对称关系;虽然形变孪生能够比位错滑移诱发更为均匀的塑性变形,但孪生时的切变一般很小,对塑性变形的直接贡献不大。形变孪生发生的条件与位错滑移也有很大的不同,通常变形温度越低,变形速率越高,形变孪生越容易发生。对于对称度较低的金属材料,更容易发生形变孪生,这主要是由于低对称金属材料一般无法满足塑性变形准则中所需要的 5 个独立滑移系,因而依靠形变孪生作为补充条件来实现金属材料的塑性变形。

1.4.1　孪生的位错机制

在完整晶体(精心制备的近乎晶须的含极少缺陷的晶体)中发生孪生比在一般晶体中发生孪生所需的应力大一个数量级,所以认为,除非在高应力集中处,否则孪生的发生都是非均匀形核的。孪生的切变矢量都不是完整的平移矢量,如果在 K_1 面存在一个柏氏矢量为孪生矢量的位错环,位错环中是层错,这里就可能是形成孪晶的位置。这些位错环可以是因点缺陷沉积或全位错分解形成的。

缺陷帮助孪生形核的基本原理是基于全位错的分解。全位错可能分解为单层或多层堆垛层错,若层错面是 K_1 面,它边缘的部分位错可能是孪生位错(即柏氏矢量等于孪生切变矢量),这些位错在原来的面上可以快速扩展。形成孪晶还需要设想在垂直 K_1 面上连续有序地在每层面转变为孪晶层,或者孪晶层错胚随机地积累。这些过程通常以所谓的“极轴机制”“棘轮机制”通过“交滑移”源完成。

图 1-18 所示为某些单个滑移位错可能分解为孪生位错的情况,当然,它们之间要符合滑移面、滑移方向以及孪生面、孪生方向的关系。

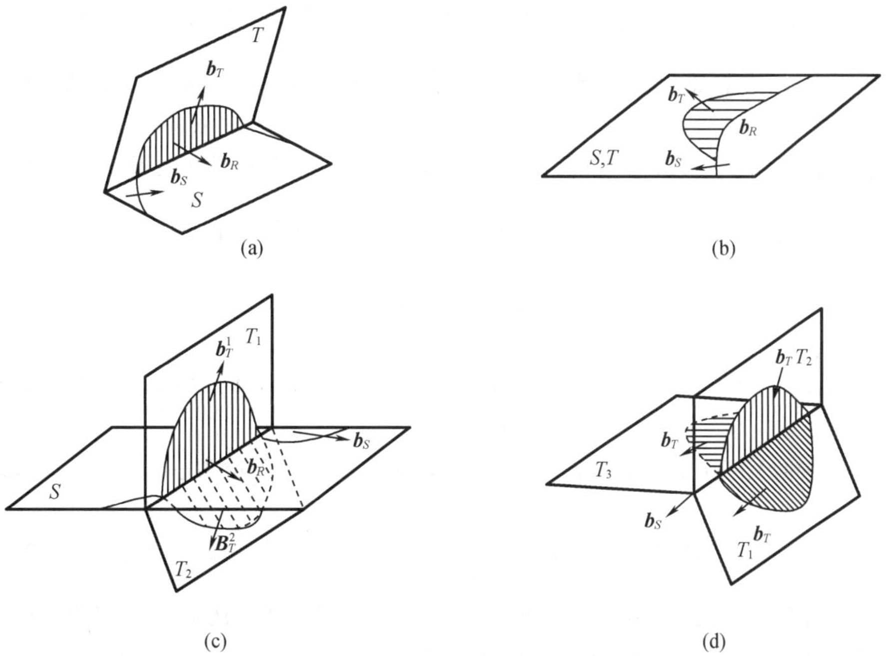

图 1-18　某些单个滑移位错可能分解为孪生位错的情况

在图 1-18(a)中,滑移位错(柏氏矢量为 $\boldsymbol{b}_S$)躺在滑移面(S)与孪生面(T)的交线上,它分解为一个孪生位错(柏氏矢量为 $\boldsymbol{b}_T$),在 T 面滑开并在 S 和 T 面交线留下另一个部分位错(柏氏矢量为 $\boldsymbol{b}_R$)。这种分解可以在任何晶体结构中发生,因为滑移位错原则上可以在滑移面上做任意取向,直至它有足够长度并躺在 S 和 T 面交线上。如果滑移面和孪生面是同一个面,则会变成图 1-18(b)所示的情况。这时,原始的滑移位错不必是直的。因为孪生位错和剩余的另一个位错的柏氏矢量都在滑移面和孪生面,它们都可以在孪生面滑动。这种情况常在 fcc、金刚石立方和与之相关的晶体结构中发生。同样在 bcc 结构晶体中,当滑移面不是{110}面而是{112}面时也是这种情况。图 1-18(c)所示为约束较大的分解情况:原始位错必须躺在两个孪生面的交线上,位错分解生成两个孪生位错,在交线上留下一个压杆位错。如果原始位错是滑移位错,那么交线还必须包含滑移面。当滑移位错在六方结构晶体中滑移面(基面)和锥面(孪生面)上时,因锥面相对于基面成镜面对称,滑移矢量和孪生矢量就可能发生上述情况。图 1-18(d)所示是更为对称的情况:一个纯螺型位错躺在 3 个孪生面的交线上,它分解为 3 个孪生位错,这些孪生位错分别在 3 个孪生面上滑开。这种情况就是 bcc 结构晶体的螺型位错(柏氏矢量是<111>/2)在{112}面(这也是孪生面)分解为非共面扩展的三叶位错的情况,每个位错的柏氏矢量是<111>/6(这是孪生矢量)。这种结构是不稳定的,3 个孪生位错中会有一个回到原始位错的位置。图 1-18(c)和(d)所示对称结构,自然会在高对称性晶体中出现,但是对于低对称性晶体,某些具有无理孪生要素的孪晶也可能出现这类对称结构。这里不讨论这些类型的孪生。

前面已经说过,孪晶的生长可以想象为部分位错(孪生位错)相继扫过每一层面而形成的。但是,不能设想每层面都恰好有一个相同的柏氏矢量的部分位错存在并同时扫过。所以,如果用位错机制来解释孪晶的形成,则关键问题是要解决怎样能够在每一层产生部分位错,即一个部分位错在一个面上扫过后怎样转入相邻的下一个面上去。对于体心立方晶体结构的孪生,可以想象为每一层{112}面都有一个柏氏矢量为$\frac{\boldsymbol{a}}{6}\langle 11\bar{1}\rangle$的部分位错扫过。Cottrell 和 Bilby 提出了极轴孪生机制的设想:设在(112)面上有柏氏矢量为$\frac{\boldsymbol{a}}{2}[111]$的全位错(图 1-19 中 AOC),在某些适当条件下,全位错中的 OB 段发生分解:

$$\frac{\boldsymbol{a}}{2}[111]\rightarrow\frac{\boldsymbol{a}}{3}[112]+\frac{\boldsymbol{a}}{6}[11\bar{1}] \tag{1-24}$$

式中的$\frac{\boldsymbol{a}}{3}[112]$部分位错不能在(112)面上滑移,而$\frac{\boldsymbol{a}}{6}[11\bar{1}]$部分位错(孪生位错)则能在(112)面(孪生面)上滑移,所以原来 OB 段全位错变成柏氏矢量为$\frac{\boldsymbol{a}}{3}[112]$的 OB 段及柏氏矢量为$\frac{\boldsymbol{a}}{6}[11\bar{1}]$的 $OEDB$ 段部分位错,在 2 个位错间夹着一片层错。(112) 和($\bar{1}21$)面的交线方向是$[11\bar{1}]$,OE 段部分位错就是螺型位错,在适当条件下,OE 可以交滑移到($\bar{1}21$)面上去。OE 位错在($\bar{1}21$) 面上扫动时,因为 O 点被不能滑移的 OB 段位错拉住,所以在孪生过程中不动,成为极轴机制中的一个结点。OB 位错可以做如下分解:

$$\frac{\boldsymbol{a}}{3}[112] \rightarrow \frac{\boldsymbol{a}}{2}[101] + \frac{\boldsymbol{a}}{6}[\bar{1}21] \tag{1-25}$$

式中，$\frac{\boldsymbol{a}}{6}[\bar{1}21]$是$(\bar{1}21)$ 面的面间距，即 *OB* 段位错的柏氏矢量有一个垂直于$(1\bar{2}1)$面、大小为$(\bar{1}21)$面间距的分量，*OE* 位错每扫过$(\bar{1}21)$ 面一次，与极轴位错交截一次，产生一个大小为$\frac{a}{6}[\bar{1}21]$的割阶，扫动的孪生位错就到了相邻的$(\bar{1}21)$ 面上。随着这个过程的不断进行，就形成了孪晶。

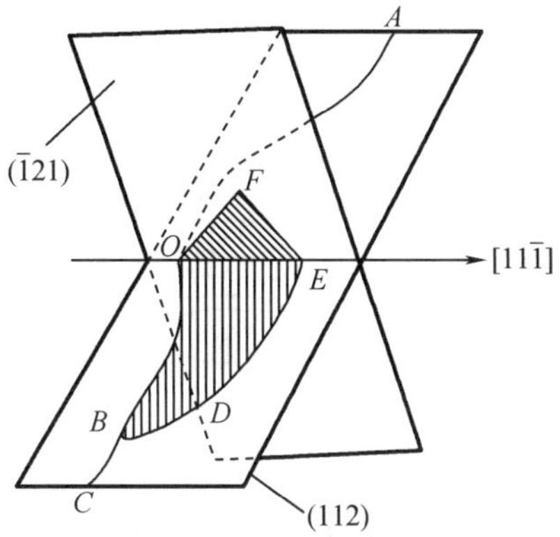

图 1-19　体心立方晶体结构中孪生位错机制说明

这种极轴机制受到了人们的质疑，简单的质疑点是：bcc 晶体的层错能 γ_{SFE} 很高，一般为 200～1 000 mJ/m^2，所以在(112)面上产生很宽的单层层错是不可能的，即使在外力的作用下，也是较难实现的。因为产生层错所需的外加应力为 $\gamma_{SFE}/\boldsymbol{b}$，对一般 bcc 晶体结构金属而言，在低温时应力为 10^{-2}～10^{-1} N/m^2，另外还要附加应力使孪生位错拱弯，所以除非在极高的应力集中下，否则这种过程是不会出现的。事实上，现在有很好的证据表明，bcc 晶体结构孪生时有点阵螺型位错形核，但并不是 Cottrell-Bilby 反应。

Hith 提出后来称为“纯”极轴机制的模型，他和 Lothe 指出，把 Cottrell-Bilby 模型做少许修改，它就变成实际的所谓“棘轮”模型。该模型的原始图像与图 1-19 相似，只是认为 *OE* 是一个长割阶，这样就不需要在(112) 面上产生层错。再经进一步的修改，形成所谓的“纯”极轴机制的“棘轮”机制模型，随后还有人提出其他的孪生机制模型。

虽然 Cottrell-Bilby 理论模型已不再被考虑为 bcc 晶体的孪生模型，但是，他们最早提出的孪生极轴机制的原始想法，仍然被认为对孪生的长大理论具有里程碑式的潜在意义。

对于面心立方晶体，Venables 等提出的形变孪晶形成的极轴机制如图 1-20 所示。在图 1-20(a)中，3 个柏氏矢量为<110>/2 型的位错组成三联点的原始状态，位错连接在 *O* 结点上，*OA* 和 *OB* 具有垂直于 1 点和 2 点阵面的螺型分量，它使点阵变成螺旋斜面。在$(1\bar{1}1)$面上的位错(*OC*)分解为两个柏氏矢量为<112>/6 型的部分位错，它们按相反方向绕极轴位错 *OA* 和 *OB* 转动[图 1-20(b)]，这两个部分位错连续绕动和扩展部分位错后，在 *O′*和 *O″*之间形成透镜状孪晶[图 1-20(c)]。要注意到：当在两个相邻的{111}上两个<112>/6 位错相对滑过时,需要很大的应力。

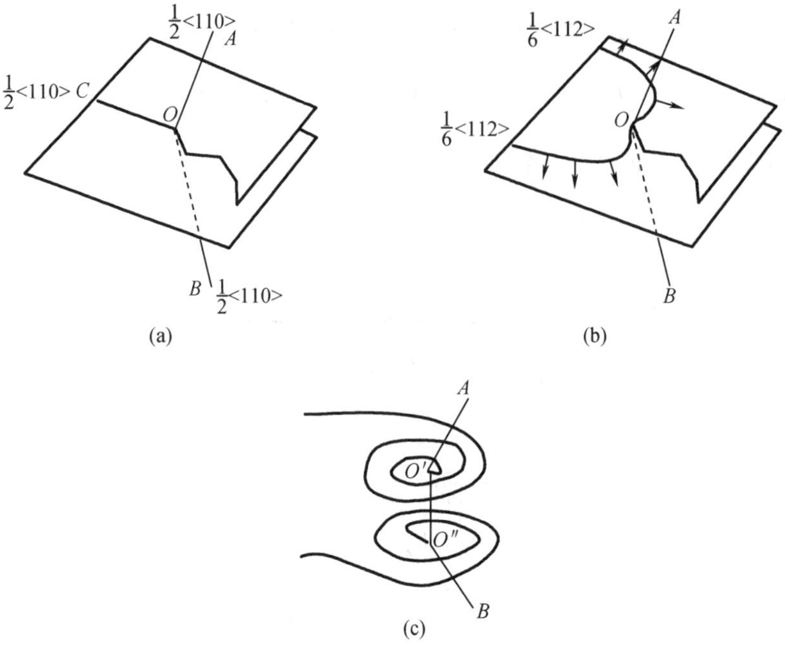

图 1-20　面心立方晶体结构中孪生位错机制说明

1.4.2　产生形变孪生的应力

产生形变孪生所需的应力通常比滑移的高,例如六方晶体孪生所需的应力为基面滑移的 5~10 倍。但是,产生孪晶的切应力对温度不如滑移应力那么敏感。因为产生孪晶所需的应力很大,所以形变时一般先发生滑移,当滑移受阻时,才在高应力集中处形成孪晶核心。孪生“形核”所需要的应力远比使孪生长大(位错的滑动)的大,因而出现孪生时应力-应变曲线会有突然的降落。

产生形变孪生是否与滑移一样存在一个临界分切应力?这一问题尚有争议。因为一般以应力-应变曲线出现第一个应力降落来确定孪生应力,由于众多原因很难准确地测定这一应力,所以提供的测量数据非常分散。

难以准确测定孪晶的临界分切应力的原因有:应力-应变曲线的突然降落并非一定对应孪晶出现,在低温变形时伴随局部雪崩式滑移出现的绝热软化也会使应力-应变曲线突然降落,如低碳钢出现的应力降落并非对应孪晶的出现;有些合金萌生孪晶和孪晶生长扩展所需的应力差别不大,使应力降落不明显; fcc 晶体容易出现多系滑移,因加工硬化在高的应力水平出现孪晶,使应力-应变曲线的应力降落不大,而在低温变形时,层错和孪晶大量形核而导致应力-应变曲线没有明显的应力降落,而只有幅度很小的起伏;bcc 晶体位错核心结构的复杂性,导致变形时可能出现孪晶变体;难以精确地计算变形时晶体的转动,从而难以准确地计算分切应力等。

1.5　多晶体变形

多晶体是大量小颗粒的单晶的组合,在变形时,每个晶粒内的形变均以滑移或孪生的方式进行,但因多晶体中每个晶粒的取向相对于力轴的“软硬”程度不同,故滑移的难易程度也不同。此外,每一个晶粒滑移的难易还因相邻晶粒的取向差和晶界的性质而不同。晶界的性质除了在脆性断裂以及在高温蠕变过程中有重要作用外,在低温变形时,晶界的性质对变形过程的影响并不是主要的,而最重要的因素是相邻晶粒间的取向差。图1-21示出了由多个单晶体连接组成的多晶体在垂直晶界拉伸变形时发生形状改变的情况。从图中可以看出,试样呈现竹节形状,在晶界附近产生一个劈形区,在这个区域没有出现滑移,而在晶粒中部都已发生滑移。说明滑移从一个晶粒过渡到另一个晶粒是困难的。在多晶体中,由于晶界相邻的晶粒的晶体学取向不同,各个晶粒的变形必须与相邻的晶粒相互协调以维持多晶体变形的连续性,所以每个晶粒的形变必受相邻的晶粒所制约。为了保持形变时应变连续,各晶粒形变要协调,在晶界附近会有多个滑移系开动,为了协调晶界两侧的变形,多晶体的形变行为有很多不同于单晶体的特点。

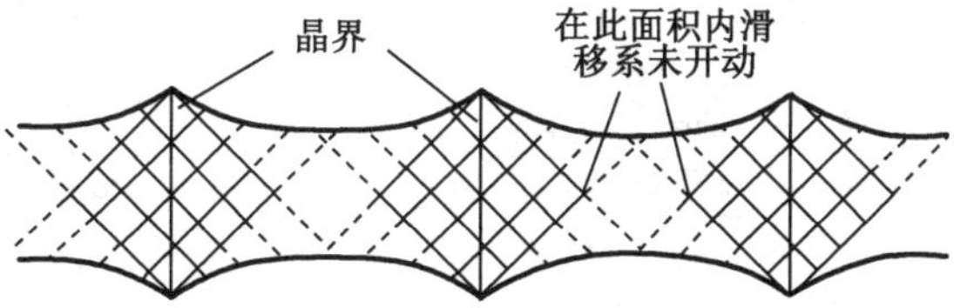

图1-21　在晶界附近难以变形使试样出现竹节形状

1.5.1　多晶体形变的显微组织结构的演化

对于多晶体,位错结构的最基本形式是相同的:位错可以随机分布或是以位错缠结状态分布。对于高层错能金属多晶体,位错易于交滑移和攀移,在形变时位错群集形成位错缠结、二维的位错墙及三维形状近似等轴的位错胞状结构的低能位错结构(LED)。位错胞是形变组织的最小体积元,胞壁是稠密的位错缠结,胞内分布着稀疏的位错。随着应变量的增加,虽然晶粒被拉长,但位错胞保持等轴状,胞内的位错密度进一步减小,而胞壁中的位错密度逐渐增大,并且排列逐渐规则,胞壁变窄(锋锐化)。随着胞壁位错密度增大,胞与胞之间的取向差加大。这些变化是形变过程的动态回复的结果。一般位错胞的尺寸为0.5~1 μm,位错胞之间的取向差很小(约1°),当胞壁的位错锋锐化后,位错胞就成为小角度晶界的亚晶。在形变时,位错胞的形状、尺寸和取向变化不大。

因为多晶体形变整体协调,故要求各个晶粒中不同区域开动一定数量的滑移系。开动的滑移系数目的多少受两方面条件所制约:首先,开动的滑移系数目不能太少,因为这会使形变协调困难;其次,为了使形成的位错结构是低能态,也需要一定数量的滑移系开动。但如果开动的滑移系数目太多,则位错交截形成的割阶数目多,使得在给定应变下的流变应力过高，这在能量上是不利的。所以，综合这两方面的因素，各区域开动的滑移系的合理数目一般是 3~5 个。

晶粒内各区域开动的滑移系和滑移系数目不同，从而使晶粒“碎化”。“碎化”的各区域由过渡带或稠密位错墙（简称 DDW）分隔开，DDW 的边界是扩展的，近似于平面边界。由 DDW 隔开的每个区域称为胞块（简称 CB）。不同的胞块中激活的滑移系不同，但它可以少于塑性变形理论要求的开动 5 个独立滑移系。在胞块中含一般的位错胞状结构（位错胞），因为在胞块内开动的滑移系基本相同，所以胞内变形比较均匀。图 1-22（a）说明了晶粒“碎化”形成的胞块以及对应的各胞块的滑移线。

胞壁是通过滑移位错的相互捕获而形成的，群集了随机分布的位错，故胞随着形变进行，DDW 会分裂成两个或多个大体平行的位错墙，平行的位错墙构成显微带（简称 MB）。图 1-22（b）中描述了 MB 的显微结构，在 MB 内同样含有位错胞，MB 中开动的滑移系与它分隔的 CB 不同。当形变量继续增大时，会产生层状结构，图 1-22（c）示出了大变形量的显微结构。

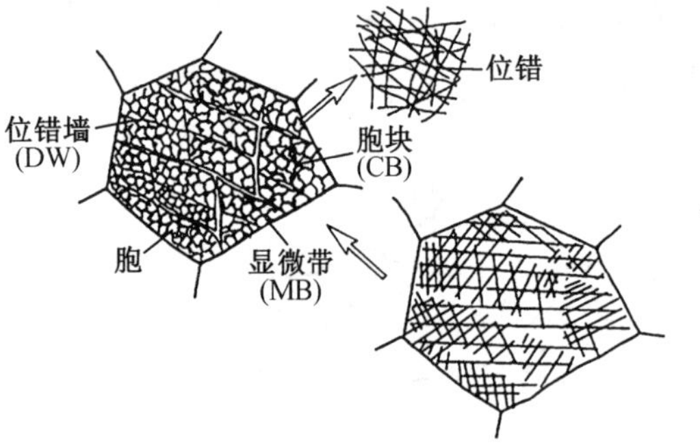

(a)晶粒中各区域开动的滑移系、对应的晶粒“碎化”、胞块中的位错

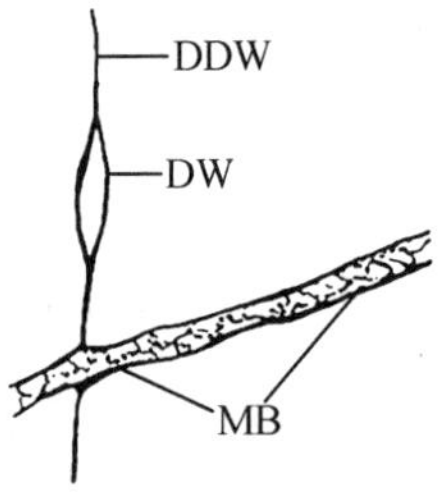

(b)分隔的胞块的位错墙（DW）、稠密位错墙（DDW）、显微带（MB）内的结构

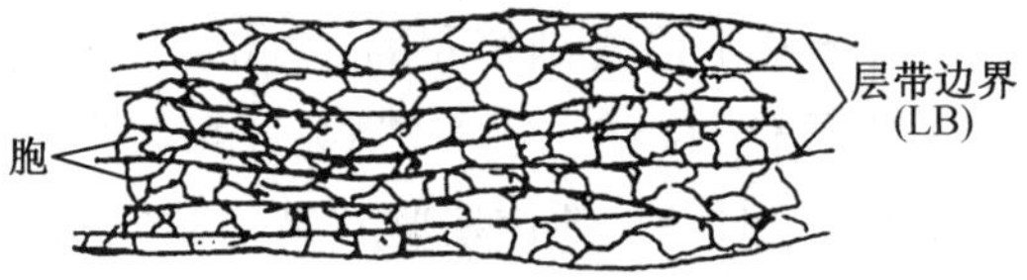

(c)大变形量的显微结构

图 1-22　多晶体形变的显微结构示意图

Hughes 和 Hansen 研究了 Cu 和 Al 多晶体中普遍存在的胞块边界，把它分为两种主要的类型：几何必需边界（简称 GNB）和伴生位错边界（简称 IDB）。晶粒之所以“碎化”成胞块，是因为它是协调形变所必需的，因此，分隔它们的边界（如 DDW 和 MB）称为几何必需边界。GNB 可能是由晶粒内部的非均匀应变形成的，也可能是由晶粒边界和三叉连接附近的非均匀应变形成的。各个 CB 内开动的滑移系数目不同，因此 CB 间的取向差（即 GNB 两侧的取向差）较大。在 CB 内的位错胞状结构是形成低能量位错结构的结果，胞壁通过滑移位错的相互捕获而形成，群集了随机分布的位错，故胞壁称为偶然伴生位错边界。图 1-23 示

出了两种类型小角度晶界形成的差异。伴生位错边界是由单个滑移系的位错流进入位错墙形成的，而几何必需边界是由不同胞块内部不同滑移系开动形成的位错流入界面形成的。其实，所谓伴生位错边界，它在一定程度上也应该是几何协调所必需的，否则，它们在以后的再结晶退火过程中将会消失，而不会形成小角度亚晶界。所以，强调 GNB 可能是误导，在这里引用它时，应该认为它只是指那些需要较大几何协调的边界。

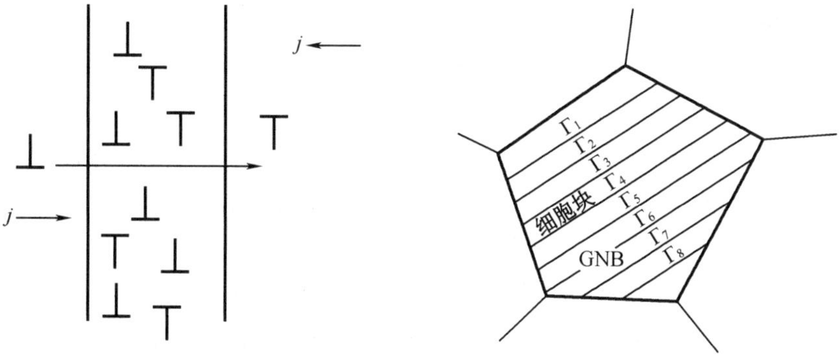

(a)随机方式形成的伴生位错边界　　(b)单个胞块内的几何必需边界

图 1-23　两种类型小角度晶界形成的差异

1.5.2　形变带、过渡带和切变带

下面从另一个角度表述多晶体的变形组织。在较大变形量下，出现形变带和切变带，如图 1-24 所示。

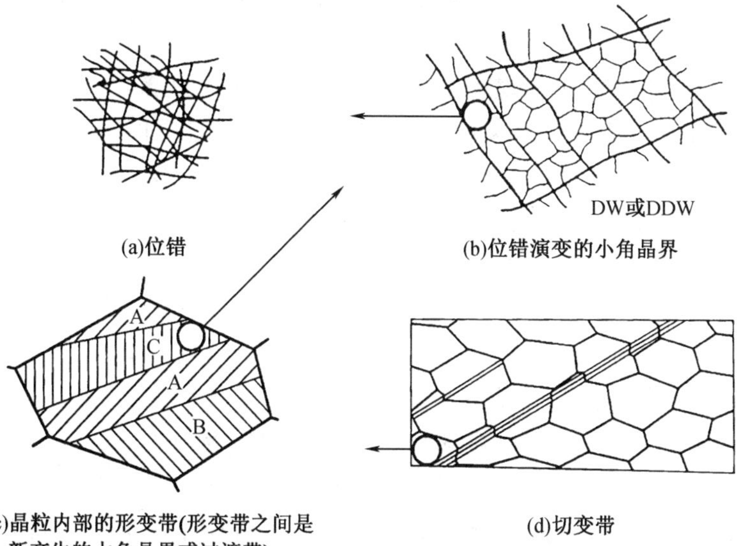

(a)位错　　(b)位错演变的小角晶界

(c)晶粒内部的形变带(形变带之间是新产生的大角晶界或过渡带)　　(d)切变带

图 1-24　金属多晶在滑移机制下的组织演变

1. 形变带和过渡带

在变形时,因为通过晶粒传播到相邻晶粒的不均匀应力或晶粒在塑性变形时固有的不稳定性,晶粒会发生不同的方向转动,力图转到稳定的应力取向,结果在个别晶粒,特别是在大晶粒中分割为互补的取向局部区域,称为形变带。如图 1-24(c)所示,在许多情况下形变带具有平行的边界,图中 A 是近似原来晶粒的取向区域,B 和 C 是取向不同于原来晶粒取向 A 的形变带。A、B 和 C 统称基体带。Orowan 称这种特殊形式的形变带为扭折带。

基体带之间过渡的一个薄层(即形变带边界的区域)称为过渡带。相邻基体带之间的取向差被容纳在过渡带中,跨过过渡带累积较高的取向差,取向变化激烈,有很大的取向梯度。

形变带的产生是多晶体变形(以及受约束的单晶体变形)不可避免的,其显微组织的细节取决于形变过程的晶体学本质。因为形变带与形变织构之间有密切的关系,所以人们对形变带的本质做了大量研究。一般把形变带分为两类:一类是由于开动的滑移系不确定而产生的;另一类是在很多情况下,所施加的应变可以由多组开动的滑移系来承担,不同组的滑移使晶体转动的方向不同而产生变形带。如果形变时在形变带内所做的功比均匀形变所要求的小,或者如果形变带排列成使其净应变可以与总体形变相一致,就会产生后一种类型的形变带。后一种类型的形变带与前面解释胞块的形成机制是相似的。后一类形变带在理论上说明,两种独立的滑移系就足以适应变形的形状变化。

晶粒相邻的区域开动不同的滑移系,并且这一相邻的区域转动到最终的各自取向,它们之间就形成过渡带。过渡带最惯常的形式是由长胞或亚晶团组成的带,累积了从其一侧到另一侧的取向变化。过渡带可以是较宽的取向漫散区域,也可以是很窄的取向很锋锐的区域。在 Al 合金中发现,过渡带有时会减小到只具有一两个晶胞的宽度,但跨过过渡带所积累的取向变化维持不变。这样,跨过过渡带会有很大的取向梯度。极端情况下变成大角度晶界,也就是形变诱生晶界。

在变形过程中,形变带的出现取决于显微组织结构和形变条件。晶粒取向决定了晶粒变形时的转动情况,当晶粒处在某些取向会使形变晶粒各部分的转动方向有很大差异时,就会形成形变带或过渡带。原始晶粒大小也会影响变形时形变带的出现:例如 Cu,每个晶粒出现的形变带数目随着晶粒尺寸的减小而减小;又例如 Al,一般当晶粒尺寸小于 20 μm 时不出现形变带。形变温度影响变形的均匀性,形变温度越高,变形的不均匀性越小,所以越不会出现形变带。例如,平面应变压缩变形的 Al-0.3Mn 合金,当形变温度升高时,出现形变带的规模(初见形变带晶粒的百分数)减小,如图 1-25 所示。从图 1-25 中也可以看出,形变的应变量(ε)增加,使形成形变带的机会增加。

在讨论单晶体的形变带时知道,形变带的过渡区域(过渡带)可以转化成大角度晶界,在不出现形变带时,层带的发展也可以转化成大角度晶界。从变形过程的组织演变看出,在形变初期晶界是位错运动的主要障碍,但是在形变过程中晶体内部形成各种类型的次生界面,使得原始晶界的作用随应变的增加变得越来越不重要了。

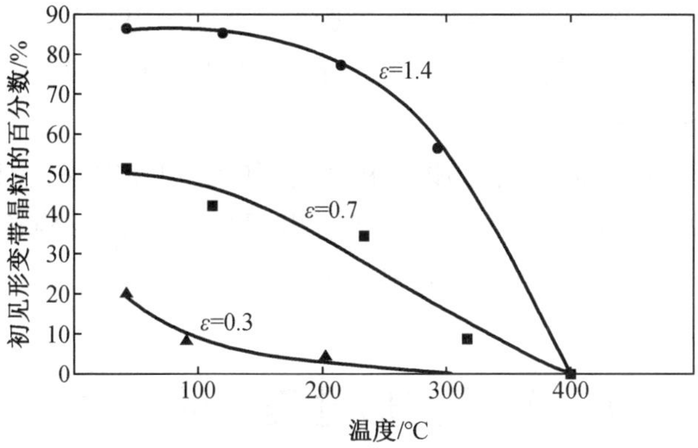

图 1-25　形变温度和形变的应变量对平面应变压缩的 Al-0.3Mn 合金形成形变带规模的影响

2. 切变带

很多形变金属和合金都会产生切变带，切变带是很窄的具有强烈切变的带状区域，它的产生与晶体结构无关，它是正常晶体学滑移受阻时出现的一种晶体学特征的形变不均匀区。在轧制材料中，它一般与轧面成约 35° 角并与横向平行，可穿过数个晶粒甚至整个样品，如图 1-24(d)所示。在低层错能或低温变形的 fcc 金属中切变带很显著，它是塑性不稳定的产物，可以想象，它等效于拉伸时发生的“缩颈”变形状态。

在中等或高层错能的金属中，例如高应变($\varepsilon>1.2$) 的 Cu，切变带以群集的形式形成，每个带群中只发展一组平行的带，这个带群通常有几个晶粒厚，在交替的带群中切变带的方向相反，形成人字形。

对于很容易发生形变孪晶的低层错能材料，其切变带形貌与不发生形变孪生的金属不同。在轧制的 70∶30 黄铜中，在应变 $\varepsilon=0.8$ 时，在已经存在的与轧面平行排列的孪晶区域中首先看到孤立的切变带。开始时，切变带与轧面成约±35°角，把轧片分割成平行于横向的长棱柱体，在棱柱体中孪晶排列是近乎完美的。在典型的 70∶30 黄铜中切变带的厚度为 0.1~1 μm，个别晶粒中其宽度可在 0.02~0.1 μm 范围内变化。

切变带的发生取决于一系列因素：晶粒尺寸，其增大会使出现切变带的倾向增加；溶质，例如铜中加入锰，虽然它不影响层错能，但促发大量的切变带形成，同样锰也促发铝形成切变带；温度，在高温时不大出现切变带。Dukam 等综合了温度、应变量对 Al-1%Mg 合金形成切变带倾向的影响，如图 1-26 所示。

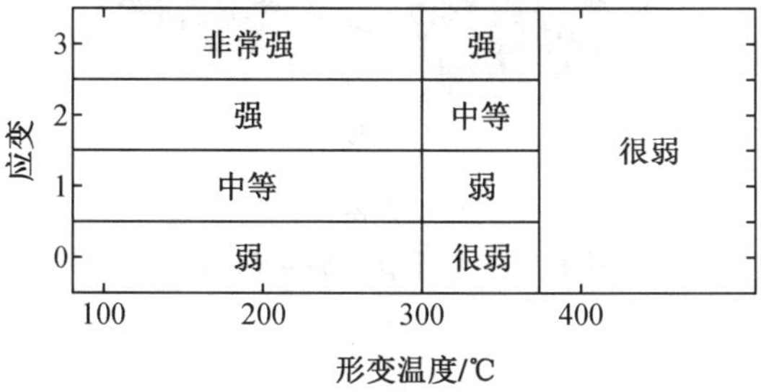

图 1-26　温度、应变量对 Al-1%Mg 合金形成切变带倾向的影响

对于六方晶体结构金属,独立滑移系少,一般情况下只有基面滑移和{10$\bar{1}$2}孪生。这两种形变机制都使镁晶粒迅速转到基面{0001}上,垂直于压缩方向,而不再可能继续发生上面两种形变机制,随后快速形成切变带。

上面的讨论大多集中于面心立方晶体结构金属(如铝、镍和铜等),对于其他金属,其形变时也很可能会出现类似的结构,最低限度会出现位错胞状结构这类低能位错结构(LEDS)以及出现晶粒"碎化"等,细节还待进一步研究。

1.6 塑性变形过程中的晶界

晶界在多晶材料的塑性变形过程中起着重要作用。传统上,人们对晶界的影响有不同尺度的理解。在微观尺度上,人们主要考虑晶格位错与构成晶界微观结构的特定缺陷之间的相互作用,因而无法观察晶粒间长程相互作用的整体现象。在宏观尺度上,人们认为晶界的影响来自多晶体中晶粒之间的弹性和塑性变形不协调,因而在该尺度上只考虑晶粒间的平均效应,而无法观察到晶界上由于其特性而出现的特殊现象。多晶模型可以在中间的"介观"尺度上研究材料的局部响应,该尺度的研究范围为 0.1~10 μm。

1.6.1 变形不协调性

1. 变形不协调性的数学描述

多晶体在塑性变形过程中具有变形不协调性,其原理如图 1-27 所示。为了形象地描述这种变形,假定多晶体的晶粒没有黏合到一起,并像单晶体一样在明确的滑移系上滑移变形。在这种变形过程中,晶粒之间出现了缝隙和重叠现象[图 1-27(b)]。如果在晶界附近增加额外的弹塑性变形,晶粒间的黏合便会得到恢复,可以看出,多晶体中的晶粒变形是不均匀的。

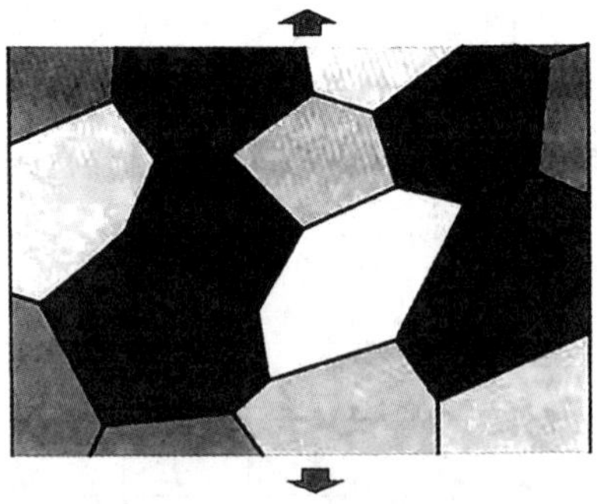

(a)多晶体变形

图 1-27 多晶体塑性变形的描述

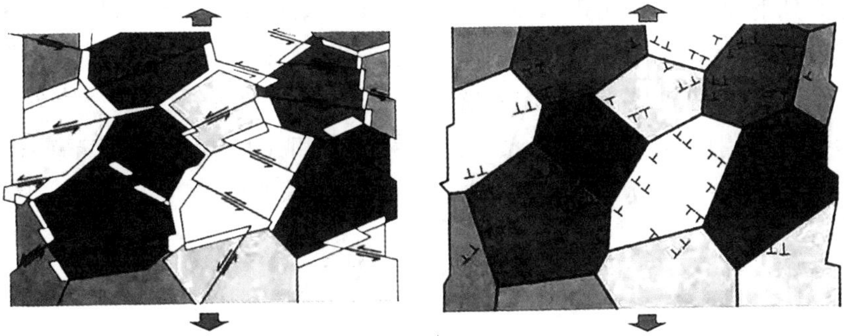

(b)产生缝隙和重叠　　　　(c)诱发几何必需位错以保持变形协调性

图 1-27(续)

为了理解变形不协调性的概念,考虑由两个不同取向晶粒 A 和 B 组成的无限大材料,两个晶粒由晶界隔开(图 1-28)。令(X_1,X_2,X_3)为与无限大材料一致的宏观参考坐标系,(x_1^A,x_2^A,x_3^A)和(x_1^B,x_2^B,x_3^B)为与两个晶粒的晶体点阵一致的两个参考坐标系。为了简单起见,假设晶界平面为$(X_1,0,X_3)$ 。晶粒 A、B 之间的晶界可以用其相对于宏观坐标轴的取向以及两晶粒之间的取向差来表征。晶粒之间的取向差向量用$\boldsymbol{\theta}=\boldsymbol{I}\Delta\theta$来表示,其中$\boldsymbol{I}$是两个晶粒的公共旋转轴向量,$\Delta\theta$是晶粒 A 为了与晶粒 B 具有相同取向而需要绕公共旋转轴向量转动的角度。

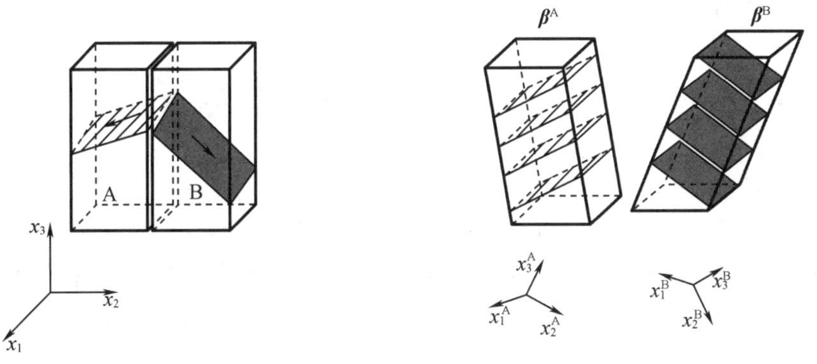

(a)双晶体　　　　(b)变形场将两个晶粒强行分开

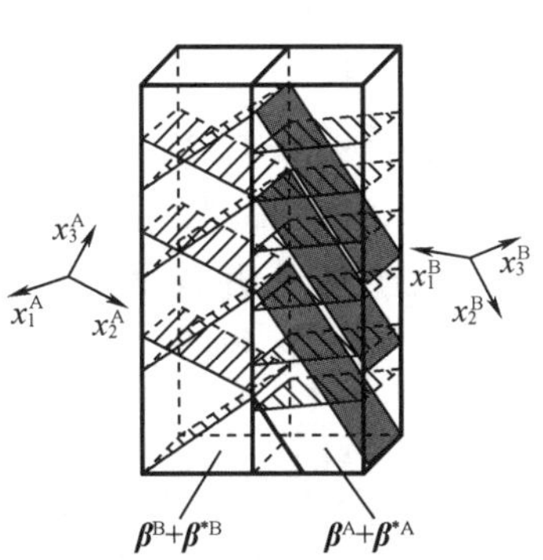

(c)通过增加一个二次变形场来保证晶粒黏合在一起

图 1-28　双晶体中二次滑移系形成机制

需要定义如下 8 个参数:用来表示其中一个晶粒取向的 3 个角度,用来定义将晶粒 A 旋转到晶粒 B 的 3 个参数,以及用来定义晶界平面相对于宏观轴转动的 2 个参数。

令 $M(X_1,X_2,X_3)$ 和 $N(X_1+\mathrm{d}X_1,X_2+\mathrm{d}X_2,X_3+\mathrm{d}X_3)$ 为两个相邻点,在一个外加应变场的作用下,这两个点分别运动到 M' 点和 N' 点。如果 M 点和 N 点属于同一个晶粒,则相对位移 $\mathrm{d}\boldsymbol{u}=\boldsymbol{u}(N)-\boldsymbol{u}(M)$ 是一个连续可微函数。$\mathrm{d}\boldsymbol{u}$ 的一阶表达式为

$$\mathrm{d}\boldsymbol{u}=\left.\frac{\partial\boldsymbol{u}}{\partial X_i}\right|_M \mathrm{d}X_i \tag{1-26}$$

假设

$$\begin{cases}\boldsymbol{\varepsilon}=\dfrac{1}{2}(\nabla\boldsymbol{u}+\nabla\boldsymbol{u}^{\mathrm{T}})\\ \boldsymbol{\omega}=\dfrac{1}{2}(\nabla\boldsymbol{u}-\nabla\boldsymbol{u}^{\mathrm{T}})\end{cases} \tag{1-27}$$

式中,$\boldsymbol{\varepsilon}$ 和 $\boldsymbol{\omega}$ 分别为 N 点相对于 M 点的应变张量和转动张量。则有

$$\mathrm{d}\boldsymbol{u}(N)=\boldsymbol{\varepsilon}(N)\,\mathrm{d}\boldsymbol{X}+\boldsymbol{\omega}(N)\,\mathrm{d}\boldsymbol{X} \tag{1-28}$$

并且有

$$\mathrm{d}u_i(N)=\varepsilon_{ij}(N)\,\mathrm{d}X_j+\omega_{ij}(N)\,\mathrm{d}X_j \tag{1-29}$$

位移梯度 $\boldsymbol{\beta}=\boldsymbol{\varepsilon}+\boldsymbol{\omega}$。

如果 M 点和 N 点分别属于晶粒 A 和晶粒 B,而且如果两个晶粒分别以位移梯度 $\boldsymbol{\beta}^{\mathrm{A}}$ 和 $\boldsymbol{\beta}^{\mathrm{B}}$ 发生变形,则有

$$\boldsymbol{\beta}^{\mathrm{A}}\neq\boldsymbol{\beta}^{\mathrm{B}} \tag{1-30}$$

于是位移 $\mathrm{d}\boldsymbol{u}(N)=\boldsymbol{u}(N)-\boldsymbol{u}(M)$ 不再是一个连续可微函数,结果有

$$\mathrm{rot}\,\boldsymbol{\beta}\neq 0 \tag{1-31}$$

式中

$$(\mathrm{rot}\,\boldsymbol{\beta})_{ij}=(\nabla\times\boldsymbol{\beta})_{ij}=e_{ljk}\beta_{ki,j} \tag{1-32}$$

式(1-31)给出了 9 个条件,这些条件可以通过散度条件联系起来,总共可以提供 6 个独立的方程。由于应变张量是对称张量,而转动张量是反对称张量,因此可以将式(1-31)表示为 $\boldsymbol{\varepsilon}$ 的函数,则

$$\mathrm{inc}\,\boldsymbol{\varepsilon}\neq 0$$

式中

$$(\mathrm{inc}\,\boldsymbol{\varepsilon})_{ij}=\boldsymbol{e}_{ikl}\boldsymbol{e}_{jmn}\boldsymbol{\varepsilon}_{lm,kn} \tag{1-33}$$

如果晶粒是自由的,它们就不再紧挨着排列,如图 1-28(b)所示。为了保证晶粒黏合在一起,即保证晶界交叉点处位移的连续性,并假设晶体处于纯弹性协调变形条件下,则产生的弹性应变场 $\boldsymbol{\varepsilon}^{e*}$ 和弹性转动场 $\boldsymbol{\omega}^{e*}$ 必须分别加入式(1-30)中,使 $\mathrm{d}\boldsymbol{u}(N)$ 是连续可微分的,则有

$$\mathrm{rot}(\boldsymbol{\beta}+\boldsymbol{\beta}^{e*})=0 \tag{1-34}$$

或

$$\mathrm{inc}(\boldsymbol{\varepsilon}+\boldsymbol{\varepsilon}^{e*})=0 \tag{1-35}$$

式中，$\boldsymbol{\beta}^{e*}$ 为变形协调弹性位移梯度。

Nyel 和 Kroner 将位错密度张量 $\boldsymbol{\alpha}$ 定义为

$$\boldsymbol{\alpha}=\mathrm{rot}\ \boldsymbol{\beta}=-\mathrm{rot}\ \boldsymbol{\beta}^{e*} \tag{1-36}$$

将不协调性张量 $\boldsymbol{\eta}$ 定义为

$$\boldsymbol{\eta}=\mathrm{inc}\ \boldsymbol{\varepsilon}-\mathrm{inc}\ \boldsymbol{\varepsilon}^{e*} \tag{1-37}$$

张量 $\boldsymbol{\varepsilon}^{e*}$ 对应任意点上的应变场，以便使变形协调。

当施加载荷引起塑性变形时，每个晶粒都经历一个位移梯度，在无限小的变形条件下，位移梯度表示为

$$\boldsymbol{\beta}=\boldsymbol{\beta}^{e}+\boldsymbol{\beta}^{p} \tag{1-38}$$

式中，$\boldsymbol{\beta}^{e}$ 和 $\boldsymbol{\beta}^{p}$ 分别为弹性位移梯度和塑性位移梯度。

对于两个不同的晶粒 A 和 B，有

$$\boldsymbol{\beta}^{A}\neq\boldsymbol{\beta}^{B} \tag{1-39}$$

在弹塑性变形不协调的情况下，位错密度张量 $\boldsymbol{\alpha}$ 可以写作

$$\boldsymbol{\alpha}=\mathrm{rot}\ \boldsymbol{\beta}=-\mathrm{rot}(\boldsymbol{\beta}^{e*}+\boldsymbol{\beta}^{p*})=-\mathrm{rot}\ \boldsymbol{\beta}^{*} \tag{1-40}$$

式中，$\boldsymbol{\beta}^{*}$ 为变形协调位移梯度，它会协调初始的变形不协调性。内部的应力场与弹性部分 $\boldsymbol{\varepsilon}^{e*}$ 相关。

需要注意的是，如果 δS 是一个法线为 $\boldsymbol{n}$ 的表面单元，该表面单元的封闭轮廓为 δC，$\delta\boldsymbol{b}$ 是穿过表面单元 δS 位错的 Burgers 矢量（在 δC 上测得），则位错密度张量 $\boldsymbol{\alpha}$ 可定义如下：

$$\alpha_{ij}n_i\delta S = \delta b_j \tag{1-41}$$

式中，α_{ij} 为位错密度张量 $\boldsymbol{\alpha}$ 的分量；n_i 为表面单元 δS 法线 $\boldsymbol{n}$ 的分量；δb_j 为 Burgers 矢量 $\delta\boldsymbol{b}$ 的分量。

2. 变形不协调性的基本条件

本节仍然以具有平面晶界的双晶体来研究多晶体塑性变形的不协调性。以由两个晶粒 A 和 B 组成的无限大双晶体为例来计算变形不协调条件。这两个晶粒 A 和 B 被一个法线为 $\boldsymbol{X}_2$ 的平面界面隔开。假设施加在每个晶粒上的位移梯度分别为 $\boldsymbol{\beta}^{A}$ 和 $\boldsymbol{\beta}^{B}$，如果 $\boldsymbol{\beta}^{A}$ 和 $\boldsymbol{\beta}^{B}$ 在晶粒内部是均匀的，则双晶体任意一点的位移梯度 $\boldsymbol{\beta}$ 可以写成

$$\boldsymbol{\beta}=\boldsymbol{\beta}^{A}+\Delta\boldsymbol{\beta}H(V) \tag{1-42}$$

式中，V 为体积；$H(V)$ 为 Heaviside 函数［其定义如下：如果该点位于晶粒 A 内，则 $H(V)=0$；如果该点位于晶粒 B 内，则 $H(V)=1$］；$\Delta\boldsymbol{\beta}$ 为晶粒的位移梯度差，其表达式如下：

$$\Delta\boldsymbol{\beta}=\boldsymbol{\beta}^{B}-\boldsymbol{\beta}^{A} \tag{1-43}$$

如果 $\Delta\boldsymbol{\beta}=\boldsymbol{\beta}^{B}-\boldsymbol{\beta}^{A}\neq 0$，则变形不协调。

位错密度张量的分量为

$$\alpha_{pi}=e_{pjk}\Delta\beta_{ki}n_j\delta S \tag{1-44}$$

式中，$\Delta\beta_{ki}$ 为张量 $\Delta\boldsymbol{\beta}$ 的分量。

在双晶体的特定情况下，其可以简化为 α_{1i} 和 α_{3i} 两项。将变形协调位移梯度差 $\Delta\boldsymbol{\beta}^{*}$ 加到 $\Delta\boldsymbol{\beta}$ 上，可以保证 $\boldsymbol{\beta}$ 协调性，则有

$$\begin{cases}\alpha_{1i}=\Delta\beta_{3i}+\Delta\beta_{3i}^{*}=0\\ \alpha_{3i}=\Delta\beta_{1i}+\Delta\beta_{1i}^{*}=0\end{cases} \tag{1-45}$$

因为 $\alpha_{jk}=b_k t_j$，其中 b_k 是 Burgers 矢量 $\boldsymbol{b}$ 的 k 分量，t_j 是位错线上与矢量 $\boldsymbol{b}$ 相关的单位矢量的 j 分量。因此 $\Delta\boldsymbol{\beta}^*$ 与晶界平面内的螺型位错和刃型位错的连续分布等价。晶粒 A 和晶粒 B 中的变形协调位移梯度差 $\Delta\boldsymbol{\beta}^*$ 分布，以及与变形协调弹性应变梯度差 $\Delta\boldsymbol{\varepsilon}^{e*}$ 有关的内应力分布，只能基于弹性各向同性进行简单的计算，Kroner 针对上述计算提出了一种解析计算方法。Rey 和 Zaoui 已经证明了在双晶体中存在三个不连续的内应力张量分量，它们在双晶体中的平均值为零。

1.6.2 晶界滑动

晶界滑动（grain boundary sliding）是指一个晶粒相对于另一个晶粒在晶界平均面上不做任何旋转的运动。这种滑动需要晶界或含有物质局部迁移的晶界网络结构的几何变形，因此这种晶界滑动可以称为滑动协调变形。

1. 晶界滑动基本数学描述

虽然晶内塑性变形和晶界滑动之间存在一定的相关性，但两者之间的协调性还存在一定的争议。例如对于锌多晶体，其具有密排六方结构，因此滑移系很少，甚至在室温条件下就可在其内部观察到一些晶界滑动。这种在三义晶界处产生的滑动是不均匀的，如图 1-29 所示。

令 $\boldsymbol{r}$ 为给定介质内任一点的位置矢量，该介质内的位移场 $\boldsymbol{u}(\boldsymbol{r})$ 以不连续的滑动越过一个表面 S，该表面所封闭的体积为 V，于介质中的任一位置，有

$$\boldsymbol{u}(\boldsymbol{r})=\boldsymbol{U}(\boldsymbol{r})+\boldsymbol{W}(\boldsymbol{r})H(V) \tag{1-46}$$

式中，$\boldsymbol{U}$ 和 $\boldsymbol{W}$ 都是 $\boldsymbol{r}$ 的连续可微函数；$H(V)$ 为 Heaviside 函数，如果该点位于体积 V 内部，则 $H(V)=0$；如果该点位于体积 V 外部，则 $H(V)=1$。$\boldsymbol{W}(\boldsymbol{r})$ 为晶界平面（表面 S）上相邻晶粒的位移场，因此其对应于表面 S 上的位移间断，必须满足下列条件：如果该点位于表面 S 上，则有

$$\boldsymbol{W}(\boldsymbol{r})\cdot\boldsymbol{n}(\boldsymbol{r})=0 \tag{1-47}$$

式中，$\boldsymbol{n}(\boldsymbol{r})$ 是表面 S 上点 $\boldsymbol{r}$ 位置的法线。根据小应变公式，利用直角坐标和相关的经典符号，得到位移梯度张量为

$$\beta_{ij}=u_{j,i}=U_{j,i}+W_{j,i}H(V)-W_j(S)n_i\delta(S) \tag{1-48}$$

式中，β_{ij} 为位移梯度张量的分量；$U_{j,i}$ 为 $\boldsymbol{U}(\boldsymbol{r})$ 对 $\boldsymbol{r}$ 的偏微分；$W_j(S)$ 为表面 S 上位移间断的分量；$\delta(S)$ 为表面 S 上的 Dirac 函数，如果该点位于体积 V 内部，则 $\delta(S)=0$，如果该点位于体积 V 外部，则 $\delta(S)=1$。

应变场 ε_{ij} 和旋转场 ω_{ij} 很容易由 β_{ij} 的对称部分和非对称部分得到，因而表达形式与式(1-47)相同，即添加了三个不同参数：第一个参数是指每个区域都是单独连续的；第二个参数是指整个表面 S 上存在间断；第三个参数是一个 δ 型奇异点，其对表面 S 上的表面滑动起具体作用。

2. 晶界滑动基本机制

(1)扩散协调变形机制

如果原子能通过扩散的方式进入或移出晶界来协调较大幅度的运动,便会引起晶界滑动。晶界区域是原子流的发生源和吸收源,原子会在邻近晶粒内或沿晶界的扩散产生流动(图 1-29)。

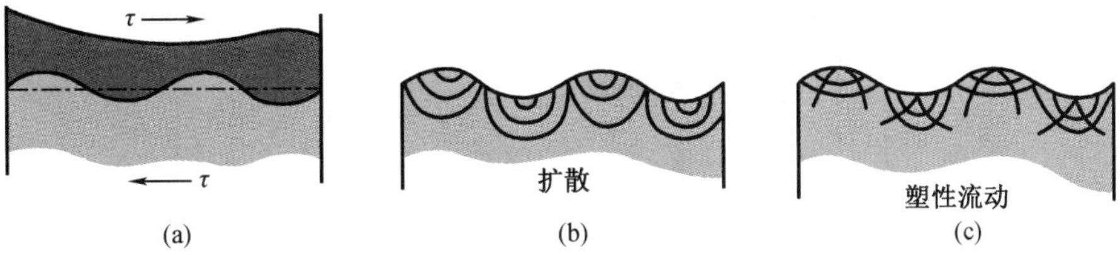

图 1-29　扩散协调变形机制示意图

当晶界为一般晶界时, 假设滑动速率由扩散协调变形速率控制,稳态滑动的特征就是具有恒定的滑动速率,其速率值与外加应力和扩散系数成正比。如果晶界滑动是由体积扩散引起的,则滑动速率与晶界周期 λ 成正比;而如果晶界滑动是由晶界扩散引起的,则滑动速率与晶界周期 λ 不成正比。当温度较低和晶界周期较小时,优先发生晶界扩散。如果晶界是邻位晶界,且局部位错密度较高,而使位错容易以滑移和攀移的方式沿着晶界运动,晶体滑动结果相似。如果位错的 Burgers 矢量之和在剪切方向上,则产生正或负位错攀移的必要流动条件就与一般晶界的计算结果相同。在奇异晶界和邻位晶界的滑动过程中,晶间位错的作用已经在许多研究中得到证实。例如在铜中,晶界滑动涉及一系列位错的位移。在锌中,晶界滑动是由非本征位错的运动引起的。这些位错可以在应力的作用下直接在晶界内产生。在大多数情况下,这些非本征位错是由晶粒内的位错与晶界相互作用产生的,可以通过以下方式进行区分。

①纯晶界滑动可以在低应力条件下观察到,不伴随任何晶粒变形,Coble 蠕变就属于这种情况。对铜双晶体的试验研究表明,低能量晶界具有较高的抗滑动能力。一般晶界内不含位错,这与这些缺陷在高温下的快速调节是一致的。但如果一般晶界存在偏析,则位错的存在需要被关注。

②诱导晶界滑动是相邻晶粒塑性变形时引起的高度加速滑动,这种滑动已经在锌中得到了证实。图 1-30 所示为晶界滑动量 s 与时间的关系曲线。位错与晶界的相互作用可以分解为晶间位错,在邻位晶界处可以分解为具有 DSC 基矢的位错,在一般晶界处可以分解为无数个无穷小的位错。在这些位错的离域核心处的剪切可以增加晶界滑动。需要注意的是,在一般晶界中能够发现具有不可忽略的 Burgers 矢量的位错。在每一种情况下, 晶界都扮演着位错吸收源的角色。位错在晶界内相互协调作用过程中,滑动位错诱发滑动,而固定位错则改变取向关系。

(2)晶内塑性变形协调机制

晶内塑性变形协调机制发生在较高的应力条件下,该机制比较复杂,具体机制取决于晶界作为位错发生源还是位错吸收源。晶间滑移的障碍会引起局部应力集中,该应力集中会因晶粒中的位错发生而得到释放,从而导致硬化的发生和变形速率随应力呈幂律关系变化。所有这些过程的动力学都随晶界结构的不同而不同,奇异晶界和邻位晶界的滑动速率比一般晶界要低,如图 1-31 所示。实际上,一般晶界中的位错协调更容易些,而且,在经过扩散过程协调的情况下,奇异晶界和邻位晶界并不是理想的位错发生源和吸收源。

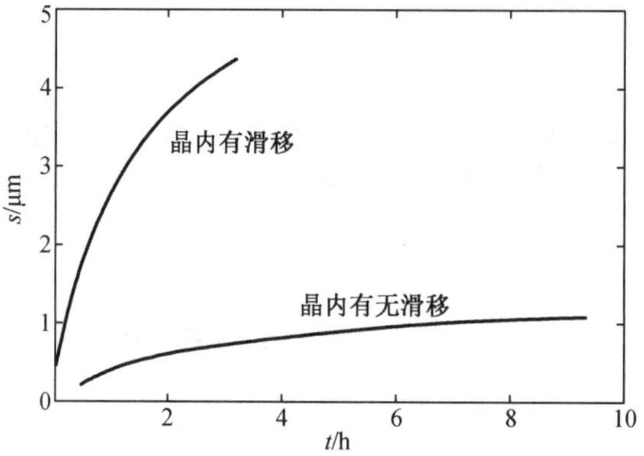

图 1-30　受相同应力作用下的两个相同锌双晶体中晶界滑动量随时间的变化曲线

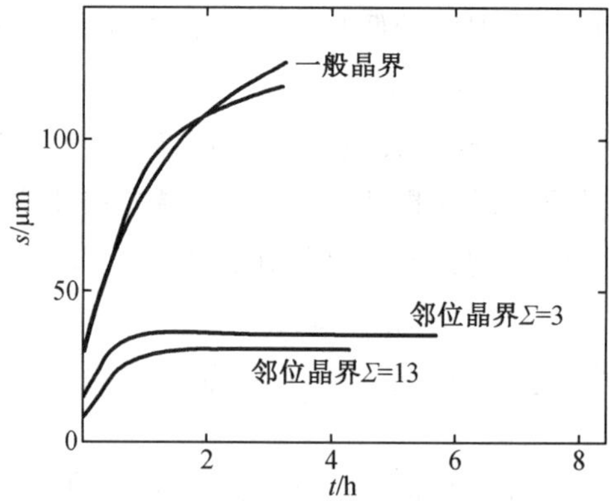

图 1-31　铝中两个一般晶界和两个邻位晶界在应力 σ=1 MPa 和温度 T=800 K 条件下滑动量随时间的变化曲线

1.6.3　晶界迁移

晶界迁移(grain boundary migration)是指晶界在垂直于晶界切面方向发生了位移。晶界迁移的速率取决于多种参数,如晶粒取向、晶界倾角、温度和杂质等。根据是否涉及扩散,可以将关于晶界迁移的运动分为两种:非守恒运动和守恒运动。

1. 非守恒运动

在扩散过程占主导的情况下,晶界空位浓度的升高有利于晶粒长大。为了维持局部结构的平衡,必然会发生晶粒和三义晶界的迁移。这种迁移会导致弯曲晶界的形成,如图 1-32 所示。

2. 定恒运动

在迁移与滑动的耦合作用 F,引起晶界滑动的位错将具有个台阶。耦合系数 β 是迁移距离与平行于晶界方向的位移之比。β 可以通过几何模型进行预测。图 1-33 为在一个平行于 $\Sigma=9$ 晶界的 DSC 点阵内由位错滑移产生的晶界迁移。可以看出,通过一个 Burgers 矢量为 $\boldsymbol{b}$ 的位错滑移,晶界由 GB1(实线)的位置迁移到 GB2(虚线)的位置。

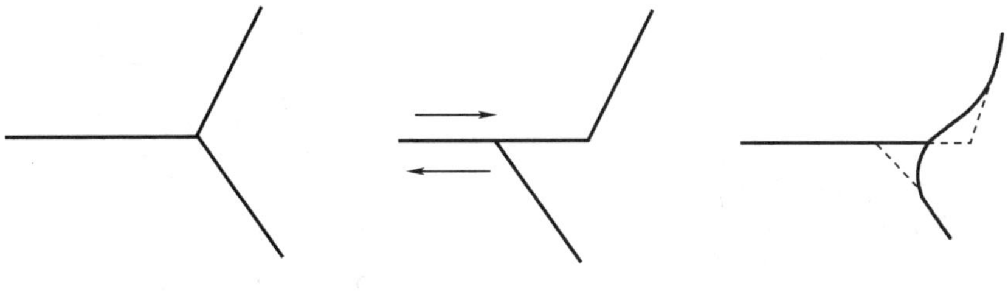

(a)晶界初始状态　　(b)晶界滑动后　　(c)晶界局部迁移后

图 1-32　弯曲晶界形成机制示意图

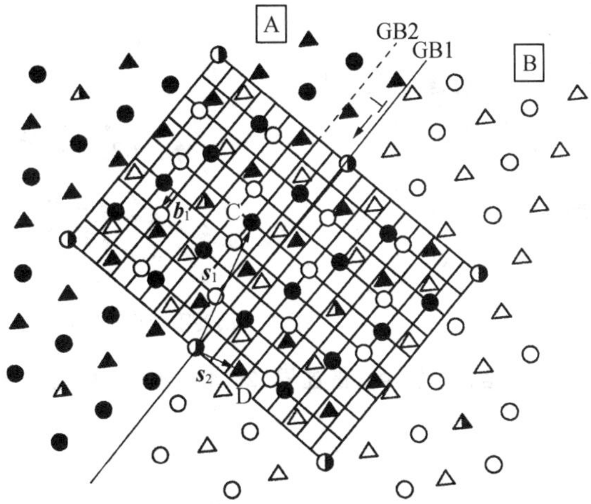

图 1-33　晶界平面为(114)的 $\Sigma=9$ 重合晶界的迁移

然而,试验得到的耦合系数往往小于几何模型的预测值。此外,后者不能应用于一般晶界。为此人们提出了一种剪切迁移几何模型(shear migration geometrical model, SMGM),在该模型中,迁移是通过位错间断的运动实现的,该位错间断的 Burgers 矢量与晶界平行。另外,这种迁移还涉及有限数量原子的局部重排,但并不发生长程扩散,如图 1-34 所示。图中所示晶界平面指数为无理数,说明没有重合点阵。在图 1-34(a)所示的垂直于晶界平面的两个晶格点阵中,两个平行四边形(1 和 2)分别代表两个点阵单元,它们包含相同数量的原子,其中点阵单元 2 可以通过图 1-34(b)所示的平行于晶界平面的简单剪切变换为点阵单元 1。这一过程相当于位错沿晶界平面在等效位置之间的不断滑移,导致间断台阶平行于晶界运动,其位移矢量 $\boldsymbol{s}$ 垂直于晶界迁移矢量 $\boldsymbol{m}$。由于晶界平面指数为无理数,故没有沿晶界平面周期性重复的位移矢量,因此无法定义 DSC 矢量,但可以定义一个位错间断,它的 Burgers 矢量 $\boldsymbol{b}$ 定义为间断台阶顶部和底部剪切矢量的差值,即 $\boldsymbol{b}=\boldsymbol{s}_1-\boldsymbol{s}_2$,如图 1-34(c)所示,其中 $\boldsymbol{b}$ 在两个点阵中的坐标均为无理数。Burgers 矢量 $\boldsymbol{b}$ 的位错沿着高度为 h 的台阶滑动,形成图 1-34(c)所示的灰色区城,同时,该区域内的原子发生重组,最终实现晶界迁移。为了满足平均晶界平面的要求,通常需要在晶界处设置多个阶梯平面和台阶,位错沿阶梯平面的不断运动导致台阶平行于阶梯平面运动,从而导致了晶界的迁移。使用更小的平行四边形会产生相同的迁移模式,但 Burgers 矢量大小和台阶高度均为上述情况的一半,如图 1-34(d)所示。

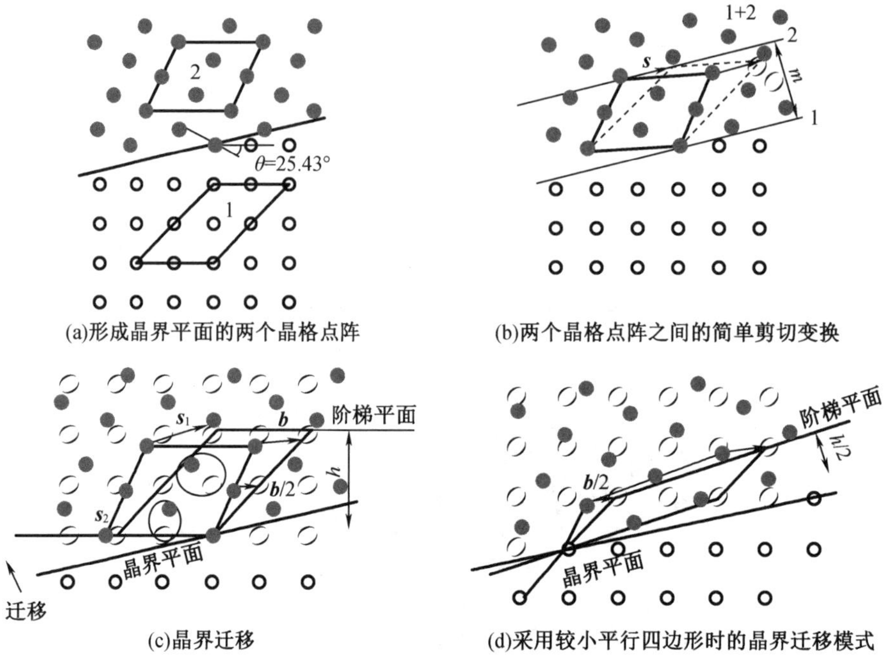

(a)形成晶界平面的两个晶格点阵 (b)两个晶格点阵之间的简单剪切变换

(c)晶界迁移 (d)采用较小平行四边形时的晶界迁移模式

图 1-34　面心立方结构金属中一般晶界(25.43°<100>)的剪切迁移几何模型

参 考 文 献

[1] XU S S, LI J P, CUI Y, et al. Mechanical properties and deformation mechanisms of a novel austenite-martensite dual phase steel[J]. International Journal of Plasticity, 2020, 128:102677.

[2] ADMAL N C, PO G, MARIAN J. A unified framework for polycrystal plasticity with grain boundary evolution[J]. International Journal of Plasticity, 2018, 106:1-30.

[3] 宗影影,王琪伟,袁林,等. 航空航天复杂构件的精密塑性体积成形技术[J]. 锻压技术,2021,46(9):1-15.

[4] 高峻,李淼泉. 精密锻造技术的研究进展与发展趋势[J]. 精密成形工程,2015,7(6):37-43.

[5] 李尧. 金属塑性成形原理[M]. 2 版. 北京:机械工业出版社,2013.

[6] 俞汉清,陈金德. 金属塑性成形原理[M]. 北京:机械工业出版社,2013.

[7] 彭大暑. 金属塑性加工原理[M]. 长沙:中南大学出版社,2004.

[8] 王平,崔建忠. 金属塑性成形力学[M]. 北京:冶金工业出版社,2006.

第 2 章　应 力 分 析

2.1　应力与应力状态

金属塑性加工是指利用其塑性,在外力作用下使之产生永久变形以制造具有一定外形尺寸和组织性能制品的材料加工技术。外力是成形的外因,塑性是成形的内因,二者缺一不可。

2.1.1　外力

外力,从字面上很容易理解为作用在物体外表面上的力。当然这并不完全正确,实际上凡能使物体产生塑性变形的力都称为外力,可概括为点力、面力和体积力,如图 2-1 所示。点力,顾名思义,是作用在物体表面的一个点上;面力则是在表面的一定区域连续分布的力,二者都作用于物体外表面上。当然,点力和面力也不是截然分开的,如果面力所作用的面积很小,就变成了点力。体积力则突破了表面的限制,不仅作用于外表面上,还作用于物体内部的每一个质点上,如重力、惯性力、离心力、电磁力等。

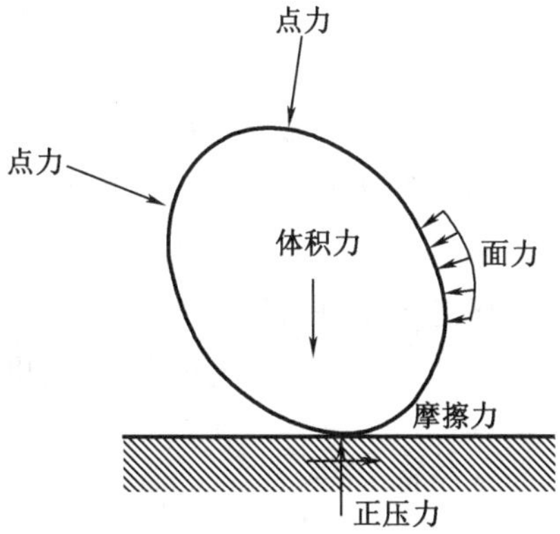

图 2-1　外力的分类

此外,还可以按照力的功能,将外力划分为主动力和约束力。如图 2-1 所示,主动力是使物体发生变形的力(点力、面力和体积力),而约束力则是对物体边界起约束作用的力,包括正压力和摩擦力,虽然约束力不直接使材料变形,但没有它们,材料将难以变形。

一般场合下的塑性成形,体积力(惯性力)的作用远小于表面力,往往忽略不计,但有些特殊场合,比如锤上模锻,上述力则不可忽略。如图 2-2 所示,当上模膛高速下落时,从相对运动的角度来说,可以认为是坯料高速冲向上模,这样当坯料和模膛接触后,上部接触处速度突变为零,而余下的部分仍具有速度,这样坯料下部会对上部有力的作用,这好比高速飞行的子弹撞击到墙上,如果墙壁足够坚实,则子弹前部会被后续部分压扁。基于此,一般锤上模锻,都将形状复杂的模腔安装在上锤头,这大大有利于材料的填充。

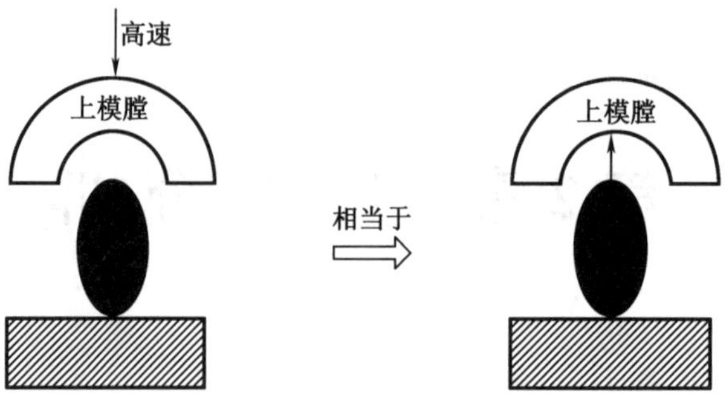

图 2-2　惯性力的作用原理

2.1.2　内力

如果将受力物体看作是由无数质点组成的，那么在外力作用下，根据质点间距离是否发生改变，可将受力后的效果分为两类：

(1)质点间距离无变化，呈现整体的平移或转动。这属于刚体运动。在这种情况下，质点间无作用力，又因质点间距无变化，因此物体形状亦不发生改变。

(2)质点间距离有变化。此时假设已经消除了(1)中的刚体运动，比如将物体固定。此时再变形的话，质点间距会发生变化，这会导致：

①由于质点之间是有联系的，因此间距的变化意味着它们之间有力的作用；

②虽然没有了宏观的刚体转动，但在微观上，物体内依然存在着刚体转动，这是由单纯的变形引起的，将在第 7 章中详细解释。

在情况(2)中，质点间距离的变化会导致质点间的作用力，当彼此距离变大时表现为拉力，反之为压力，二者统称为内力，也就是说，内力是物体内部质点之间相互作用的力。

2.1.3　应力

应力是指作用于物体单位面积上的内力(集度)。塑性变形的主要任务就是研究变形体内应力的分布。研究应力一般采用截面法。图 2-3(a)所示为一受力物体在外力作用下产生变形(此处研究的是小变形，因此变形后的形状可近似用初始构形替代，同时亦排除了刚体运动)，导致内部产生应力。现在物体内部任取一点 O，如图 2-3(b)所示。为研究 O 点的应力，现用一个过 O 点的任意假想的截面将物体分开，把物体的下半部分作为研究对象，如图 2-3(c)所示。由于质点之间是相互联系的，因此截面上部的质点对下部的质点有力的作用，当只研究下部分时，上部分质点对下部分质点作用力的合力将与作用于下部的外力达成平衡，如图 2-3(c)所示。

现在截面上取一四边形将 O 点包围起来，如图 2-3(c)所示。设四边形的面积为 ΔS，其上内力的合力为 ΔT，则作用于四边形上的平均内力为

$$\bar{T}=\frac{\Delta T}{\Delta S} \tag{2-1}$$

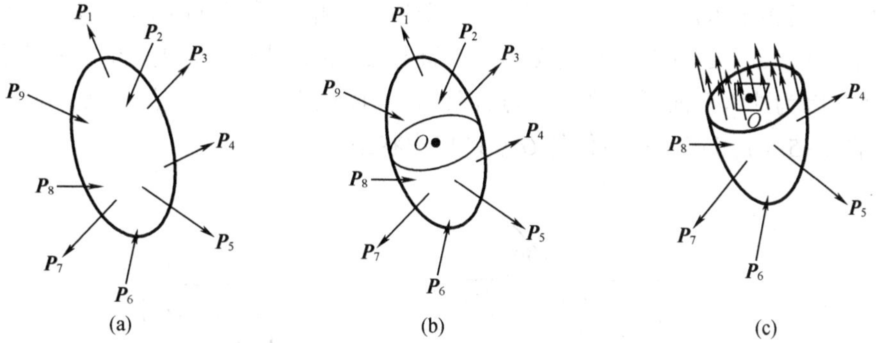

图 2-3　截面法定义应力

现将四边形逐步缩小,使面积趋于零,这样四边形将与 O 点无限接近,此时若极限

$$s=\lim_{\Delta S\to 0}\frac{\Delta T}{\Delta S}=\frac{dT}{dS} \tag{2-2}$$

存在,则 s 就定义为 O 点的应力。这就是应力最基本的定义。

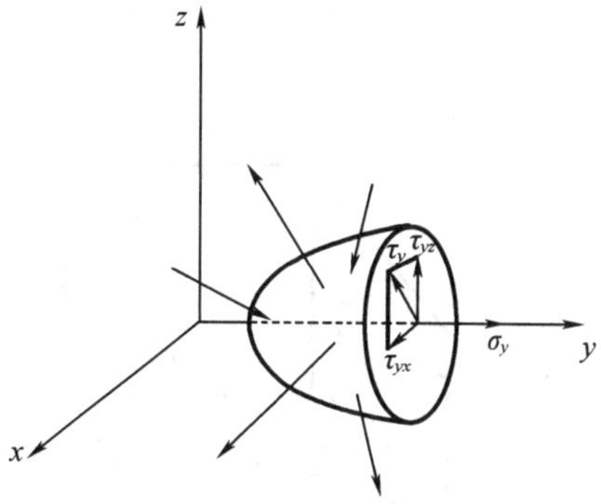

图 2-4　应力定义的规范化

实际上,由于过 O 点的截面是任意截取的,因此上述定义的应力 s 具有不确定性,为了规范应力的定义,现建立图 2-4 所示直角坐标系,并将截面的法向取为 y 轴方向(截面称为 y 面,下同)。再按照上述流程求得 O 点的应力 s。此时 s 可进一步分解为 σ_y 和 τ_y。σ_y 的方向垂直于截面并与法线同向,称为正应力;而 τ_y 的方向与截面相切,称为切应力,此切应力可进一步按坐标走向分解为 τ_{yx} 和 τ_{yz}。

2.1.4　点的应力状态

同理,过 O 点也可以截取法向与 x 轴或 z 轴平行的面(分别称为 x 面和 z 面),如图 2-5(a)所示。依同样步骤求出应力,这样就得到了三个相互垂直面上的应力,将它们组合起来写成一个矩阵:

$$\begin{pmatrix}\sigma_x & \tau_{xy} & \tau_{xz}\\ \tau_{yx} & \sigma_y & \tau_{yz}\\ \tau_{zx} & \tau_{zy} & \sigma_z\end{pmatrix}\begin{matrix}\text{——定义在 } x \text{ 面上的应力}\\ \text{——定义在 } y \text{ 面上的应力}\\ \text{——定义在 } z \text{ 面上的应力}\end{matrix} \tag{2-3}$$

这是三个面上的应力组合,它有一个新的称谓——点的应力状态。这是一个十分重要的概念,它比较全面地表示了一点的应力情况。这类似于给人拍照:正面、左右两侧面各拍一张,组合起来就能比较全面地代表一个人;或者类似于画法几何中的视图,从三个不同方向,画出一个零件的三面投影图,组合起来就能代表整个零件。

上述在对一点的应力进行研究时,取通过该点的相互垂直的三个平面[图 2-5(a)]。但有时候,为了研究的需要,这个平面往往并不真正通过该点,而是在与该点无限接近的地方。例如,在图 2-5(b)中 O 点的上下、左右、前后三个相互垂直方向上(即 x、y、z 轴),各取六个分别垂直于 x、y、z 轴的平面,然后六个平面相互截取,最后会形成一个将 O 点包围的微分六面体。因为这六个面无限接近 O 点,因此六面体也无限接近 O 点,于是就用六个面上的应力[图 2-5(c)(d)]来近似代替 O 点的应力状态。

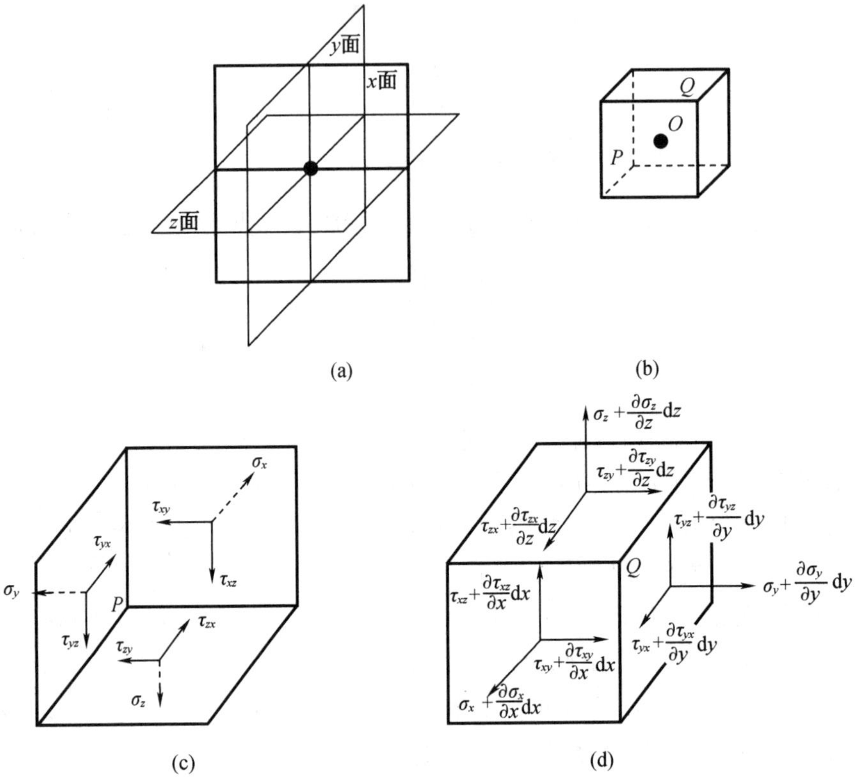

图 2-5　点的应力状态详解

这六个分面可分为两组:一组为过坐标原点 P 的三个面[定义为 x、y、z 面,图 2-5(c)];另一组为过点 Q 的三个面[定义为 $x+dx$、$y+dy$、$z+dz$ 面,图 2-5(d)]。

前三个面上的应力如图 2-5(c)所标识,写成式(2-3)矩阵形式;后三个面的应力如图 2-5(d)所标识,写成式(2-4)矩阵形式。

$$\begin{pmatrix} \sigma_x+\frac{\partial\sigma_x}{\partial x}dx & \tau_{xy}+\frac{\partial\tau_{xy}}{\partial x}dx & \tau_{xz}+\frac{\partial\tau_{xz}}{\partial x}dx \\ \tau_{yx}+\frac{\partial\tau_{yx}}{\partial y}dy & \sigma_y+\frac{\partial\sigma_y}{\partial y}dy & \tau_{yz}+\frac{\tau_{yz}}{\partial y}dy \\ \tau_{zx}+\frac{\partial\tau_{zx}}{\partial z}dz & \tau_{zy}+\frac{\partial\tau_{zy}}{\partial z}dz & \sigma_z+\frac{\partial\sigma_z}{\partial z}dz \end{pmatrix} \begin{matrix} \text{——定义在 } x+dx \text{ 面上的应力} \\ \text{——定义在 } y+dy \text{ 面上的应力} \\ \text{——定义在 } z+dz \text{ 面上的应力} \end{matrix} \quad (2-4)$$

关于这些应力的更具体的解释见 2.6 节。

在有些要求不高的场合,应力的微分部分可以舍去,这样式(2-4)回归为式(2-3),此时应力状态如图 2-6 所示。

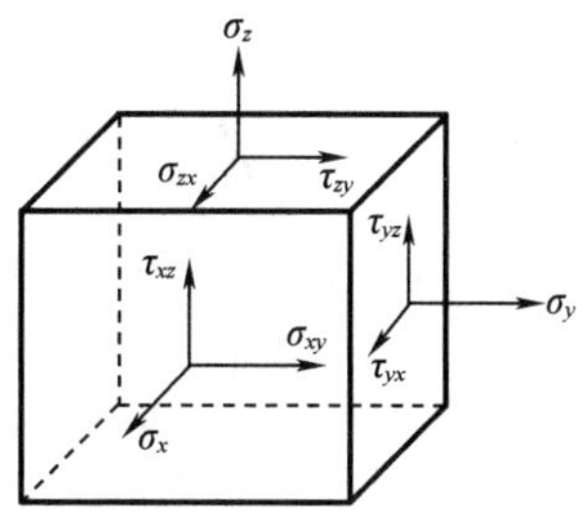

图 2-6　点的应力状态

式(2-3)中的应力分量有 9 个,实际上可以减少为 6 个。因为图 2-5(d)所示的单元处于平衡状态,在忽略应力微小增量部分,求出绕单元体中心轴的合力矩(为零)后,可得出 $\tau_{xy}=\tau_{yx}$,$\tau_{yz}=\tau_{zy}$,$\tau_{xz}=\tau_{zx}$(请读者自行推导),因此式(2-3)可简化为

$$\begin{pmatrix} \sigma_x & \tau_{xy} & \tau_{xz} \\ \cdot & \sigma_y & \tau_{yz} \\ \cdot & \cdot & \sigma_z \end{pmatrix} \tag{2-5}$$

这些应力分量的符号与方向规定如下:

(1)第一个下标表示该力所在面,第二个下标表示该力的方向;

(2)若面法线方向与坐标轴同向,则该面为正面,反之为负面;

(3)作用于正面上的力,如果方向与坐标轴相同,则该力为正,反之为负;

(4)作用于负面上的力,如果方向与坐标轴相反,则该力为正,反之为负。

以下面的应力状态举例说明,其方向与符号如图 2-7 所示。

$$\begin{pmatrix} 5 & 0 & -5 \\ 0 & -5 & 0 \\ -5 & 0 & 5 \end{pmatrix}$$

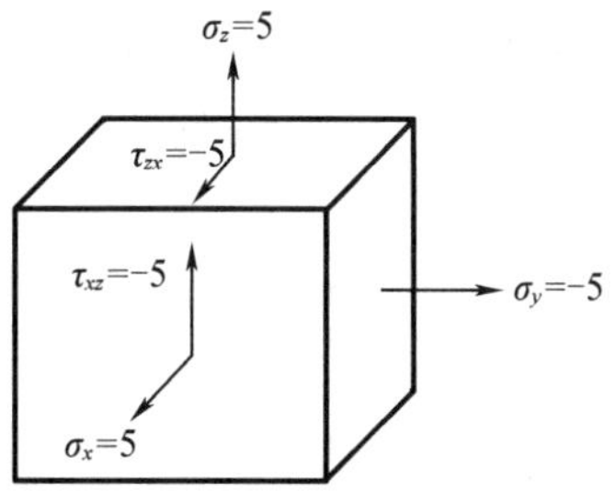

图 2-7　应力方向与符号释义

2.2 主 应 力

2.2.1 过一点任意斜面上的应力

点的应力状态由围绕该点的一个微分六面体上的应力组合[式(2-3)]表示。这个微分六面体是依直角坐标系而建的,它的六个面的法向都与坐标轴平行(姑且称为规范面)。有时候为研究方便,需要另外建立一个直角坐标系,例如 Qx',如图 2-8(a)所示(图中只画了一个 x'轴)。显然这个坐标系与原来相比是倾斜的(其实倾斜是相对的,若以后一个坐标系为准,则前一个坐标系是倾斜的,这一点在 2.2.3 节中会体现)。这样一来,后一个坐标系(倾斜的)中的一个规范面,在前一个坐标系中则成为倾斜面,即图 2-8(a)中的 x'面(即 ABC 面)。求出 x'面上的应力势在必行。

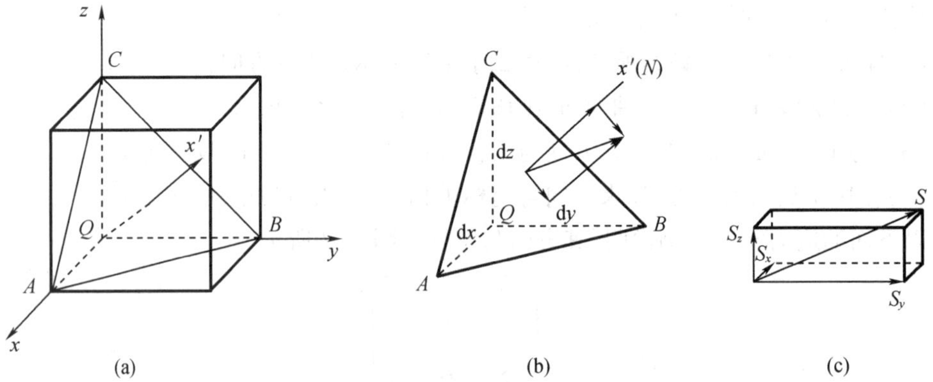

图 2-8 任意斜面上的应力

仍然采用截面法,用斜面 ABC 将微分六面体截开,得到一个微分四面体 $Q-ABC$,如图 2-8(b)所示。设四面体在三坐标轴上的截距分别为 $\mathrm{d}x$、$\mathrm{d}y$、$\mathrm{d}z$,截面面积 $S_{\triangle ABC}=\mathrm{d}A$。设斜面外法线 N 的方向余弦分别为

$$\cos(N,x)=l$$
$$\cos(N,y)=m$$
$$\cos(N,z)=n$$

三个规范面的面积分别为

$$S_{\triangle BQC}=l\mathrm{d}A$$
$$S_{\triangle CQA}=m\mathrm{d}A$$
$$S_{\triangle AQB}=n\mathrm{d}A$$

作用在此微分四面体所有面上的力(忽略体积力)使四面体保持平衡,因此沿三个坐标轴上的合力均为零。以 x 轴为例,设斜面上的全应力为 S,其三个沿坐标轴的分量分别为 S_x、S_y、S_z,则所有力在 x 轴的投影之和为[应力状态参考图 2-8(c)]:

$$S_x S_{\triangle ABC} - \sigma_x S_{\triangle BQC} - \tau_{yx} S_{\triangle CQA} - \tau_{zx} S_{\triangle AQB} = 0 \tag{2-6}$$

将面积关系代入式(2-6),化简得

$$S_x = \sigma_x l + \tau_{yx} m + \tau_{zx} n \tag{2-7}$$

对 y 轴和 z 轴做类似的处理,得出

$$\begin{cases} S_y = \tau_{xy} l + \sigma_y m + \tau_{zy} n \\ S_z = \tau_{xz} l + \tau_{yz} m + \sigma_z n \end{cases} \tag{2-8}$$

综合起来,有

$$\begin{cases} S_x = \sigma_x l + \tau_{yx} m + \tau_{zx} n \\ S_y = \tau_{xy} l + \sigma_y m + \tau_{zy} n \\ S_z = \tau_{xz} l + \tau_{yz} m + \sigma_z n \end{cases} \tag{2-9}$$

将 S_x、S_y、S_z 合成总应力 S:

$$S = \sqrt{S_x^2 + S_y^2 + S_z^2}$$

将 S_x、S_y、S_z 分别沿法向投影,于是就得到斜面上的正应力:

$$\sigma = S_x l + S_y m + S_z n = l^2 \sigma_x + m^2 \sigma_y + n^2 \sigma_z + 2lm\tau_{xy} + 2mn\tau_{yz} + 2ln\tau_{zx} \tag{2-10}$$

然后再求出剪应力

$$\tau = \sqrt{S^2 - \sigma^2} \tag{2-11}$$

式(2-9)表达了任意斜面上的应力和规范面应力之间的关系,这些力都是内力。

由于微分六面体无限小,因此倾斜面 ABC 可以近似地认为通过 Q 点,面 ABC 上的应力可看作 Q 点的应力。以上就是过一点 Q 的任意斜面的应力计算公式。

如果这一斜面位于物体表面(图 2-9),则该式就变为应力边界条件,假设外力为 P_x、P_y、P_z,则式(2-9)变为

$$\begin{cases} P_x = \sigma_x l + \tau_{yx} m + \tau_{zx} n \\ P_y = \tau_{xy} l + \sigma_y m + \tau_{zy} n \\ P_z = \tau_{xz} l + \tau_{yz} m + \sigma_z n \end{cases} \tag{2-12}$$

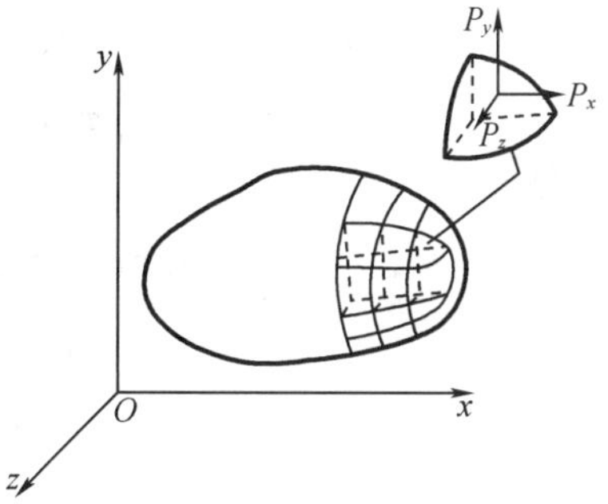

图 2-9　应力边界条件

2.2.2　主应力

通过式(2-9)可知,在应力状态[式(2-3)]不变的情况下,任意斜面上的应力随着该面的方向余弦而变化,是方向余弦的连续函数。这样斜面上的切应力也应随着方向余弦连续变化。由于其连续性,一定会存在切应力为零的情况,即一定存在这样一个面:该面上只存在正应力,切应力为零。这样的面称为主平面,主平面上的正应力称为主应力,主平面的法线方向称为主应力方向或应力主轴。主应力面是很重要的面,由于它上面的切应力为零,因此问题讨论得以简化,下面我们就通过式(2-9)求出该面的正应力及方向。

仍以图 2-8 为例,假设该斜面即为主平面,因此 $\tau = 0$,$\sigma = S$,此时 S 向 x、y、z 轴分解,三个分力分别为

$$\begin{cases} S_x=\sigma l \\ S_y=\sigma m \\ S_z=\sigma n \end{cases} \tag{2-13}$$

再代入式(2-9)可得

$$\begin{cases} \sigma l=\sigma_x l+\tau_{yx}m+\tau_{zx}n \\ \sigma m=\tau_{xy}l+\sigma_y m+\tau_{zy}n \\ \sigma n=\tau_{xz}l+\tau_{yz}m+\sigma_z n \end{cases} \tag{2-14}$$

整理有

$$\begin{cases} (\sigma_x-\sigma)l+\tau_{yx}m+\tau_{zx}n=0 \\ \tau_{xy}l+(\sigma_y-\sigma)m+\tau_{zy}n=0 \\ \tau_{xz}l+\tau_{yz}m+(\sigma_z-\sigma)n=0 \end{cases} \tag{2-15}$$

该式是以 l、m、n 为未知数的齐次线性方程组,其解就是应力主轴的方向。由解析几何可知,l、m、n 间必须满足 $l^2+m^2+n^2=1$,不可同时为零,根据线性代数理论可知,只有在齐次线性方程组的系数行列式等于零的条件下,才满足这一条件,即

$$\begin{vmatrix} \sigma_x-\sigma & \tau_{yx} & \tau_{zx} \\ \tau_{xy} & \sigma_y-\sigma & \tau_{zy} \\ \tau_{xz} & \tau_{yz} & \sigma_z-\sigma \end{vmatrix}=0 \tag{2-16}$$

展开得

$$\sigma^3-(\sigma_x+\sigma_y+\sigma_z)\sigma^2+[\sigma_x\sigma_y+\sigma_y\sigma_z+\sigma_z\sigma_x-(\tau_{xy}^2+\tau_{yz}^2+\tau_{zx}^2)]\sigma- \\ [\sigma_x\sigma_y\sigma_z+2\tau_{xy}\tau_{yz}\tau_{zx}-(\sigma_x\tau_{yz}^2+\sigma_y\tau_{zx}^2+\sigma_z\tau_{xy}^2)]=0 \tag{2-17}$$

设

$$\begin{cases} J_1=\sigma_x+\sigma_y+\sigma_z \\ J_2=-[\sigma_x\sigma_y+\sigma_y\sigma_z+\sigma_z\sigma_x-(\tau_{xy}^2+\tau_{yz}^2+\tau_{zx}^2)] \\ J_3=\sigma_x\sigma_y\sigma_z+2\tau_{xy}\tau_{yz}\tau_{zx}-(\sigma_x\tau_{yz}^2+\sigma_y\tau_{zx}^2+\sigma_z\tau_{xy}^2) \end{cases} \tag{2-18}$$

式(2-17)简化为

$$\sigma^3-J_1\sigma^2-J_2\sigma-J_3=0 \tag{2-19}$$

该式称为应力状态特征方程。可以证明,该方程必然有三个实根,也就是说存在三个主应力,用 σ_1、σ_2、σ_3 表示。将 σ_1、σ_2、σ_3 中的任何一个,例如 σ_1 代入式(2-16),并联立 $l^2+m^2+n^2=1$,可以求出 σ_1 的主方向为 l_1、m_1、n_1;同理,将 σ_2、σ_3 分别代入式(2-16),可以求出 σ_2 的主方向为 l_2、m_2、n_2,σ_3 的主方向为 l_3、m_3、n_3。

可以通过下面的推导证明这三个主应力方向两两垂直。

在已经分别求出 σ_1 的主方向 l_1、m_1、n_1 及 σ_2 的主方向 l_2、m_2、n_2 的基础上,根据式(2-15)得

$$\begin{cases} (\sigma_x-\sigma_1)l_1+\tau_{yx}m_1+\tau_{zx}n_1=0 \\ \tau_{xy}l_1+(\sigma_y-\sigma_1)m_1+\tau_{zy}n_1=0 \\ \tau_{xz}l_1+\tau_{yz}m_1+(\sigma_z-\sigma_1)n_1=0 \end{cases} \tag{2-20}$$

$$\begin{cases}(\sigma_x-\sigma_2)l_2+\tau_{yx}m_2+\tau_{zx}n_2=0\\ \tau_{xy}l_2+(\sigma_y-\sigma_2)m_2+\tau_{zy}n_2=0\\ \tau_{xz}l_2+\tau_{yz}m_2+(\sigma_z-\sigma_2)n_2=0\end{cases} \tag{2-21}$$

用 l_2、m_2、n_2 分别乘以式(2-20)的三个式子得

$$\begin{cases}(\sigma_x-\sigma_1)l_1l_2+\tau_{yx}m_1l_2+\tau_{zx}n_1l_2=0\\ \tau_{xy}l_1m_2+(\sigma_y-\sigma_1)m_1m_2+\tau_{zy}n_1m_2=0\\ \tau_{xz}l_1n_2+\tau_{yz}m_1n_2+(\sigma_z-\sigma_1)n_1n_2=0\end{cases} \tag{2-22}$$

再用 l_1、m_1、n_1 分别乘以式(2-21)的三个式子得

$$\begin{cases}(\sigma_x-\sigma_2)l_1l_2+\tau_{yx}m_2l_1+\tau_{zx}n_2l_1=0\\ \tau_{xy}l_2m_1+(\sigma_y-\sigma_2)m_2m_1+\tau_{zy}n_2m_1=0\\ \tau_{xz}l_2n_1+\tau_{yz}m_2n_1+(\sigma_z-\sigma_2)n_2n_1=0\end{cases} \tag{2-23}$$

式(2-22)与式(2-23)对应的行相减得

$$\begin{cases}(\sigma_2-\sigma_1)l_1l_2+\tau_{yx}(m_1l_2-m_2l_1)+\tau_{zx}(n_1l_2-n_2l_1)=0\\ \tau_{xy}(m_2l_1-m_1l_2)+(\sigma_2-\sigma_1)m_1m_2+\tau_{zy}(n_1m_2-n_2m_1)=0\\ \tau_{xz}(l_1n_2-l_2n_1)+\tau_{yz}(m_1n_2-m_2n_1)+(\sigma_2-\sigma_1)n_1n_2=0\end{cases} \tag{2-24}$$

最后将式(2-24)中的三个式子符号左右两侧相加得

$$(\sigma_2-\sigma_1)(l_1l_2+m_1m_2+n_1n_2)=0$$

由于 $\sigma_2\neq\sigma_1$，故必有 $l_1l_2+m_1m_2+n_1n_2=0$，即 σ_1、σ_2 的方向余弦向量点积为零，因此 σ_1 与 σ_2 垂直。同理可以证明 σ_2 与 σ_3 以及 σ_3 与 σ_1 也垂直。

由于 σ_1、σ_2、σ_3 相互垂直，因此可以根据这三个方向再建立一个新的坐标系——主应力坐标系(或称为主应力空间)，在这个坐标系下再取一个微分六面体，如图 2-10 所示，则这个六面体的应力状态应为

$$\begin{pmatrix}\sigma_1 & 0 & 0\\ 0 & \sigma_2 & 0\\ 0 & 0 & \sigma_3\end{pmatrix}$$

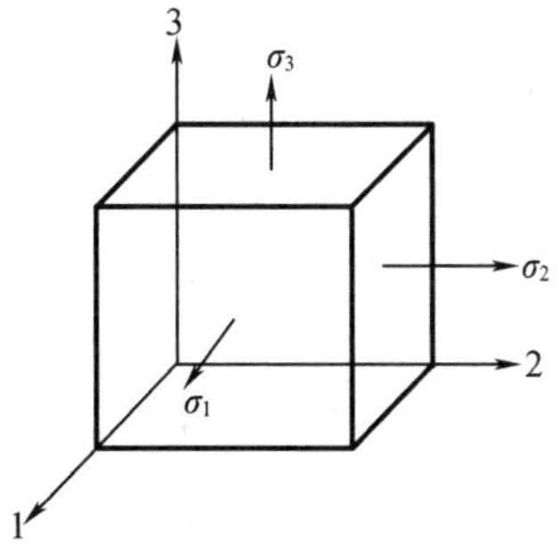

图 2-10　主应力坐标系

可见，在主应力坐标系中，切应力全为零，因此，在这样的“空间”中研究问题，将变得十分简单。比如求任意斜面上的应力，只要将式(2-9)中的应力用主应力替代，则任意斜面的应力为

$$\begin{cases} S_1 = \sigma_1 l \\ S_2 = \sigma_2 m \\ S_3 = \sigma_3 n \end{cases} \tag{2-25}$$

可见,结果十分简洁,因此在研究塑性力学问题时,经常在主应力坐标系进行。

2.2.3 主应力坐标系与一般直角坐标系比较

在前面的研究中,都是在直角坐标系下取一个微分六面体。计算结果表明,还存在一个主应力坐标系,现对这两个坐标系下的应力状态等概念做以比较,以利于深入理解。

主应力坐标系与一般的应力坐标系互为倾斜,一方扶正,另一方就倾斜。前面讨论过倾斜的相对性,在这里得以体现。另外在主应力坐标系中,大量切应力为零,因此很多公式得以简化。

图 2-11 中将直角坐标系与主应力坐标系下的一些概念、公式进行对比,从图中可以看出主应力坐标系的优点,同时也使读者对应力状态有一个更为深入的认识。

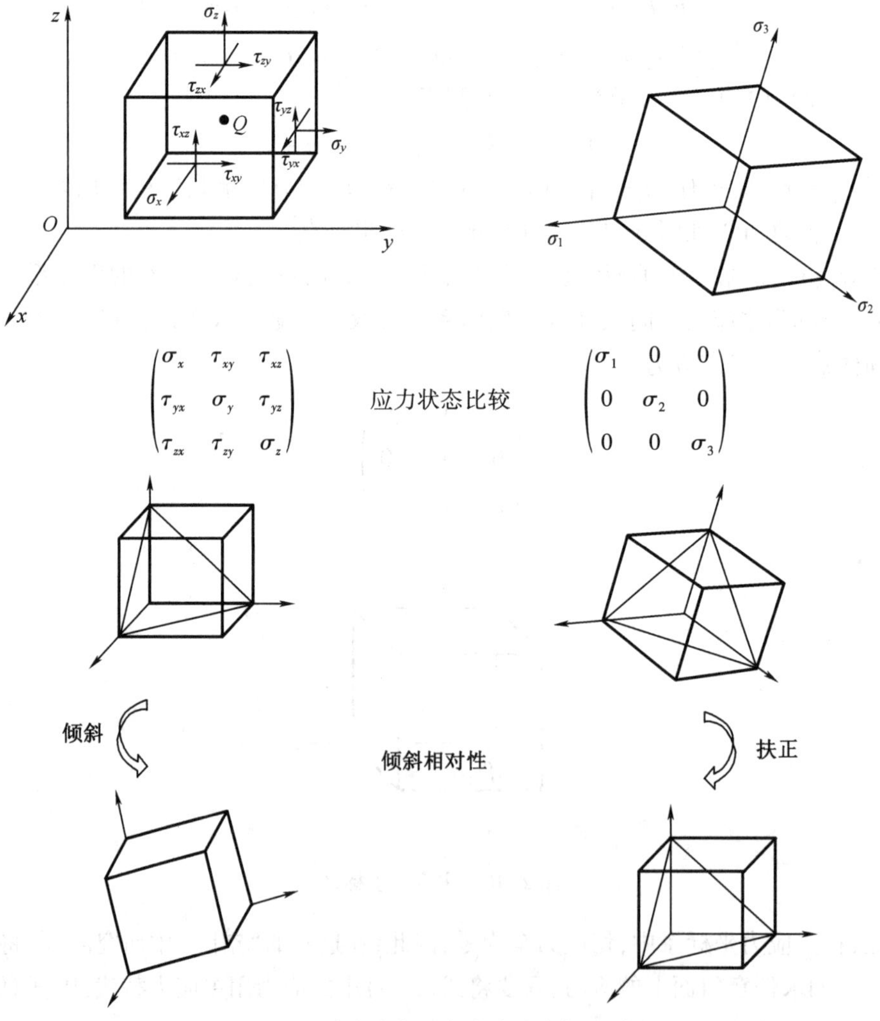

$$\begin{pmatrix} \sigma_x & \tau_{xy} & \tau_{xz} \\ \tau_{yx} & \sigma_y & \tau_{yz} \\ \tau_{zx} & \tau_{zy} & \sigma_z \end{pmatrix} \qquad \begin{pmatrix} \sigma_1 & 0 & 0 \\ 0 & \sigma_2 & 0 \\ 0 & 0 & \sigma_3 \end{pmatrix}$$

图 2-11 直角坐标系与主应力坐标系对比

$$\begin{cases} S_x = \sigma_x l + \tau_{yx} m + \tau_{zx} n \\ S_y = \tau_{xy} l + \sigma_y m + \tau_{zy} n \\ S_z = \tau_{xz} l + \tau_{yz} m + \sigma_z n \end{cases} \quad \text{任意斜面应力公式比较} \quad \begin{cases} S_1 = \sigma_1 l \\ S_2 = \sigma_2 m \\ S_3 = \sigma_3 n \end{cases}$$

$$\sigma = l^2\sigma_x + m^2\sigma_y + n^2\sigma_z + 2lm\tau_{xy} + 2mn\tau_{yz} + 2ln\tau_{zx} \quad \text{任意斜面正应力公式比较} \quad \sigma = l^2\sigma_1 + m^2\sigma_2 + n^2\sigma_3 \tag{2-26}$$

图 2-11(续)

2.2.4　主应力坐标系下应力张量不变量

仿照直角坐标系,在主应力坐标系下依然能写出类似式(2-19)的特征方程,当然方程的系数是用主应力表示的:

$$\begin{cases} J_1 = \sigma_1 + \sigma_2 + \sigma_3 \\ J_2 = -(\sigma_1\sigma_2 + \sigma_2\sigma_3 + \sigma_3\sigma_1) \\ J_3 = \sigma_1\sigma_2\sigma_3 \end{cases} \tag{2-27}$$

这是主应力坐标系下的第一、第二、第三不变量,尽管与直角坐标系下的不同,但它们并不是毫无关系的。由于主应力坐标系下的微分六面体和直角坐标系下的微分六面体都代表同一个点,只是方位不同,因此这两组不变量必然有某种关联,实际上它们是相等的(守恒):

$$\begin{cases} J_1 = \sigma_1 + \sigma_2 + \sigma_3 = \sigma_x + \sigma_y + \sigma_z \\ J_2 = -(\sigma_1\sigma_2 + \sigma_2\sigma_3 + \sigma_3\sigma_1) = -(\sigma_x\sigma_y + \sigma_y\sigma_z + \sigma_z\sigma_x) + \tau_{xy}^2 + \tau_{yz}^2 + \tau_{zx}^2 \\ J_3 = \sigma_1\sigma_2\sigma_3 = \sigma_x\sigma_y\sigma_z + 2\tau_{xy}\tau_{yz}\tau_{zx} - (\sigma_x\tau_{xz}^2 + \sigma_y\tau_{zx}^2 + \sigma_z\tau_{xy}^2) \end{cases} \tag{2-28}$$

也就是说,围绕某一点,取不同坐标方向的微分六面体(不一定是主方向),自然就有不同的类似于式(2-5)的应力状态表示,虽然应力状态不同,但都代表同一点的应力,因此必然有某种内在联系,这种联系反映在三个不变量的守恒上,也就是说有以下更普遍的恒等关系:

$$\begin{cases} J_1 = \sigma_{x'} + \sigma_{y'} + \sigma_{z'} = \sigma_x + \sigma_y + \sigma_z \\ J_2 = -(\sigma_{x'}\sigma_{y'} + \sigma_{y'}\sigma_{z'} + \sigma_{z'}\sigma_{x'}) + \tau_{x'y'}^2 + \tau_{y'z'}^2 + \tau_{z'x'}^2 = -(\sigma_x\sigma_y + \sigma_y\sigma_z + \sigma_z\sigma_x) + \tau_{xy}^2 + \tau_{yz}^2 + \tau_{zx}^2 \\ J_3 = \sigma_{x'}\sigma_{y'}\sigma_{z'} + 2\tau_{x'y'}\tau_{y'z'}\tau_{z'x'} - (\sigma_{x'}\tau_{y'z'}^2 + \sigma_{y'}\tau_{z'x'}^2 + \sigma_{z'}\tau_{x'y'}^2) = \sigma_x\sigma_y\sigma_z + 2\tau_{xy}\tau_{yz}\tau_{zx} - (\sigma_x\tau_{yz}^2 + \sigma_y\tau_{zx}^2 + \sigma_z\tau_{xy}^2) \end{cases} \tag{2-29}$$

式中,$x'y'z'$是与 xyz 有共同原点的任意直角坐标系。

利用应力张量不变量,可以判别应力状态的异同。因此有时尽管应力状态不一样,但通过比较这三个不变量,发现可能是同一应力状态,例如,有以下两个应力张量:

$$\boldsymbol{\sigma}_{ij}^1 = \begin{pmatrix} a & 0 & 0 \\ 0 & b & 0 \\ 0 & 0 & 0 \end{pmatrix}$$

$$\boldsymbol{\sigma}_{ij}^2 = \begin{pmatrix} \dfrac{a+b}{2} & \dfrac{a-b}{2} & 0 \\ \dfrac{a-b}{2} & \dfrac{a+b}{2} & 0 \\ 0 & 0 & 0 \end{pmatrix}$$

经计算,这两个应力状态的应力张量不变量相等,均为 $J_1=a+b, J_2=-ab, J_3=0$。所以,上述两个应力状态相同。

2.2.5 应力椭球面

应力椭球面是在主应力坐标系中,任意面上的应力状态的几何表达。在主应力坐标系中,任意具有方向余弦 l、m、n 的斜面上的应力如图 2-12 所示,对其进行变换:

$$l=\frac{S_1}{\sigma_1},\quad m=\frac{S_2}{\sigma_2},\quad n=\frac{S_3}{\sigma_3}$$

由于 $l^2+m^2+n^2=1$,因此有

$$\left(\frac{S_1}{\sigma_1}\right)^2+\left(\frac{S_2}{\sigma_2}\right)^2+\left(\frac{S_3}{\sigma_3}\right)^2=1 \tag{2-30}$$

由于 $\sigma_1 \neq \sigma_2 \neq \sigma_3$,因此式(2-30)是椭球面方程,其主半轴的长度分别等于 σ_1、σ_2、σ_3。这个椭球面称为应力椭球面,如图 2-12 所示。对于一个确定的应力状态($\sigma_1, \sigma_2, \sigma_3$),任意斜切面上全应力矢量 $\boldsymbol{S}(S_1, S_2, S_3)$ 的端点必然在椭球面上。

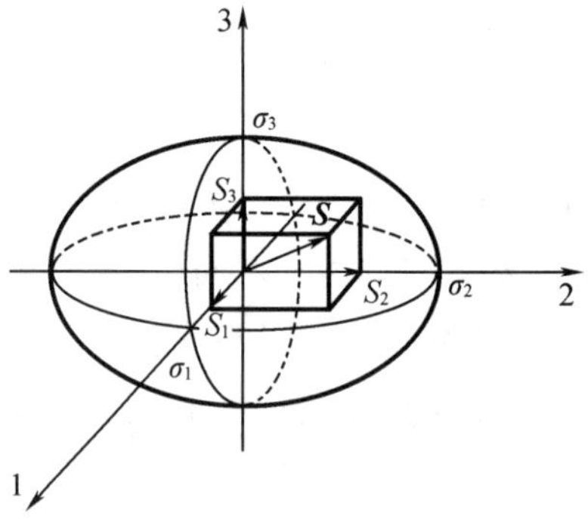

图 2-12 应力椭球面

2.2.6 主应力图

在一定的应力状态下,变形体内任意一点存在着相互垂直的三个主平面及应力主轴。在金属塑性成形理论分析中一般采用主坐标轴,受力物体内一点的应力状态可用作用在应力单元体上的主应力来描述,这时的应力张量可写成图 2-13 中的几种形式。

只用主应力的个数及符号来描述一点的应力状态的简图称为主应力图。一般主应力图只表示出主应力的个数及正负号,并不表明所作用应力的大小。主应力图共有 9 种,3 大类,如图 2-13 所示,其中三向应力状态有 4 种,如图 2-13(a)所示;两向应力状态有 3 种,如图 2-13(b)所示; 单向应力状态有 2 种,如图 2-13(c)所示。在两向和三向主应力图中,各向主应力符号相同时,称为同号主应力图;符号不同时,称为异号主应力图。根据主应力图,可定性比较某种材料采用不同的塑性成形加工工艺时,塑性和变形抗力的差异。

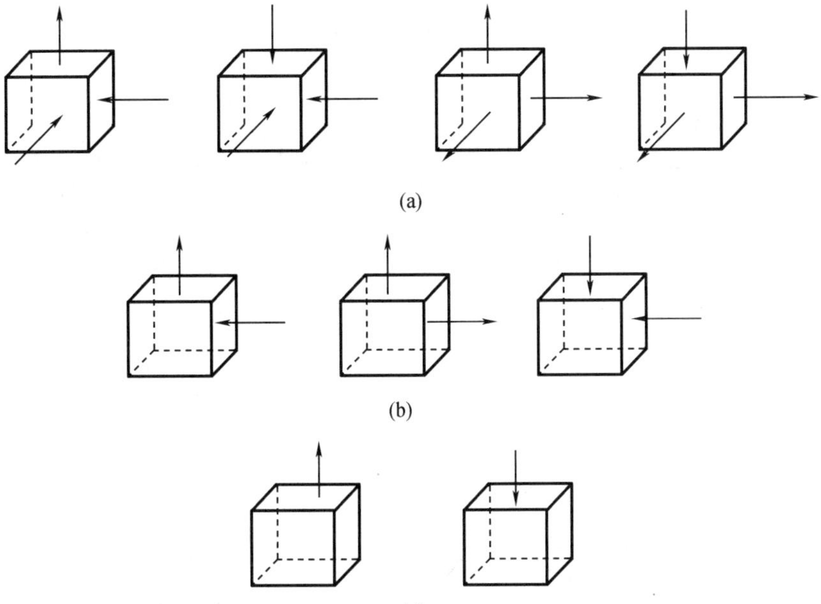

(a)　(b)　(c)

图 2-13　主应力图

2.3　任意两个坐标系下的应力变换关系

在前面的论述中，读者可能已经看出，研究一点应力状态的时候，可以任意建立直角坐标系，只要三个坐标轴相互垂直即可。而主应力坐标系只是其中的一种特殊情况，它与一般坐标系下应力状态的比较前面已经讨论过。这节我们把讨论的范围扩大到两个任意、不重合的直角坐标系下的应力状态之间的关系。

如式(2-29)所示，设 $x'y'z'$ 是与 xyz 有共同原点的任意直角坐标系，在这一坐标系中，对于同一点，与在 xyz 坐标系中的情况类似，也存在关于一点(注意是同一个点)的应力状态：

$$\begin{pmatrix} \sigma_{x'} & \tau_{x'y'} & \tau_{x'z'} \\ \tau_{y'x'} & \sigma_{y'} & \tau_{y'z'} \\ \tau_{z'x'} & \tau_{z'y'} & \sigma_{z'} \end{pmatrix} \tag{2-31}$$

图 2-14 就是该应力状态的二维情况。

由于式(2-31)与式(2-5)都表示同一点的应力状态，故二者应有所关联。为了阐述这种关联，特以二维情况为例进行说明。

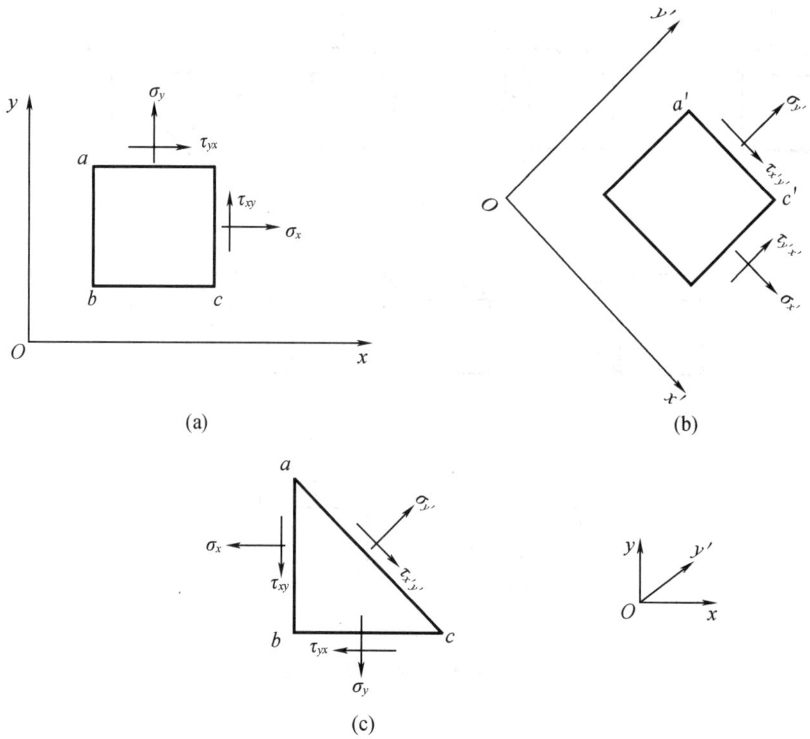

图 2-14　不同坐标系下应力变换

现将图 2-14(a)中的微分四边形进行适当切割,如图 2-14(c)所示,使得三角形斜边 ac 的法向与 y'相同。如果设 ac 边的法向余弦为(l,m),则根据式(2-9)可求得作用于 ac 边的 x'、y'方向的应力:

$$\begin{cases}S_{x'}=\sigma_x l+\tau_{yx}m\\S_{y'}=\tau_{xy}l+\sigma_y m\end{cases}\tag{2-32}$$

再根据式(2-10)求得 $\sigma_{y'}$:

$$\sigma_{y'}=l^2\sigma_x+m^2\sigma_y+2lm\tau_{xy}$$

以及根据式(2-11)求得 $\tau_{x'y'}$:

$$\tau_{x'y'}=\sqrt{S^2-\sigma_{y'}^2}$$

式中,S 为作用在 ac 上的全应力,$S=\sqrt{S_{x'}^2+S_{y'}^2}$。

这样 $x'y'z'$坐标系下的应力 $\sigma_{y'}$、$\tau_{x'y'}$与 xyz 坐标系下的应力就建立了联系。与此类似,也可以得到 $\sigma_{x'}$与 xyz 坐标系下的应力的关系。

如果将问题扩展到三维,则式(2-32)变为

$$\begin{cases}S_{x'}=\sigma_x l+\tau_{yx}m+\tau_{zx}n\\S_{y'}=\tau_{xy}l+\sigma_y m+\tau_{zy}n\\S_{z'}=\tau_{xz}l+\tau_{yz}m+\sigma_z n\end{cases}$$

$\sigma_{y'}$变为

$$\sigma_{y'}=l^2\sigma_x+m^2\sigma_y+n^2\sigma_z+2lm\tau_{xy}+2mn\tau_{yz}+2ln\tau_{zx}$$

其余过程也做类似处理。

总之,研究一点的应力状态,可以根据需要建立相应的坐标系,但是力学规律不应因坐标系的不同而改变,因此各坐标系下的应力状态有相应的变化公式,另外,三个不变量在不同坐标系下是不变的(不变量的含义即是如此),也是这一规律的具体体现。有关应力状态的变换,在介绍晶体本构方程的时候还会提起,这里起到铺垫的作用。

2.4　几种特殊的应力状态

2.4.1　纯剪应力状态

纯剪是一种较重要的应力状态。如图 2-15 所示,当薄壁管受到扭转时,壁面即受到纯剪作用。根据主应力的求解公式,不难求出主应力方向与剪切力成 45°角,属于图 2-13(b)所示的两向应力状态。

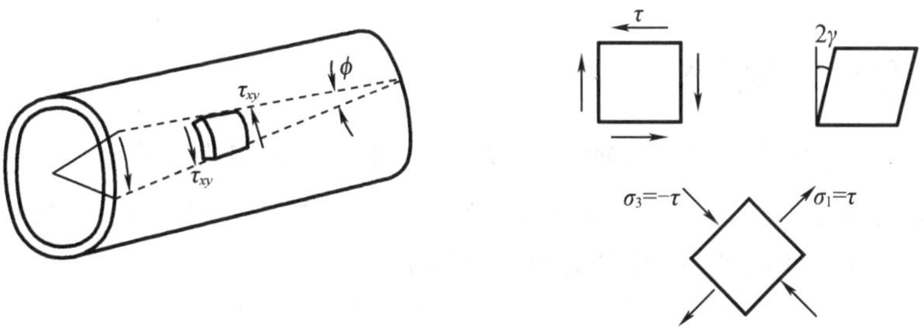

图 2-15　纯剪变形

2.4.2　弯曲应力状态

图 2-16 所示为弯曲变形。一张薄板,两端在力矩的作用下发生弯曲。弯曲后,根据结构力学可知,薄板中心线长度并没有发生变化,以中心线为界,上部的质点处于压应力状态,而下部的质点处于拉应力状态,这是典型的两向应力状态。

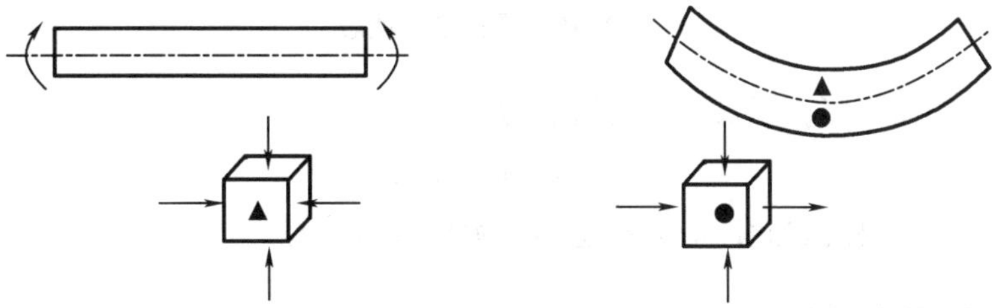

图 2-16　弯曲变形

2.4.3 平面应力状态

平面应力也是一种常见的比较重要的应力状态。如图 2-17 所示，当薄板受到垂直于边界的均布载荷，而 z 向不受力时，由于板子 z 向很薄，因此位于中心处的质点在 z 向的应力近似为零，即 $\sigma_z=0, \tau_{xz}=\tau_{yz}=0$，故而处于两向应力状态。

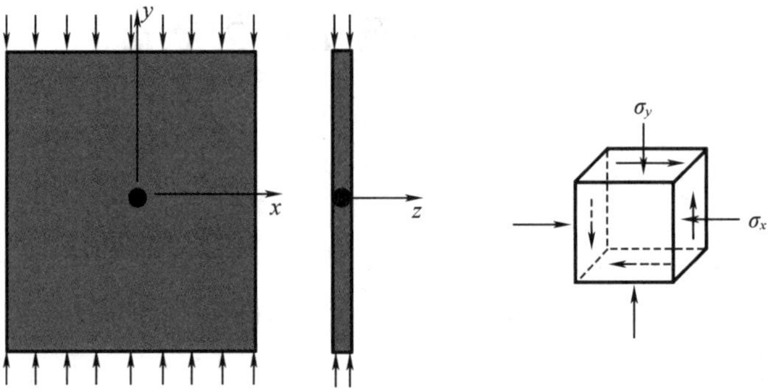

图 2-17　平面应力状态

2.4.4 圆柱应力状态

图 2-18 所示为圆柱拉拔。在轴线上取一点，其应力状态为主应力图 2-13(a)中的第三种情况。此时 $\sigma_1\neq0, \sigma_2\neq0, \sigma_3=\sigma_2=\sigma$。若任取一平行于 σ_1 的斜面，则根据式(2-9)可以计算出其上的主应力恒为 σ(请读者自行推导)。

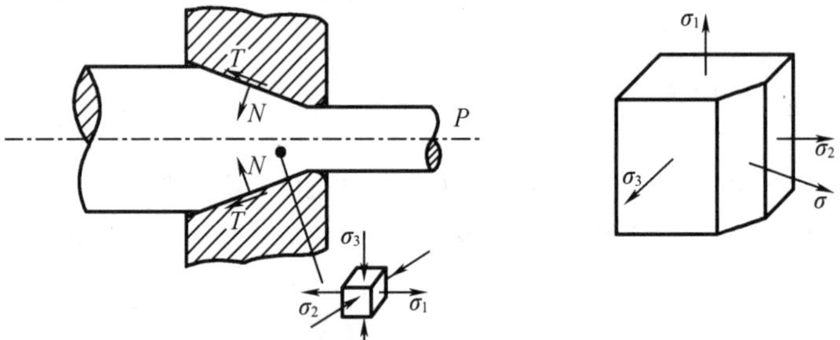

图 2-18　圆柱应力状态

平行于 σ_1 的面很多，并且方向余弦恒满足：

$$l^2+m^2=1$$

这是一个圆柱方程，因此该应力状态称为圆柱应力状态。

2.4.5 球应力状态

球应力状态对应于主应力图 2-13(a)中的第一种或第二种情况。如图 2-19 所示，当 $\sigma_1=\sigma_2=\sigma_3=\sigma\neq0$ 时，取任意一截面，可以求得其上的正应力恒为 σ，切应力恒为 0，简单推导如下：

根据式(2-9)，任意斜面正应力为

$$\sigma=l^2\sigma_1+m^2\sigma_2+n^2\sigma_3=l^2\sigma+m^2\sigma+n^2\sigma=\sigma(l^2+m^2+n^2)\equiv\sigma \quad (2-33)$$

消去 σ，得到

$$l^2+m^2+n^2=1 \quad (2-34)$$

这样，若以 l、m、n 为变量，则式(2-34)为一个球面，故称这种应力状态为球应力状态。不难看出，在球应力状态下，任意斜面切应力为0，故不会产生变形。

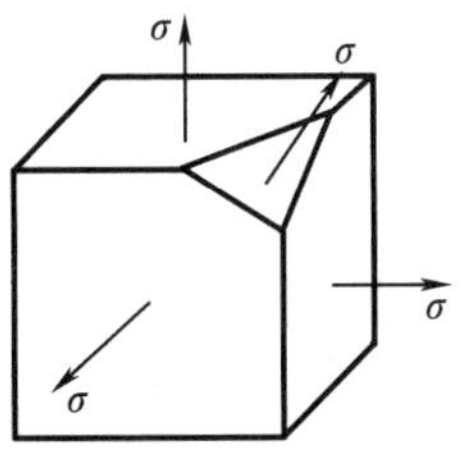

图2-19 球应力状态

2.5 切应力和最大切应力

与正应力一样，微分斜面上的切应力也随斜面的方向变化，在某一方向，微分斜面上的切应力将达到极值，此时的微分斜面称为主切应力平面，该平面上的切应力称为主切应力。主切应力对塑性屈服有重要影响，因此有必要详细探讨。下面在主应力坐标系下，求这个面的具体方向。根据式(2-11)可得任意斜面的切应力：

$$\tau^2=\sigma_1^2l^2+\sigma_2^2m^2+\sigma_3^2n^2-(\sigma_1l^2+\sigma_2m^2+\sigma_3n^2)^2 \quad (2-35)$$

显然它是方向余弦的函数。现将 $n^2=1-l^2-m^2$ 代入式(2-35)，并利用多元函数极值条件 $\frac{\partial\tau^2}{\partial l}=0$，$\frac{\partial\tau^2}{\partial m}=0$，得到

$$\begin{cases}[(\sigma_1-\sigma_3)-2(\sigma_1-\sigma_3)l^2-2(\sigma_2-\sigma_3)m^2](\sigma_1-\sigma_3)l=0\\ [(\sigma_2-\sigma_3)-2(\sigma_1-\sigma_3)l^2-2(\sigma_2-\sigma_3)m^2](\sigma_2-\sigma_3)m=0\end{cases} \quad (2-36)$$

这是一个含有两个未知数 l 和 m 的方程组。现对其进行分析，找到最大切应力及其所在的面。分以下几种情况；

(1)很显然，$l=m=0$ 为一组解，此时 $n=\pm1$，此是一对主平面，而主平面上的切应力为零，因此这组解不符合我们的要求。

(2)若 $\sigma_1=\sigma_2=\sigma_3$，也是一组可能的解，不过此时处于球应力状态，该状态下，任意斜面切应力为0(参见上节)，因此这组解也不符合我们的要求。

(3)若 $\sigma_1\neq\sigma_2=\sigma_3$，可以使第二个方程为0，这样的话，则从第一式解得 $l=\pm\frac{1}{\sqrt{2}}$。这是圆

柱应力状态(参见上节),方向余弦与 σ_1 呈 45°角的面都是主切应力面,特殊情况下相当于单向拉伸($\sigma_1 \neq \sigma_2 = \sigma_3 = 0$),这是符合需要的一组解;同理,$\sigma_1 \neq \sigma_2 = \sigma_3$ 满足第一个方程,这样从第二个方程解出 $m = \pm\frac{1}{\sqrt{2}}$,这是方向余弦与 σ_2 成45°角的面,与 $l = \pm\frac{1}{\sqrt{2}}$类似,读者可自行分析。

(4)现讨论最一般的情况,即 $\sigma_1 \neq \sigma_2 \neq \sigma_3$。此时不妨将式(2-36)写成如下形式:

$$\begin{cases} A \cdot B \cdot C = 0 \\ D \cdot E \cdot F = 0 \end{cases}$$

此时若 $l \neq 0, m \neq 0$(即 $C \neq 0, F \neq 0$),由于 $\sigma_1 \neq \sigma_2 \neq \sigma_3$,因此 $B \neq 0, E \neq 0$,则必然有 $A = 0$ 和 $D = 0$,这样从式(2-36)可得

$$\begin{cases} (\sigma_1 - \sigma_3) - 2(\sigma_1 - \sigma_3) l^2 - 2(\sigma_2 - \sigma_3) m^2 = 0 \\ (\sigma_2 - \sigma_3) - 2(\sigma_1 - \sigma_3) l^2 - 2(\sigma_2 - \sigma_3) m^2 = 0 \end{cases}$$

二者相减得出 $\sigma_1 = \sigma_2$,而这与前提条件 $\sigma_1 \neq \sigma_2 \neq \sigma_3$ 不符,故这种情况下($l \neq 0, m \neq 0$)无解。

为了使式(2-36)有解,这一条件必须改变,即要么 $l = 0, m \neq 0$,要么 $m = 0, l \neq 0$。先看第一种情况:

① $l = 0, m \neq 0$。

即斜微分面的法向始终垂直于 σ_1 主轴,则由第二式解得 $m = n = \pm\frac{1}{\sqrt{2}}$。$m$ 与 n 的组合有两种,但实际上真正代表的只有两个面。例如,$m = n = \frac{1}{\sqrt{2}}$和 $m = n = -\frac{1}{\sqrt{2}}$分别代表 A 面的正反面;而 $m = -\frac{1}{\sqrt{2}}, n = \frac{1}{\sqrt{2}}$和 $m = \frac{1}{\sqrt{2}}, n = -\frac{1}{\sqrt{2}}$分别代表 B 面的正反面,如图 2-20(b)所示。

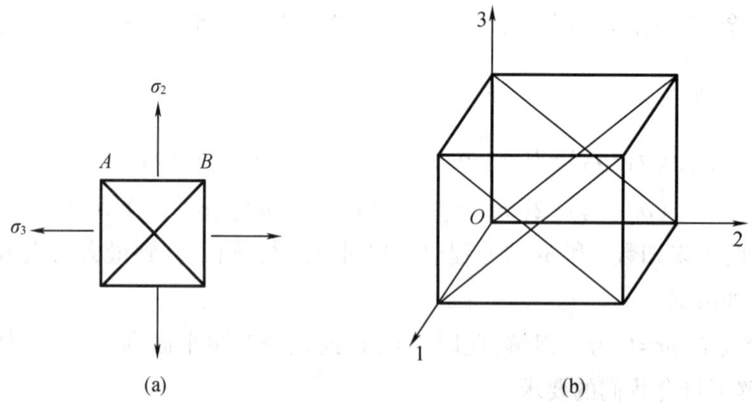

图 2-20　主切应力面(一)

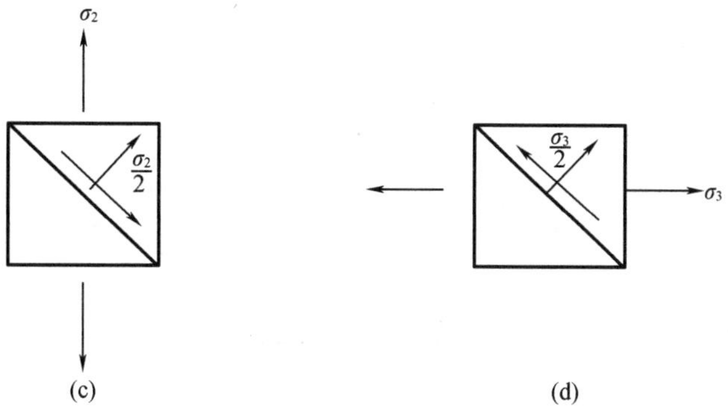

图 2-20(续)

将 m、n 值代入式(2-9)、式(2-10)及式(2-11),可分别求出两个主切应力面上的主切应力和正应力:

$$\begin{cases}\tau_{23}=\pm\dfrac{\sigma_2-\sigma_3}{2}\\ \sigma_{23}=\dfrac{\sigma_2+\sigma_3}{2}\end{cases}\tag{2-37}$$

这种情况还可以有更简单的解释。图 2-20(a)为单元在 2O3 面上的受力图投影。两条斜线代表两个主剪力面 A 和 B 的投影。这一受力状态可以看作两个单向拉伸的叠加,如图 2-20(c)(d)所示。这是两个单独的单向拉伸,斜面上的剪应力和正应力分别为$\dfrac{\sigma_2}{2}$、$\dfrac{\sigma_2}{2}$[图 2-20(c)]和$\dfrac{\sigma_3}{2}$、$\dfrac{\sigma_3}{2}$[图 2-20(d)]。可以看出,两个剪切力方向相反,而两个正应力方向相同,这样合成后的总的切应力和正应力分别为

$$\tau_{23}=\pm\frac{\sigma_2-\sigma_3}{2}$$

$$\sigma_{23}=\pm\frac{\sigma_2+\sigma_3}{2}$$

切应力前的正负号,分别表示有两个主切应力面 A 和 B,如图 2-20(a)(b)所示。本书只讨论了 A 面,B 面的分析与此类似,不再赘述。后面的讨论也遵循这一模式。

②$m=0, l\neq0$。

此时斜微分面法向始终垂直于 σ_2 主轴,则由式(2-36)中的第二个式子解得 $l=n=\pm\dfrac{1}{\sqrt{2}}$。$l$、$n$ 的组合亦有两种,代表两个面,情况与①类似,如图 2-21 所示。

将方向余弦值代入式(2-9)至式(2-11),可求得该面(实际是两个)的主切应力和正应力:

$$\begin{cases}\tau_{31}=\pm\dfrac{\sigma_3-\sigma_1}{2}\\ \sigma_{31}=\pm\dfrac{\sigma_3+\sigma_1}{2}\end{cases} \tag{2-38}$$

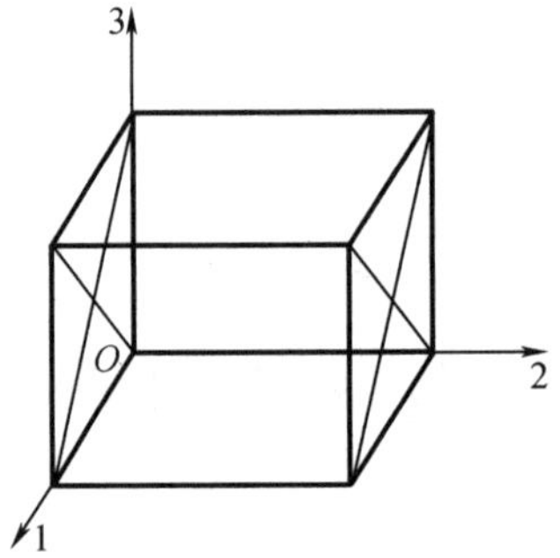

图 2-21　主切应力面(二)

同理,从式(2-36)中消去 l 或 m,重复上述步骤,可得 $n=0,l=m=\pm\dfrac{1}{\sqrt{2}}$。$l$、$m$ 的组合也有两个,但只代表两个面,如图 2-22 所示。

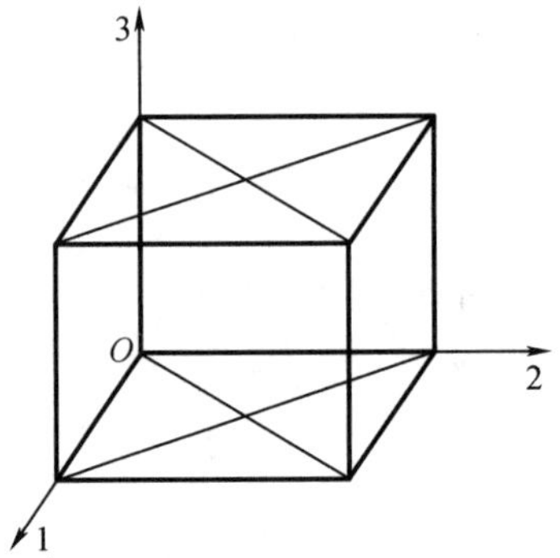

图 2-22　主切应力面(三)

将方向余弦值代入式(2-9)、式(2-10)及式(2-11),可求得该面(实际是两个)的主切应力和正应力:

$$\begin{cases}\tau_{12}=\pm\dfrac{\sigma_1-\sigma_2}{2}\\ \sigma_{12}=\pm\dfrac{\sigma_1+\sigma_2}{2}\end{cases} \tag{2-39}$$

2.6　应力偏张量及其他常用概念

2.6.1　应力偏张量

将式(2-3)主对角线元素加和再取平均值,会得到一个新的张量:

$$\begin{pmatrix} \sigma_m & & \\ & \sigma_m & \\ & & \sigma_m \end{pmatrix} \tag{2-40}$$

式中,$\sigma_m=\frac{1}{2}(\sigma_x+\sigma_y+\sigma_z)$。

这正是 2.4.5 节中讲到的球应力状态。在球应力状态下,任意斜面切应力为零。由于物体变形与切应力有关,因此球应力状态下物体不会产生变形,只能产生体积变化。这与把一个球放入水中,各方向受到相等的压力类似,因此又称为静水应力状态。如果物体可压缩(膨胀),则物体被等向压缩(膨胀),所以只产生体积变化,而形状不发生变化。

应力偏张量是将原应力张量减去只引起物体体积变化的应力球张量得到的,即

$$\begin{pmatrix} \sigma_x' & \tau_{xy} & \tau_{xz} \\ \tau_{yx} & \sigma_y' & \tau_{yz} \\ \tau_{zx} & \tau_{zy} & \sigma_z' \end{pmatrix}=\begin{pmatrix} \sigma_x & \tau_{xy} & \tau_{xz} \\ \tau_{yx} & \sigma_y & \tau_{yz} \\ \tau_{zx} & \tau_{zy} & \sigma_z \end{pmatrix}-\begin{pmatrix} \sigma_m & & \\ & \sigma_m & \\ & & \sigma_m \end{pmatrix} \tag{2-41}$$

简记为 $\sigma_{ij}'=\sigma_{ij}-\delta_{ij}\sigma_m$。

应力偏张量能使物体形状发生变化,而不能使物体体积发生变化,材料的塑性变形就是由应力偏张量引起的。

2.6.2　应力偏张量不变量

与应力张量类似,应力偏张量也有三个不变量:

$$\begin{cases} J_1'=\sigma_x'+\sigma_y'+\sigma_z'=(\sigma_x-\sigma_m)+(\sigma_y-\sigma_m)+(\sigma_z-\sigma_m)=(\sigma_x+\sigma_y+\sigma_z)-3\sigma_m=0 \\ J_2'=-(\sigma_x'\sigma_y'+\sigma_y'\sigma_z'+\sigma_z\sigma_x)+\tau_{xy}^2+\tau_{yz}^2+\tau_{zx}^2=\frac{1}{6}[(\sigma_x-\sigma_y)^2+(\sigma_y-\sigma_z)^2+(\sigma_z-\sigma_x)^2]+6(\tau_{xy}^2+\tau_{yz}^2+\tau_{zx}^2) \\ J_3'=\sigma_x'\sigma_y'\sigma_z'+2\tau_{xy}\tau_{yz}\tau_{zx}-(\sigma_x'\tau_{yz}^2+\sigma_y'\tau_{zx}^2+\sigma_z'\tau_{xy}^2) \end{cases} \tag{2-42}$$

式中,J_1'表明应力偏张量已不含平均应力成分;J_2'与屈服准则有关,反映了物体形状变化的程度;J_3'反映了变形的类型,$J_3'>0$ 表示广义拉伸变形,$J_3'=0$ 表示广义剪切变形或平面变形,$J_3'<0$ 表示广义压缩变形。

2.6.3　八面体应力

在主应力坐标系中,每个卦限中均有一个与三个坐标轴成等倾角的平面,八个卦限共

有八个面,它们围成了一个八面体,因此这些面称为八面体面,其法线与两个坐标轴的夹角都相等,方向余弦为

$$l=m=n=\pm\frac{\sqrt{3}}{3} \tag{2-43}$$

这样,根据式(2-10)可以求得八面体面上的正应力为

$$\sigma_8=l^2\sigma_1+m^2\sigma_2+n^2\sigma_3=\frac{1}{3}(\sigma_1+\sigma_2+\sigma_3) \tag{2-44}$$

再利用式(2-10)、式(2-11),可求出其上的切应力:

$$\tau_8=\frac{1}{3}\sqrt{(\sigma_1-\sigma_2)^2+(\sigma_2-\sigma_3)^2+(\sigma_3-\sigma_1)^2}=\frac{2}{3}\sqrt{\tau_{12}^2+\tau_{23}^2+\tau_{31}^2}=\sqrt{\frac{2}{3}J_2'} \tag{2-45}$$

如果取一般的直角坐标系,则有

$$\tau_8=\frac{1}{3}\sqrt{(\sigma_x-\sigma_y)^2+(\sigma_y-\sigma_z)^2+(\sigma_z-\sigma_x)^2+6(\tau_{xy}^2+\tau_{yz}^2+\tau_{zx}^2)} \tag{2-46}$$

2.6.4 等效应力

在塑性理论中,为了使不同的应力状态的应力强度效应能进行比较,引入了等效应力的概念,也称为广义应力或应力强度,用 σ_e 表示。对主轴坐标系,用八面体切应力 τ_8 乘以系数 $3/\sqrt{2}$ 得到 σ_e:

$$\sigma_e=\frac{3}{\sqrt{2}}\tau_8=\frac{1}{\sqrt{2}}\sqrt{(\sigma_1-\sigma_2)^2+(\sigma_2-\sigma_3)^2+(\sigma_3-\sigma_1)^2} \tag{2-47}$$

对于任意坐标系,σ_e 变为

$$\sigma_e=\frac{3}{\sqrt{2}}\tau_8=\frac{1}{\sqrt{2}}\sqrt{(\sigma_x-\sigma_y)^2+(\sigma_y-\sigma_z)^2+(\sigma_z-\sigma_x)^2+6(\tau_{xy}^2+\tau_{yz}^2+\tau_{zx}^2)} \tag{2-48}$$

等效应力是一个与金属塑性变形有着密切关系的重要概念,具有以下特点:

(1)等效应力是一个不变量;

(2)等效应力相当于将多向应力状态等效成单向应力状态;

(2)等效应力并不代表某特定平面上的应力,因此不能在某一截面上表示出来;

(4)等效应力可以理解为代表一点应力状态中应力偏张量的综合作用。

根据这一定义,可求出前面介绍的几种特殊应力状态下的等效应力:

1. 单向拉伸

$$\sigma_e=\frac{1}{\sqrt{2}}\sqrt{(\sigma_x-0)^2+(0-0)^2+(0-\sigma_x)^2+6(0^2+0^2+0^2)}=\sigma_x \tag{2-49}$$

2. 纯剪

$$\begin{aligned}\sigma_e&=\frac{1}{\sqrt{2}}\sqrt{(\sigma_1-\sigma_2)^2+(\sigma_2-\sigma_3)^2+(\sigma_3-\sigma_1)^2}\\&=\frac{1}{\sqrt{2}}\sqrt{(\tau-0)^2+[0-(-\tau)]^2+[\tau-(-\tau)]^2}=\sqrt{3}\tau\end{aligned} \tag{2-50}$$

3. 平面应力

$$\sigma_e=\frac{1}{\sqrt{2}}\sqrt{(\sigma_x-\sigma_y)^2+(\sigma_y-\sigma_z)^2+(\sigma_z-\sigma_x)^2+6(\tau_{xy}^2+\tau_{yz}^2+\tau_{zx}^2)}$$

$$=\sqrt{\sigma_x^2+\sigma_y^2-\sigma_x\sigma_y+3\tau_{xy}^2} \tag{2-51}$$

2.7 直角坐标系下的应力平衡微分方程

在外力作用下,变形体内部各点的应力状态是不同的。根据基本假设,变形体是连续的,因此处于平衡状态的变形物体,其内部点与点之间的应力大小是连续变化的,也就是说,应力是坐标的连续函数,即 $\sigma_{ij}=\sigma_{ij}(x,y,z)$。同时,变形体处于静力平衡状态,则应力状态的变化必须满足一定的条件,这个条件就是应力平衡微分方程。

将一受力物体置于直角坐标系中,则变形体内一点 Q 的坐标为 (x,y,z),其应力状态为 σ_{ij},在 Q 点无限邻近处有另一点 Q',其坐标为 $(x+\mathrm{d}x,y+\mathrm{d}y,z+\mathrm{d}z)$,则形成一个边长为 $\mathrm{d}x$、$\mathrm{d}y$、$\mathrm{d}z$ 并与三个坐标面平行的六面体,如图 2-23(c)所示。

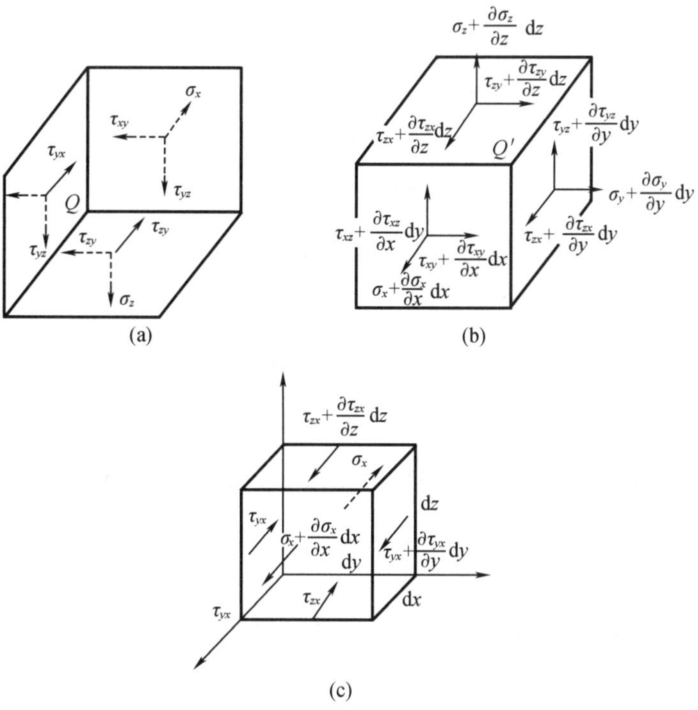

图 2-23　直角坐标系中平衡状态下六面体上的应力分布

坐标的微量变化使得 Q' 点的应力比 Q 点的应力有一个微小的增量,以 σ_x 为例,过 Q 点的在 x 面上的正应力分量为 σ_x,则过 Q' 点的 $x+\mathrm{d}x$ 面上的正应力分量应为 $\sigma_x+\mathrm{d}\sigma_x$。将 Q' 点的应力在 Q 点进行泰勒展开,有

$$\sigma|_{x+\mathrm{d}x}=\sigma_x+\frac{\partial\sigma_x}{\partial x}\mathrm{d}x$$

其他应力以此类推,最终 Q' 点的应力状态为

$$\sigma_{ij}+\mathrm{d}\sigma_{ij}=\begin{pmatrix}\sigma_x+\frac{\partial\sigma_x}{\partial x}\mathrm{d}x & \tau_{xy}+\frac{\partial\tau_{xy}}{\partial x}\mathrm{d}x & \tau_{xz}+\frac{\partial\tau_{xz}}{\partial x}\mathrm{d}x\\ \tau_{yx}+\frac{\partial\tau_{yx}}{\partial y}\mathrm{d}y & \sigma_y+\frac{\partial\sigma_y}{\partial y}\mathrm{d}y & \tau_{yz}+\frac{\tau_{yz}}{\partial y}\mathrm{d}y\\ \tau_{zx}+\frac{\partial\tau_{zx}}{\partial z}\mathrm{d}z & \tau_{zy}+\frac{\partial\tau_{zy}}{\partial z}\mathrm{d}z & \sigma_z+\frac{\partial\sigma_z}{\partial z}\mathrm{d}z\end{pmatrix}$$

因六面体处于静力平衡状态,所以作用在六面体上的所有力沿坐标轴的投影之和应等于零。沿 x、y、z 轴分别有

$$\sum P_x=0,\quad \sum P_y=0,\quad \sum P_z=0$$

如图 2-23(c)所示,以 x 轴为例,将 $\sum P_x=0$ 展开为

$$\left(\sigma_x+\frac{\partial\sigma_x}{\partial x}\mathrm{d}x\right)\mathrm{d}y\mathrm{d}z+\left(\tau_{yx}+\frac{\partial\tau_{yx}}{\partial y}\mathrm{d}y\right)\mathrm{d}z\mathrm{d}x+\left(\tau_{zx}+\frac{\partial\tau_{zx}}{\partial z}\mathrm{d}z\right)\mathrm{d}x\mathrm{d}y-\sigma_x\mathrm{d}y\mathrm{d}z-\tau_{yx}\mathrm{d}z\mathrm{d}x-\tau_{zx}\mathrm{d}x\mathrm{d}y=0$$

整理得

$$\frac{\partial\sigma_x}{\partial x}+\frac{\partial\tau_{yx}}{\partial y}+\frac{\partial\tau_{zx}}{\partial z}=0$$

对 $\sum P_y=0$, $\sum P_z=0$ 进行类似的处理,得到直角坐标系中质点的应力平衡微分方程:

$$\begin{cases}\frac{\partial\sigma_x}{\partial x}+\frac{\partial\tau_{yx}}{\partial y}+\frac{\partial\tau_{zx}}{\partial z}=0\\ \frac{\partial\sigma_{xy}}{\partial x}+\frac{\partial\tau_y}{\partial y}+\frac{\partial\tau_{zy}}{\partial z}=0\\ \frac{\partial\sigma_{xz}}{\partial x}+\frac{\partial\tau_{yz}}{\partial y}+\frac{\partial\tau_z}{\partial z}=0\end{cases}\tag{2-52}$$

2.8 圆柱坐标系下的应力状态与平衡微分方程

在实际塑性成形中,有很多圆柱变形体,为了研究方便,常建立圆柱坐标系。图 2-24 所示为圆柱坐标系以及从中取得的一个微元体。微元上的应力如图 2-24 所示(忽略了微小量)。

与直角坐标下平衡微分方程的建立类似,在圆柱坐标系下,分别在 ρ、θ 和 z 方向对微元体建立平衡方程,得到圆柱坐标系下的平衡微分方程(请读者自行推导):

$$\begin{cases}\dfrac{\partial\sigma_{\rho}}{\partial\rho}+\dfrac{1}{\rho}\dfrac{\partial\tau_{\theta\rho}}{\partial\theta}+\dfrac{\partial\tau_{z\rho}}{\partial z}+\dfrac{\sigma_{\rho}-\sigma_{\theta}}{\rho}=0\\ \dfrac{\partial\tau_{\rho\theta}}{\partial\rho}+\dfrac{1}{\rho}\dfrac{\partial\sigma_{\theta}}{\partial\theta}+\dfrac{\partial\tau_{z\theta}}{\partial z}+\dfrac{2\tau_{\rho\theta}}{\rho}=0\\ \dfrac{\partial\tau_{\rho z}}{\partial\rho}+\dfrac{1}{\rho}\dfrac{\tau_{\theta z}}{\partial\theta}+\dfrac{\partial\sigma_{z}}{\partial z}+\dfrac{\tau_{\rho\theta}}{\rho}=0\end{cases}\tag{2-53}$$

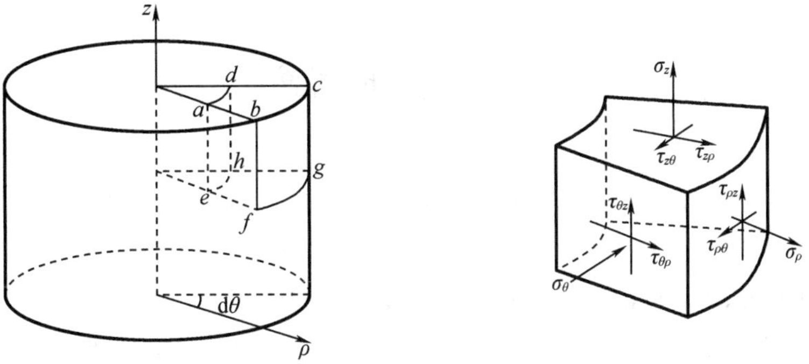

图 2-24　圆柱坐标系

参 考 文 献

[1]　周大隽. 金属体积冷成形技术与实例[M]. 北京:机械工业出版社,2009.

[2]　郭仲衡. 非线性弹性理论[M]. 北京:科学出版社,1980.

[3]　熊祝华,杨德品. 连续体力学概论[M]. 长沙:湖南大学出版社,1986.

[4]　赵志业. 金属塑性变形与轧制理论[M]. 北京:冶金工业出版社,1994.

[5]　黄重国,任学平. 金属塑性成形力学原理[M]. 北京:冶金工业出版社,2008.

[6]　施于庆. 普通高等院校机电工程类规划教材:金属塑性成形工艺及模具设计[M]. 北京:清华大学出版社,2012.

[7]　卢险峰. 冷锻工艺模具学[M]. 北京:化学工业出版社,2008.

[8]　夏巨谌. 金属塑性成形综合实验[M]. 北京:机械工业出版社,2010.

第 3 章　应变分析

3.1　应变的概念

物体在受到外力作用后，如果只发生刚体平移和转动，那么各质点之间的相对位置不发生变化，外形也不会改变。如果把物体固定，消除了刚体平移和转动后，再施力于物体，则各质点间的距离将发生变化，物体将产生变形，变形的程度用应变表示。应变可分为两类：一类是线尺寸的伸长或缩短，叫作线变形或正变形；一类是角度发生改变，叫作角变形或剪变形。正变形和剪变形统称为纯变形。由于应变是由质点相对位移引起的，因此应变与物体中的位移场有密切联系，位移场一经确定，则应变场也就确定了，因此，应变分析主要是几何学问题。

研究变形问题一般从小变形着手，所谓小变形是指应变数量级不超过 $10^{-3} \sim 10^{-2}$ 的弹塑性变形。在小变形情况下研究问题会带来一些方便，比如：变形前后，物体几何构形可近似看作不变，单元内的变形可认为是均匀的……这些都可以简化一些公式的推导。塑性加工通常属于大变形，而大变形可看作一系列小变形的叠加，因此小变形是研究的基础。

与应力分析一样，对于同一质点的形变，随着切取单元体的方向不同，单元体表现出来的应变数值也是不同的，所以与引入“点应力状态”的概念类似，应变分析也需要引入“点应变状态”的概念，点应变状态也是二阶对称张量，与应力张量有许多相似的地方。

3.1.1　质点的位移和应变

图 3-1 所示为一受力物体内的质点 M 在变形后，通过位移 u、v、w，运动到 M_1 点。$\boldsymbol{MM}_1$ 表示总位移矢量，u、v、w 为其分量（有时 u、v、w 也用 u_i 统一表示，i 分别取 x、y、z）。

变形体内不同点的位移分量是不同的，假设物体在空间上是连续的，即无重叠与孔洞，则位移分量应是坐标的连续函数：

$$\begin{cases} u = u(x,y,z) \\ v = v(x,y,z) \\ w = w(x,y,z) \end{cases} \tag{3-1}$$

或

$$u_i = u_i(x,y,z) \tag{3-2}$$

该位移一般都有连续的二阶偏导数。

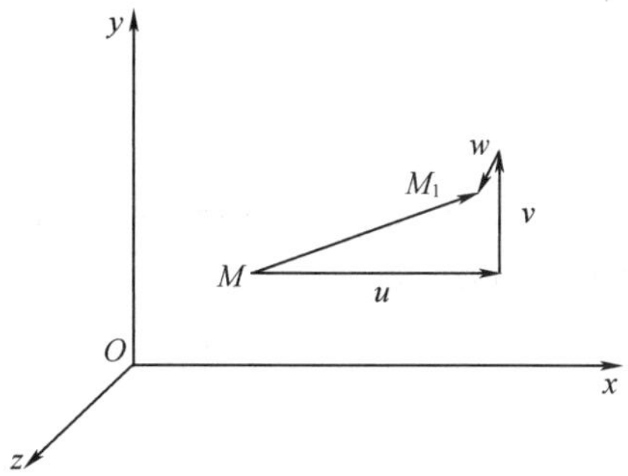

图 3-1　位移向量的分解

现在研究变形体内无限接近两质点的位移分量之间的关系,如图 3-2 所示。设受力物体内任一点 M,其坐标为(x,y,z),小变形后移至 M'点, 其位移为 $\boldsymbol{MM'}$,分量为 u、v、w。现取与 M 点无限接近的一点 M_2,坐标为$(x+\mathrm{d}x,\ y+\mathrm{d}y,\ z+\mathrm{d}z)$,小变形后移至 M_2'点,其位移为 $\boldsymbol{M_1M_1'}$,分量为 u_1、v_2、w_2,统一记为 $u_i'(x+\mathrm{d}x,\ y+\mathrm{d}y,\ z+\mathrm{d}z)$。

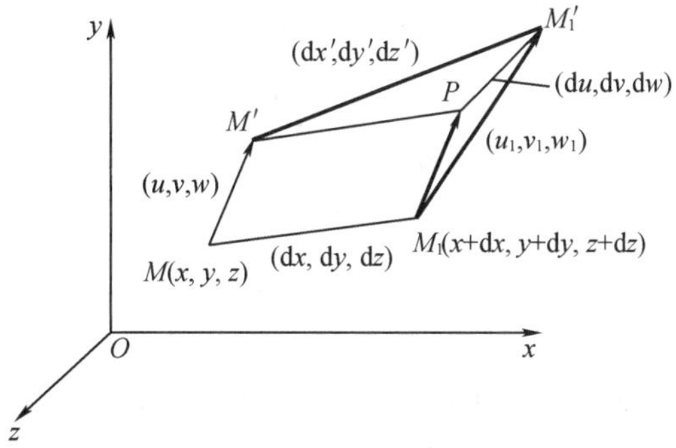

图 3-2　位移增量的产生

将位移 u_i'在$(x,\ y,\ z)$处进行泰勒级数展开,略去高阶微量并用求和约定表示:

$$u_i'(x+\mathrm{d}x,y+\mathrm{d}y,z+\mathrm{d}z)=u_i(x,y,z)+\frac{\partial u_i}{\partial x_j}\mathrm{d}x_j=u_i+\Delta u_i \tag{3-3}$$

式中,$\Delta u_i=\dfrac{\partial u_i}{\partial x_j}\mathrm{d}x_j$ 称为 M_2 点相对于 M 点的位移增量(即相对位移),展开为

$$\begin{cases}\Delta u=\dfrac{\partial u}{\partial x}\mathrm{d}x+\dfrac{\partial u}{\partial y}\mathrm{d}y+\dfrac{\partial u}{\partial z}\mathrm{d}z\\[2ex]\Delta v=\dfrac{\partial v}{\partial x}\mathrm{d}x+\dfrac{\partial v}{\partial y}\mathrm{d}y+\dfrac{\partial v}{\partial z}\mathrm{d}z\\[2ex]\Delta w=\dfrac{\partial w}{\partial x}\mathrm{d}x+\dfrac{\partial w}{\partial y}\mathrm{d}y+\dfrac{\partial w}{\partial z}\mathrm{d}z\end{cases} \tag{3-4}$$

式(3-4)表明,若已知变形物体内 M 点的位移分量,则与其邻近一点 M_2 的位移分量可以用 M 点的位移分量及其增量来表示。如果仅存在刚体运动,则 $\Delta u_i=0$,即质点之间没有相对位移,因而无变形。

3.1.2 应变

应变又称为相对应变或工程应变，适用于小变形分析，分为线应变和切应变两类。与分析一点的应力状态一样，分析应变时，同样取一个微分六面体单元。为方便，将它在直角坐标系 xOy 平面内的投影面 $PABC$ 画出来，如图 3-3 所示。

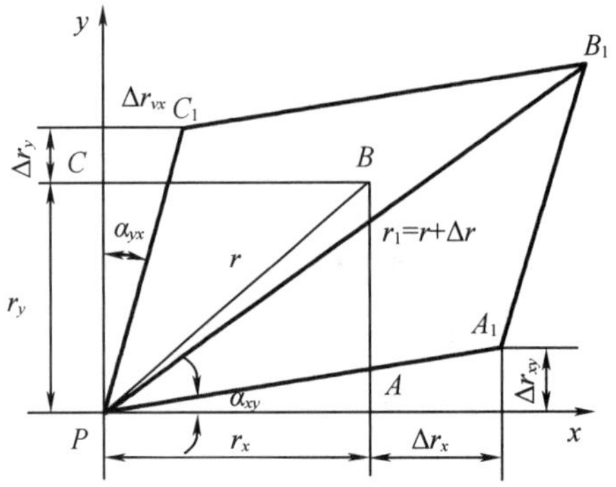

图 3-3　线应变的定义

当微分六面体发生变形后，面 $PABC$ 也随之发生改变，变为 $PA_2B_2C_2$（这里暂假定刚体运动为零，不影响问题的讨论）。此时原来的线元 PB 变成了 PB_2，长度由 r 变成了 $r_2=r+\Delta r$，于是其单位长度的相对变化为

$$\varepsilon_r=\frac{r_1-r}{r}=\frac{\Delta r}{r} \tag{3-5}$$

称为线元 PB 的线应变。线元伸长时 ε_r 为正，缩短时 ε_r 为负。

线元 PB 在 x 轴和 y 轴的投影 PA 和 PC 的线应变分别为

$$\begin{cases}\varepsilon_x=\dfrac{\Delta r_x}{r_x}\\[2ex]\varepsilon_y=\dfrac{\Delta r_y}{r_y}\end{cases} \tag{3-6}$$

设两个互相垂直的线元 PA 和 PC，变形前夹角 $\angle CPA$ 为直角，变形后变为 $\angle C_2PA_2$，角度减小了 φ，即 $\varphi=\angle CPA-\angle C_2PA_2$，因此认为发生了角（切）应变。由于从 $\angle CPA$ 变为 $\angle C_2PA_2$ 角度是减小了的，因此规定夹角减小时 φ 取正号，增大时 φ 取负号，即 $\angle C_2PA_2=\angle CPA-\varphi$。由于 φ 发生在 xOy 平面内，因此可写成 φ_{xy}。这一角度可看成是由线元 PA 和 PC 同时向内偏转一定的角度 α_{xy} 和 α_{yx} 形成的，即 $\varphi_{xy}=\alpha_{xy}+\alpha_{yx}$。

由于是小变形，因此可以通过近似方法求出这两个角度：

$$\begin{cases}\alpha_{xy}\approx\tan\,\alpha_{xy}=\dfrac{\Delta r_{xy}}{r_x+\Delta r_x}\\[2ex]\alpha_{yx}\approx\tan\,\alpha_{yx}=\dfrac{\Delta r_{yx}}{r_y+\Delta r_y}\end{cases} \tag{3-7}$$

角标的意义是：第一个角标表示线元的方向，第二个角标表示线元偏转的方向，如 α_{xy} 表示 x

方向的线元向 y 方向偏转的角度。

在实际研究中，为方便，特将发生角变形的单元沿原点 P 绕 z 轴转动了一个角度 ω_z，大小为 $\omega_z=\frac{1}{2}(\alpha_{yx}-\alpha_{xy})$，如图 3-4(a)所示。经过旋转后的角度 γ_{xy}、γ_{yx} 大小为

$$\begin{cases}\gamma_{xy}=\alpha_{xy}+\omega_z\\ \gamma_{yx}=\alpha_{yx}-\omega_z\end{cases} \tag{3-8}$$

可以验证 $\gamma_{xy}=\gamma_{yx}$，如图 3-4(b)所示。也就是说，尽管线元 PC、PA 变形角度不同，但可以通过刚体转动使之相等，这样处理对变形不产生影响，却大大方便了问题的研究。这就像应力张量中剪应力互等一样，$\gamma_{xy}=\gamma_{yx}$ 使得应变矩阵也变成关于对角线对称分布的矩阵，与应力张量有着很好的对应性。

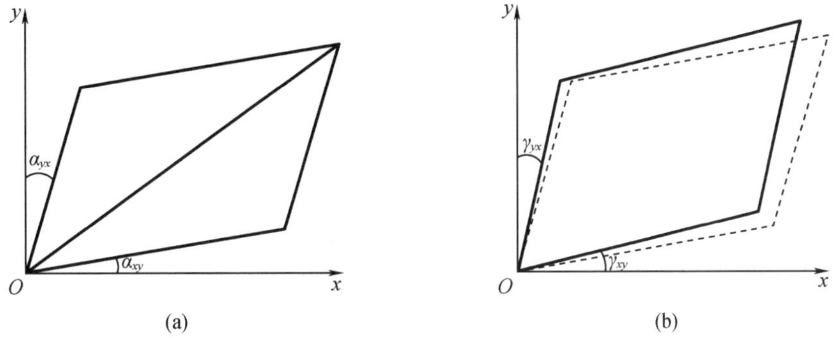

图 3-4 角应变的定义

3.1.3 应变张量

上述分析同样适合于 yOz 面和 zOx 面。将这三个面上的正应变和切应变集合起来，得到

$$\begin{cases}\varepsilon_x=\dfrac{\Delta r_x}{r_x}\\ \varepsilon_y=\dfrac{\Delta r_y}{r_y}\\ \varepsilon_z=\dfrac{\Delta r_z}{r_z}\end{cases} \tag{3-9}$$

$$\begin{cases}\gamma_{xy}=\gamma_{yx}=\dfrac{1}{2}(\alpha_{xy}+\alpha_{yx})\\ \gamma_{yz}=\gamma_{zy}=\dfrac{1}{2}(\alpha_{yz}+\alpha_{zy})\\ \gamma_{zx}=\gamma_{xz}=\dfrac{1}{2}(\alpha_{zx}+\alpha_{xz})\end{cases} \tag{3-10}$$

与点的应力张量表示方法一样，单元体的 9 个应变分量组成应变张量 $\boldsymbol{\varepsilon}_{ij}$：

$$\boldsymbol{\varepsilon}_{ij}=\begin{pmatrix}\varepsilon_x & \gamma_{xy} & \gamma_{xz}\\ \gamma_{yx} & \varepsilon_y & \gamma_{yz}\\ \gamma_{zx} & \gamma_{zy} & \varepsilon_z\end{pmatrix} \tag{3-11}$$

由于 $\gamma_{xy}=\gamma_{yx}$,$\gamma_{yz}=\gamma_{zy}$ 以及 $\gamma_{zx}=\gamma_{xz}$,因此上述 9 个应变分量中只有 6 个是独立的。

已知 $\boldsymbol{\varepsilon}_{ij}$ 可以求出过该点任意方向上的线应变和切应变。下面进行推导。设变形体内任一点 $a(x,y,z)$,如图 3-5 所示。由 a 点引一任意方向的无限小线元 ab,长度为 r,方向余弦为 l、m、n。由于无限小,b 点可视为 a 点无限接近的邻近点,其坐标为($x+\mathrm{d}x$,$y+\mathrm{d}y$,$z+\mathrm{d}z$),$\mathrm{d}x$、$\mathrm{d}y$、$\mathrm{d}z$ 为线元 ab 在 3 个坐标方向上的投影。该线元的方向余弦及 r 分别为

$$\begin{cases} l=\dfrac{\mathrm{d}x}{r}\\ m=\dfrac{\mathrm{d}y}{r}\\ n=\dfrac{\mathrm{d}z}{r}\end{cases} \tag{3-12}$$

$$r^2=\mathrm{d}x^2+\mathrm{d}y^2+\mathrm{d}z^2 \tag{3-13}$$

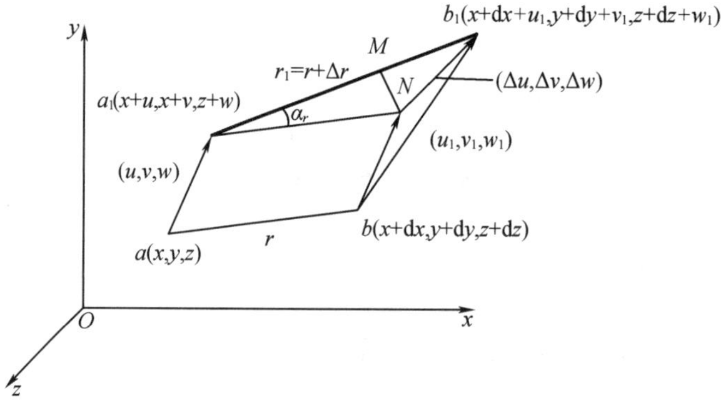

图 3-5　应变的定义

小变形后,线元 ab 移至 a_1b_1,其长度 $r_1=r+\Delta r$,同时偏转角度 α_r,如图 3-5 所示。

现求 ab 方向上的线应变 ε_r。为求 ε_r,可将 ab 平移至 a_1N,构成三角形 a_1Nb_1。由解析几何可知,三角形一边在 3 个坐标轴上的投影将分别等于另外两边在坐标轴上的投影之和,在这里,a_1N 的 3 个投影即为 $\mathrm{d}x$、$\mathrm{d}y$、$\mathrm{d}z$,而 Nb_1 的投影(即 b 点相对于 a 点的位移增量)为 Δu、Δv、Δw,因此线元 a_1b_1 的 3 个投影为 $\mathrm{d}x+\Delta u$、$\mathrm{d}y+\Delta v$、$\mathrm{d}z+\Delta w$,于是 a_1b_1 的长度 r_1 为

$$r_1^2=(r+\Delta r)^2=(\mathrm{d}x+\Delta u)^2+(\mathrm{d}y+\Delta v)^2+(\mathrm{d}z+\Delta w)^2 \tag{3-14}$$

将上式展开并减去 r^2,同时略去 Δr、Δu、Δv、Δw 的平方项,化简得

$$r\Delta r=\mathrm{d}x\Delta u+\mathrm{d}y\Delta v+\mathrm{d}z\Delta w \tag{3-15}$$

将式(3-15)两边除以 r^2 得

$$\varepsilon_r=\frac{\Delta r}{r}=l\frac{\Delta u}{r}+m\frac{\Delta v}{r}+n\frac{\Delta w}{r} \tag{3-16}$$

将式(3-4)中的Δu、Δv、Δw代入式(3-16),并结合式(3-9)整理后可得

$$\begin{aligned}\varepsilon_r &= \frac{\partial u}{\partial x}l^2+\frac{\partial v}{\partial y}m^2+\frac{\partial w}{\partial z}n^2+\left(\frac{\partial u}{\partial y}+\frac{\partial v}{\partial x}\right)lm+\left(\frac{\partial v}{\partial z}+\frac{\partial w}{\partial x}\right)mn+\left(\frac{\partial w}{\partial x}+\frac{\partial u}{\partial z}\right)nl \\ &= \varepsilon_x l^2+\varepsilon_y m^2+\varepsilon_z n^2+2\gamma_{xy}lm+2\gamma_{yz}mn+2\gamma_{zx}nl\end{aligned} \tag{3-17}$$

这就是过a点的任意方向线元的线应变表达式,它是已知的应变张量与方向余弦的线性组合。

下面求线元变形后的偏转角,即图3-5中的α_r。为了推导方便,可设$r=2$。由N点引$NM\perp a_1b_1$。在$\mathrm{Rt}\triangle NMb_1$中,有

$$NM^2=Nb_1^2-Mb_1^2=(\Delta u_i^2)-Mb_1^2 \tag{3-18}$$

由于

$$a_1M\approx a_1N=r=1$$

所以有

$$\tan\alpha_r\approx\alpha_r=\frac{NM}{a_1M}=NM$$

由于

$$\varepsilon_r=\frac{\Delta r}{r}=\Delta r$$

$$Mb_1=a_1b_1-a_1M\approx\Delta r=\varepsilon_r$$

于是式(3-18)可写成

$$a_r^2=NM^2=Nb_1^2-Mb_1^2=(\Delta u_i)^2-\varepsilon_r^2 \tag{3-19}$$

式中,$(\Delta u_i)^2=\Delta u_i\Delta u_i=\Delta u^2+\Delta v^2+\Delta w^2$,即相对位移的平方和。如果没有刚体转动,则求得的$a_r^2$就是切应变$\gamma_r$。如果为了除去因刚体转动引起的相对位移分量,从而得到由纯变形引起的相对位移分量Δu_i,或只考虑纯剪切变形,可将Δu_i改写为

$$\Delta u_i=\frac{\partial u_i}{\partial x_j}\mathrm{d}x_j=\left[\frac{\partial u_i}{\partial x_j}+\frac{1}{2}\left(\frac{\partial u_j}{\partial x_i}-\frac{\partial u_j}{\partial x_i}\right)\right]\mathrm{d}x_j=\frac{1}{2}\left(\frac{\partial u_i}{\partial x_j}+\frac{\partial u_j}{\partial x_i}\right)\mathrm{d}x+\frac{1}{2}\left(\frac{\partial u_i}{\partial x_j}-\frac{\partial u_j}{\partial x_i}\right)\mathrm{d}x \tag{3-20}$$

从上式最后部分可看出,第一项是由纯变形引起的相对位移增量分量,第二项是由刚体转动引起的位移增量分量,如果第一项以$\Delta u_i'$表示,则

$$\Delta u_i'=\frac{1}{2}\left(\frac{\partial u_i}{\partial x_j}+\frac{\partial u_j}{\partial x_i}\right)\mathrm{d}x_j=\varepsilon_{ij}\mathrm{d}x_j \tag{3-21}$$

将式(3-21)代入式(3-19),则切应变的表达式为

$$\gamma_r^2=(\Delta u_i')^2-\varepsilon_r^2 \tag{3-22}$$

需要说明的是:导出式(3-20)时,是将Δu_i的平方项视作高阶无穷小而略去不计的;如果变形比较大,该平方项就不能略去不计;对于变形比较大的全量分析,就要用有限变形来进行分析。

3.1.4 对数应变与工程应变

上述计算应变的方法是小变形条件下的计算方法,有很多简化,因而是近似的、不精确的,不过在小变形情况下,足可以应付实际需要。如果是大变形情况,则会引起较大误差。

大变形情况下的应变应用对数应变表示,也称为真应变,这是应变的精确计算方法。下面以单向拉伸为例,介绍这两种应变的差别。

如图 3-6 所示,把一根初始长度为 l_0 的试样单向拉伸至 l_3。按照工程线应变的定义,其应变为

$$\varepsilon=\frac{l_3-l_0}{l_0}=\frac{\Delta l_{0\to3}}{l_0}$$

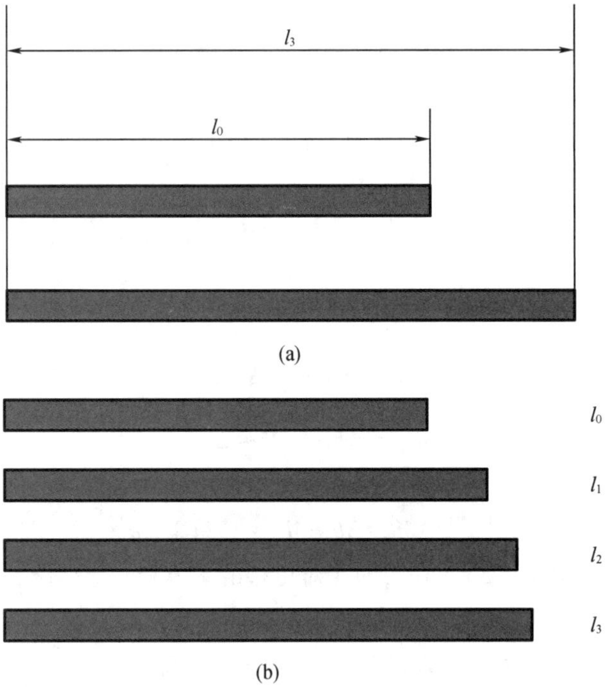

图 3-6　单向拉伸变形过程

当 l_3 与 l_0 尺寸相差不大时,这种计算方法是可以接受的;但当 l_3 与 l_0 尺寸相差很大时,这种计算的误差很大,必须用另一种方法计算。

设变形的某一时刻,试样长度为 l,经过微小时间后伸长微小长度 dl,此时微小应变为

$$d\varepsilon=\frac{dl}{l}$$

积分后得到总应变:

$$\varepsilon=\int_{l_0}^{l_3}\frac{dl}{l}=\ln\frac{l_3}{l_0}$$

采用这种方法计算的应变称为真应变,为了区别记作 ϵ。下面会看到,ϵ 比 ε 更能准确地描述变形。

1. 真应变具有可加性

现将图 3-6(a)所示变形分为三个阶段:$l_0\to l_1$、$l_1\to l_2$、$l_2\to l_3$,如图 3-6(b)所示。每一阶段的工程应变为

$$\varepsilon_{0\to1}=\frac{\Delta l_1}{l_0}$$

$$\varepsilon_{1\to2}=\frac{\Delta l_2}{l_1}$$

$$\varepsilon_{2\to3}=\frac{\Delta l_3}{l_2}$$

而总的工程应变为

$$\varepsilon_{0\to3}=\frac{\Delta l_1+\Delta l_2+\Delta l_3}{l_0}$$

三个阶段的应变之和与总应变并不相等：

$$\varepsilon_{0\to3}=\frac{\Delta l_1+\Delta l_2+\Delta l_3}{l_0}=\frac{\Delta l_1}{l_0}+\frac{\Delta l_2}{l_0}+\frac{\Delta l_3}{l_0}\neq\frac{\Delta l_1}{l_0}+\frac{\Delta l_2}{l_1}+\frac{\Delta l_3}{l_2}=\varepsilon_{0\to1}+\varepsilon_{0\to2}+\varepsilon_{2\to3}$$

除非变形量较小(小变形条件)，以至于 $l_0\approx l_1\approx l_2\approx l_3$ 时才相等。

而采用真应变计算方法，三个阶段的应变分别为

$$\epsilon_{0\to1}=\int_{l_0}^{l_1}\mathrm{d}\varepsilon=\ln\left(\frac{l_1}{l_0}\right)$$

$$\epsilon_{1\to2}=\int_{l_1}^{l_2}\mathrm{d}\varepsilon=\ln\left(\frac{l_2}{l_1}\right)$$

$$\epsilon_{2\to3}=\int_{l_2}^{l_3}\mathrm{d}\varepsilon=\ln\left(\frac{l_3}{l_2}\right)$$

总真应变为

$$\epsilon_{\mathrm{T}}=\int_{l_0}^{l_3}\mathrm{d}\varepsilon=\ln\left(\frac{l_3}{l_0}\right)$$

不难看出，ϵ 具有可加性：

$$\epsilon_{总}=\ln\left(\frac{l_3}{l_0}\right)=\epsilon_{0\to1}+\epsilon_{1\to2}+\epsilon_{2\to3}=\ln\left(\frac{l_1}{l_0}\right)+\ln\left(\frac{l_2}{l_1}\right)+\ln\left(\frac{l_3}{l_2}\right)=\ln\left(\frac{l_1}{l_0}\ \frac{l_2}{l_1}\ \frac{l_3}{l_2}\right)$$

2. 对数应变为可比应变

初始长度为 l_0 的试样，伸长到原长 2 倍时，真应变 $\epsilon=\ln\left(\frac{2l_0}{l_0}\right)=\ln 2$。如果将其压缩到初始长度的一半，应变 $\epsilon=\ln\left(\frac{0.5l_0}{l_0}\right)=-\ln 2$，具有可比性。而用工程应变公式计算，则分别是

$$\varepsilon=\frac{2l_0-l_0}{l_0}\times100\%=100\%$$

$$\varepsilon=\frac{0.5l_0-l_0}{l_0}\times100\%=-50\%$$

不具备可比性。

3. 小变形下二者近似相等

对真应变表达式进一步整理：

$$\epsilon=\ln\left(\frac{l_3}{l_0}\right)=\ln\left[\frac{l_0+(l_3-l_0)}{l_0}\right]=\ln(1+\varepsilon)\approx\varepsilon=\frac{l_3-l_0}{l_0}$$

即当 ε 不大时，$\epsilon\approx\varepsilon$。

3.1.5 塑性变形时的体积不变条件

塑性变形时，如果忽略弹性变形，且不考虑内部空隙焊合等现实情况，则变形体变形前后的体积保持不变。设单元初始边长为 $\mathrm{d}x$、$\mathrm{d}y$、$\mathrm{d}z$，则单元变形前的体积为

$$\mathrm{d}V_0=\mathrm{d}x\mathrm{d}y\mathrm{d}z$$

考虑到小变形时，切应变引起的边长变化及体积变化都是高阶微量，可以忽略，则体积变化只是由线应变引起的，根据式(3-9)可知，在 x、y、z 方向上的线元变形后的长度分别为

$$\varepsilon_x=\frac{r_x-\mathrm{d}x}{\mathrm{d}x}$$

$$\varepsilon_y=\frac{r_y-\mathrm{d}y}{\mathrm{d}y}$$

$$\varepsilon_z=\frac{r_z-\mathrm{d}z}{\mathrm{d}z}$$

或改写成

$$r_x=\mathrm{d}x(1+\varepsilon_x)$$

$$r_y=\mathrm{d}y(1+\varepsilon_y)$$

$$r_z=\mathrm{d}z(1+\varepsilon_z)$$

于是变形后单元体的体积为

$$\mathrm{d}V_1=\mathrm{d}r_x\mathrm{d}r_y\mathrm{d}r_z=\mathrm{d}x\mathrm{d}y\mathrm{d}z(1+\varepsilon_x)(1+\varepsilon_y)(1+\varepsilon_z)$$

展开并略去二阶以上高阶微量，得到单元体单位体积变化率：

$$\theta=\frac{\mathrm{d}V_1-\mathrm{d}V}{\mathrm{d}V}=\varepsilon_x+\varepsilon_y+\varepsilon_z$$

由于体积不变，有

$$\theta=0\Rightarrow\varepsilon_x+\varepsilon_y+\varepsilon_z=0 \tag{3-23}$$

式(3-23)称为塑性变形时的体积不变条件。

体积不变条件用对数应变(用符号 ϵ 表示)表示则更为准确。设变形体的原始长、宽、高分别为 l_0、b_0、h_0，变形后为 l_1、b_1、h_1，则体积不变条件可表示为

$$\epsilon_l+\epsilon_b+\epsilon_h=\ln\left(\frac{l_1}{l_0}\right)+\ln\left(\frac{b_1}{b_0}\right)+\ln\left(\frac{h_1}{h_0}\right)=\ln\left(\frac{l_1b_1h_1}{l_0b_0h_0}\right)=0 \tag{3-24}$$

3.2　主应变及其他常用概念

3.2.1　主应变

根据前述可知,变形体内一点的切应变也与 r 的方向有关,是方向余弦的函数,因此可以推知,在某一方向上线元变形后,切应变为零,即线元只有伸长而无转动。实际上,这样的方向是存在的,而且有 3 个,相互垂直。这 3 个方向称为应变主方向(或称应变主轴),应变用 ε_1、ε_2、ε_3 表示。这一结论十分重要,因为对于各向同性材料,当小变形时,应变主轴与应力主轴重合,这样二者之间可以建立量化关系——本构关系。

当取应变主轴为坐标轴时,应变张量变为

$$\boldsymbol{\varepsilon}_{ij}=\begin{pmatrix}\varepsilon_1 & & \\ & \varepsilon_2 & \\ & & \varepsilon_3\end{pmatrix} \tag{3-25}$$

3.2.2　应变张量不变量

同已知一点的应力状态就可以求出任意斜面应力一样,如果已知一点的应变张量,就可以求过该点的 3 个主应变。同应力一样,也存在一个应变状态的特征方程:

$$\varepsilon^2-I_1\varepsilon^2-I_2\varepsilon-I_3=0 \tag{3-26}$$

对于一个已经确定的应变状态,I_1、I_2、I_3 是定值,可求出 3 个主应变。3 个主应变具有单值,所以 3 个系数 I_1、I_2、I_3 也应具有单值,称为应变张量不变量,表达式为

$$\begin{cases}I_1=\varepsilon_x+\varepsilon_y+\varepsilon_z=\varepsilon_1+\varepsilon_2+\varepsilon_3=C_1\\ I_2=(\varepsilon_x\varepsilon_y+\varepsilon_y\varepsilon_z+\varepsilon_z\varepsilon_x)+\gamma_{xy}^2+\gamma_{yz}^2+\gamma_{zx}^2=\varepsilon_1\varepsilon_2+\varepsilon_2\varepsilon_3+\varepsilon_3\varepsilon_1=C_2\\ I_3=\varepsilon_x\varepsilon_y\varepsilon_z+2\gamma_{xy}\gamma_{yz}\gamma_{zx}-(\varepsilon_x\gamma_{yz}^2+\varepsilon_y\gamma_{xy}^2+\varepsilon_z\gamma_{xy}^2)=\varepsilon_1\varepsilon_2\varepsilon_3=C_3\end{cases} \tag{3-27}$$

式中,C_2、C_2、C_3 为常数。因为有塑性变形,体积不变,因此 $C_1\equiv0$。

3.2.3　主应变简图

由式(3-23) 可以看出,由于 $\varepsilon_1+\varepsilon_2+\varepsilon_3=0$,因此塑性变形时,若 3 个线应变分量不等于零,则不可能全部同号, 绝对值最大的应变永远与另外两个应变的符号相反,因此,塑性变形只能有压缩、伸长和剪切三种类型。

用主应变的个数和符号来表示应变状态的简图称为主应变状态图,简称主应变图。3 个主应变中绝对值最大的主应变反映了该工序变形的特征,称为特征应变。按塑性变形体积不变条件,3 个主应变不可能全部同号,总结起来,有以下三种情况:

(1)具有一个正应变及两个负应变,如图 3-7(a)所示,称为伸长类变形;

(2)具有一个负应变及两个正应变,如图 3-7(b)所示,称为压缩类变形;

(3)二向应变状态中有一个主应变为零,如 $\varepsilon_2=0$,另两个主应变大小相等、符号相反,

如图 3-7(c)所示,平面应变即是此类。

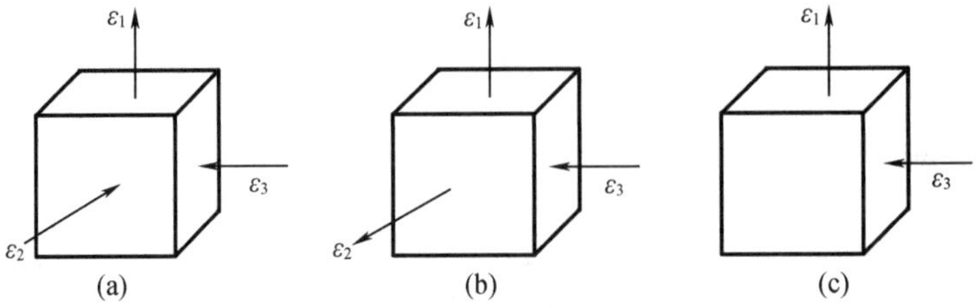

图 3-7　主应变图

主应变图对于研究塑性变形时的金属流动具有重要意义,据此可判别塑性变形的类型。例如:压缩类变形塑性好,伸长类变形塑性差。

3.2.4　主切应变和最大切应变

在与主应变方向成±45°角方向上,也存在 3 个相互垂直的线元(图中简化为二维),其切应变都有极值,称为主切应变,即图 3-8 中虚线单元。

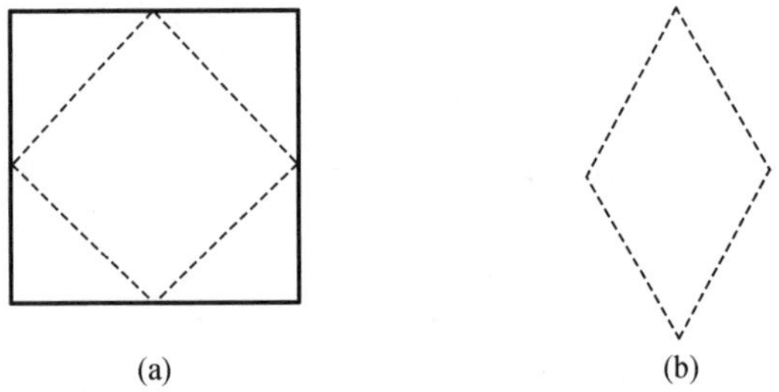

图 3-8　最大切应变

与应力表述式相似,主切应变的表达式为

$$\begin{cases}\gamma_{12}=\pm(\varepsilon_1-\varepsilon_2)\\ \gamma_{23}=\pm(\varepsilon_2-\varepsilon_3)\\ \gamma_{31}=\pm(\varepsilon_3-\varepsilon_1)\end{cases} \tag{3-28}$$

与上文设定的一样,若$|\varepsilon_1|\geqslant|\varepsilon_2|\geqslant|\varepsilon_3|$, 则最大切应变为

$$\gamma_{\max}=\pm(\varepsilon_1-\varepsilon_3) \tag{3-29}$$

3.2.5　应变偏张量和应变球张量

应变张量亦可分解为应变偏张量和应变球张量,即

$$\boldsymbol{\varepsilon}_{ij}=\begin{pmatrix}\varepsilon_x-\varepsilon_{\mathrm{m}} & \gamma_{xy} & \gamma_{xz}\\ \gamma_{yx} & \varepsilon_y-\varepsilon_{\mathrm{m}} & \gamma_{yz}\\ \gamma_{zx} & \gamma_{zy} & \varepsilon_z-\varepsilon_{\mathrm{m}}\end{pmatrix}+\begin{pmatrix}\varepsilon_{\mathrm{m}} & & \\ & \varepsilon_{\mathrm{m}} & \\ & & \varepsilon_{\mathrm{m}}\end{pmatrix}=\boldsymbol{\varepsilon}'_{ij}+\boldsymbol{\delta}_{ij}\boldsymbol{\varepsilon}_{\mathrm{m}} \tag{3-30}$$

式中,$\boldsymbol{\varepsilon}_{\mathrm{m}}=\dfrac{\varepsilon_x+\varepsilon_y+\varepsilon_z}{3}$为应变球张量;$\boldsymbol{\varepsilon}'_{ij}$为应变偏张量,表示变形体单元体形状变化。

根据塑性变形时体积不变假设，$\varepsilon_x+\varepsilon_y+\varepsilon_z=0$，故 $\varepsilon_m\equiv 0$，此时应变偏张量就是应变张量，即 $\boldsymbol{\varepsilon}_{ij}=\boldsymbol{\varepsilon}'_{ij}$。

下面对应变球张量和偏张量做详细解释，以利于后面的学习。在塑性成形力学里，变形的概念是材料外形发生改变。图 3-9(a)所示为一个没有发生变形的初始单元，将它放到一个静水环境中，假设材料是可压缩或膨胀的，即 $\varepsilon_m\neq 0$，则当受到等静压时，x 和 y 方向应变相等，即等向压缩(压缩应变为 ε_m)，同时仍保持直角，如图 3-9(b)所示，此时认为材料无变形(只是等向缩小)。

此时在等静压基础上，再在 x 和 y 方向上额外施加不等的力(即应力偏量)，则材料不再保持等向压缩，x 和 y 方向应变不再相等，如图 3-9(c)所示，此时才认为单元发生了线变形。因此偏应力负责使材料发生不等压缩。接着在此基础上，再施加剪应力，单元角度也会发生改变，由此可见，当材料变形时，把 x 和 y 方向共有的变形(ε_m)剔除后，才是真正的变形，即图 3-9(c)和(d)所示的变形，二者叠加就是式(3-30)中的偏张量部分。

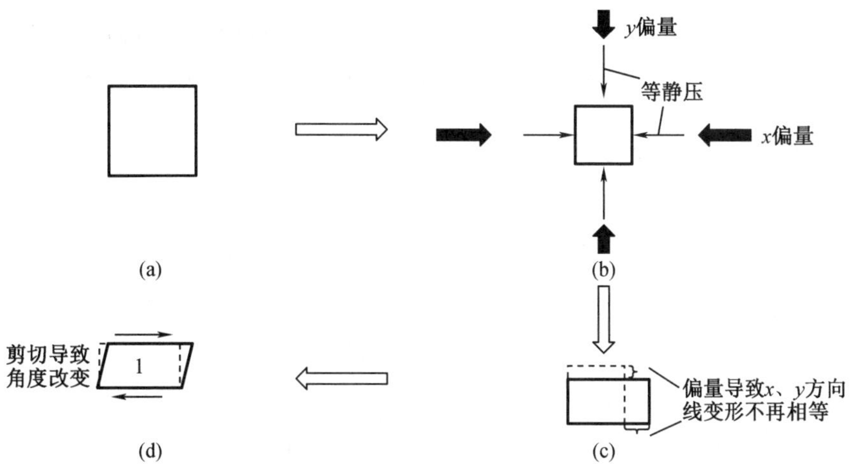

图 3-9　变形的分解

应变偏张量也有 3 个不变量，分别是应变偏张量第一、第二、第三不变量，表达式如下：

$$\begin{cases} I'_1=\varepsilon'_x+\varepsilon'_y+\varepsilon'_z=\varepsilon'_1+\varepsilon'_2+\varepsilon'_3=0 \\ I'_2=(\varepsilon'_x\varepsilon'_y+\varepsilon'_y\varepsilon'_z+\varepsilon'_z\varepsilon'_x)+\gamma_{xy}^2+\gamma_{yz}^2+\gamma_{zx}^2=\varepsilon'_1\varepsilon'_2+\varepsilon'_2\varepsilon'_3+\varepsilon'_3\varepsilon' \\ I'_3=\varepsilon'_x\varepsilon'_y\varepsilon'_z+2\gamma_{xy}\gamma_{yz}\gamma_{zx}-(\varepsilon'_x\gamma_{yz}^2+\varepsilon'_y\gamma_{xy}^2+\varepsilon'_z\gamma_{xy}^2)=\varepsilon'_1\varepsilon'_2\varepsilon'_3 \end{cases}$$

3.2.6　八面体应变和等效应变

分别在 xyz 坐标系和以 3 个应变主轴为坐标轴的主应力坐标系中做出正八面体，八面体平面法线方向线元的线应变称为八面体应变：

$$\varepsilon_8=\frac{\varepsilon_x+\varepsilon_y+\varepsilon_z}{3}=\frac{\varepsilon_1+\varepsilon_2+\varepsilon_3}{3}=\varepsilon_m=\frac{1}{3}I_1$$

八面体面上剪应变为

$$\gamma_8=\pm\frac{2}{3}\sqrt{(\varepsilon_x-\varepsilon_y)^2+(\varepsilon_y-\varepsilon_z)^2+(\varepsilon_z-\varepsilon_x)^2+6(\gamma_{xy}^2+\gamma_{yz}^2+\gamma_{zx}^2)}$$
$$=\pm\frac{2}{3}\sqrt{(\varepsilon_1-\varepsilon_2)^2+(\varepsilon_2-\varepsilon_3)^2+(\varepsilon_3-\varepsilon_1)^2}$$
$$=\sqrt{\frac{8}{9}I_2'} \tag{3-31}$$

如取八面体剪应变绝对值的$\sqrt{2}/2$倍,则得到另一个表示应变状态不变量的参量，称为等效应变,也称为广义应变或应变强度,记为

$$\bar{\varepsilon}=\varepsilon_e$$
$$=\frac{\sqrt{2}}{3}\sqrt{(\varepsilon_x-\varepsilon_y)^2+(\varepsilon_y-\varepsilon_z)^2+(\varepsilon_z-\varepsilon_x)^2+6(\gamma_{xy}^2+\gamma_{yz}^2+\gamma_{zx}^2)}$$
$$=\frac{\sqrt{2}}{3}\sqrt{(\varepsilon_1-\varepsilon_2)^2+(\varepsilon_2-\varepsilon_3)^2+(\varepsilon_3-\varepsilon_1)^2} \tag{3-32}$$

等效应变在塑性变形(如单向拉伸)时,其数值上等于单向均匀拉伸或压缩方向上的线应变 ε_2,即 $\bar{\varepsilon}=\varepsilon_1$。这是因为,单向应力状态时,主应变为 $\varepsilon_1,\varepsilon_2=\varepsilon_3$,由体积不变条件 $\varepsilon_1+\varepsilon_2+\varepsilon_3=0$ 可知,$\varepsilon_2=\varepsilon_3=-\frac{1}{2}\varepsilon_1$,代入式(3-32)得

$$\bar{\varepsilon}=\frac{\sqrt{2}}{3}\sqrt{\left(\frac{3}{2}\varepsilon_1\right)^2+\left(\frac{3}{2}\varepsilon_1\right)^2}=\varepsilon_1 \tag{3-33}$$

而纯剪情况下,主应变为 $\varepsilon_1=0,\varepsilon_2=-\varepsilon_3$(应变主轴和应力主轴重合),根据式(3-32)可求出

$$\bar{\varepsilon}=\frac{\sqrt{2}}{3}\sqrt{(2\varepsilon_1)^2+2\varepsilon_1{}^2}=\frac{2\sqrt{3}}{3}\varepsilon_1$$

3.3 位移分量和应变分量的关系——小变形几何方程

3.3.1 直角坐标系下的几何方程

由于物体变形后,体内的点会产生位移,进而引起了质点的应变,所以位移与应变场之间一定存在某种关系。可通过研究单元体在 3 个坐标平面上的投影,建立位移分量和应变分量之间的关系。现假设从变形体内任意点处取出一个无穷小单元体,且单元体边长分别为 dx、dy、dz。因为产生了变形,所以单元体棱边长度已改变,而棱边夹角亦不为直角。图 3-10 所示 $OPNR$ 为单元体变形前在 xOy 坐标平面上的投影,而 $O'P'N'R'$为变形后的投影,图中 P、R 点为 O 点的邻近点,且 $OR=\mathrm{d}x$,$OP=\mathrm{d}y$。变形后,点 O 的位移分量为 u_O、v_O,根据式(3-4)可知,临近点 R、P 相对于 O 点的位移增量为

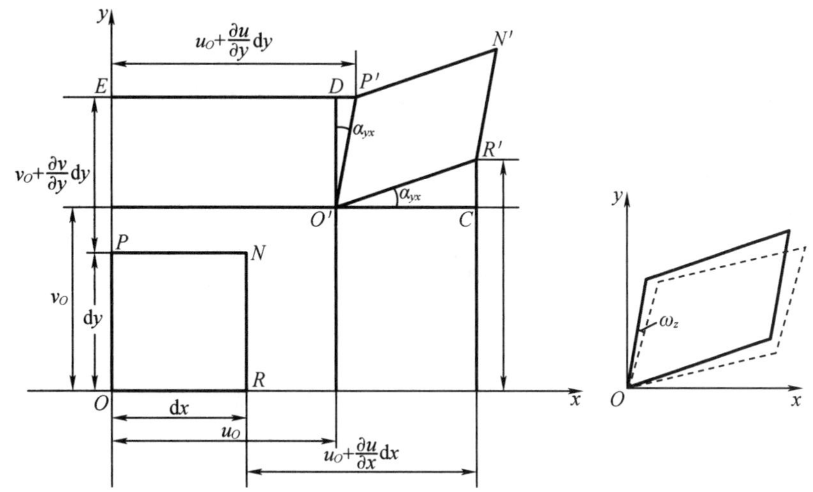

图 3-10　应变与位移的关系

$$\begin{cases}\Delta u_R=\dfrac{\partial u}{\partial x}dx\\ \Delta v_R=\dfrac{\partial v}{\partial x}dx\\ \Delta u_P=\dfrac{\partial u}{\partial y}dy\\ \Delta v_P=\dfrac{\partial v}{\partial y}dy\end{cases}\tag{3-34}$$

根据图 3-10 所示几何关系,可求出棱边 OR 在 x 方向的线应变为

$$\varepsilon_x=\frac{u_O+\Delta u_R-u_O}{dx}=\frac{\Delta u_R}{dx}=\frac{\partial u}{\partial x}$$

棱边 OP(即 dy)在 y 方向的线应变为

$$\varepsilon_y=\frac{v_O+\Delta v_P-v_O}{dy}=\frac{\Delta v_P}{dy}=\frac{\partial v}{\partial y}$$

又由图中的几何关系:

$$\tan\alpha_{yx}=\frac{DP'}{O'D}=\frac{u_O+\Delta v_P-u_O}{v_O+\Delta v_P+dx-v_O}=\frac{\dfrac{\partial u}{\partial y}dy}{dy+\dfrac{\partial v}{\partial y}dy}=\frac{\dfrac{\partial u}{\partial y}}{1+\dfrac{\partial v}{\partial y}}$$

因为$\frac{\partial v}{\partial y}\ll 1$,可略去,所以 $\alpha_{yx}\approx\tan\alpha_{yx}=\frac{\partial u}{\partial y}$。

同理可得

$$\alpha_{xy}=\frac{\partial v}{\partial x}\tag{3-35}$$

因而工程切应变为

$$\varphi_{xy}=\varphi_{yx}=\alpha_{xy}+\alpha_{yx}=\frac{\partial u}{\partial y}+\frac{\partial v}{\partial x} \tag{3-36}$$

按同样的方法，由单元体在 yOz 和 zOx 平面上投影的几何关系可得其余应变分量的公式。

综合上述可得

$$\begin{cases}\varepsilon_x=\dfrac{\partial u}{\partial x}, & \gamma_{xy}=\dfrac{1}{2}\left(\dfrac{\partial u}{\partial y}+\dfrac{\partial v}{\partial x}\right)\\ \varepsilon_y=\dfrac{\partial v}{\partial y}, & \gamma_{yz}=\dfrac{1}{2}\left(\dfrac{\partial v}{\partial z}+\dfrac{\partial w}{\partial y}\right)\\ \varepsilon_z=\dfrac{\partial w}{\partial z}, & \gamma_{zx}=\dfrac{1}{2}\left(\dfrac{\partial u}{\partial z}+\dfrac{\partial w}{\partial x}\right)\end{cases} \tag{3-37}$$

简记为

$$\varepsilon_{ij}=\frac{1}{2}\left(\frac{\partial u_i}{\partial x_j}+\frac{\partial u_j}{\partial x_i}\right)$$

3.3.2 应变连续方程

由小变形几何方程可知，6 个应变分量取决于 3 个位移分量，因此，6 个应变分量不应是任意的，其间必存在一定的关系，才能使变形体保持连续性，即变形体既不开裂也不重叠。应变分量的这种关系称为应变连续方程或应变协调方程，有 2 组共 6 式。

一组为每个坐标平面内应变分量之间满足的关系。例如，在 xOy 坐标平面内，将几何方程(3-37)中的 ε_x 对 y、ε_y 对 x 求两次偏导数，得

$$\begin{cases}\dfrac{\partial^2\varepsilon_x}{\partial y^2}=\dfrac{\partial^2}{\partial x\partial y}\left(\dfrac{\partial u}{\partial y}\right)\\ \dfrac{\partial^2\varepsilon_y}{\partial x^2}=\dfrac{\partial^2}{\partial x\partial y}\left(\dfrac{\partial v}{\partial x}\right)\end{cases} \tag{3-38}$$

式(3-38)中两式两两相加得

$$\frac{\partial^2\varepsilon_x}{\partial y^2}+\frac{\partial^2\varepsilon_y}{\partial x^2}=\frac{\partial^2}{\partial x\partial y}\left(\frac{\partial u}{\partial y}\right)+\frac{\partial^2}{\partial x\partial y}\left(\frac{\partial v}{\partial x}\right)=\frac{\partial^2}{\partial x\partial y}\left(\frac{\partial u}{\partial y}+\frac{\partial v}{\partial x}\right)=2\frac{\partial^2\gamma_{xy}}{\partial x\partial y}$$

用同样方法处理其他两式，得到的结果综合起来：

$$\begin{cases}\dfrac{\partial^2\gamma_{xy}}{\partial x\partial y}=\dfrac{1}{2}\left(\dfrac{\partial^2\varepsilon_x}{\partial y^2}+\dfrac{\partial^2\varepsilon_y}{\partial x^2}\right)\\ \dfrac{\partial^2\gamma_{yz}}{\partial y\partial z}=\dfrac{1}{2}\left(\dfrac{\partial^2\varepsilon_y}{\partial z^2}+\dfrac{\partial^2\varepsilon_y}{\partial y^2}\right)\\ \dfrac{\partial^2\gamma_{zx}}{\partial z\partial x}=\dfrac{1}{2}\left(\dfrac{\partial^2\varepsilon_x}{\partial z^2}+\dfrac{\partial^2\varepsilon_z}{\partial x^2}\right)\end{cases} \tag{3-39}$$

式(3-39)表明：在一个坐标平面内，两个线虚变分量一经确定，则切应变分量随之被确定。

另一组为不同坐标平面内应变分量之间应满足的关系。将式(3-38)中的 ε_x 对 y、z，ε_y 对 x、z，ε_z 对 x、y 求偏导数，得

$$\begin{cases}\dfrac{\partial^2 \varepsilon_x}{\partial y \partial z}=\dfrac{\partial^3 u}{\partial x \partial y \partial z}\\[2ex]\dfrac{\partial^2 \varepsilon_y}{\partial x \partial z}=\dfrac{\partial^3 v}{\partial x \partial y \partial z}\\[2ex]\dfrac{\partial^2 \varepsilon_z}{\partial x \partial y}=\dfrac{\partial^3 w}{\partial x \partial y \partial z}\end{cases}$$

将切应变分量 γ_{xy}、γ_{yz}、γ_{zx} 分别对 z、x、y 求偏导数,得

$$\begin{cases}\dfrac{\partial \gamma_{xy}}{\partial z}=\dfrac{1}{2}\left(\dfrac{\partial^2 u}{\partial y \partial z}+\dfrac{\partial^2 v}{\partial x \partial z}\right)\\[2ex]\dfrac{\partial \gamma_{yz}}{\partial x}=\dfrac{1}{2}\left(\dfrac{\partial^2 v}{\partial z \partial x}+\dfrac{\partial^2 w}{\partial x \partial y}\right)\\[2ex]\dfrac{\partial \gamma_{zx}}{\partial y}=\dfrac{1}{2}\left(\dfrac{\partial^2 w}{\partial x \partial y}+\dfrac{\partial^2 u}{\partial z \partial y}\right)\end{cases}$$

上面共有 6 个表达式。将$\dfrac{\partial \gamma_{xy}}{\partial z}$加上$\dfrac{\partial \gamma_{yz}}{\partial x}$并减去$\dfrac{\partial \gamma_{zx}}{\partial y}$,得

$$\frac{\partial \gamma_{xy}}{\partial z}+\frac{\partial \gamma_{yz}}{\partial x}-\frac{\partial \gamma_{zx}}{\partial y}=\frac{\partial^2 v}{\partial x \partial z}$$

再将上式对 y 求偏导数,并考虑到$\dfrac{\partial^2 \varepsilon_y}{\partial x \partial z}$的表达式,得

$$\frac{\partial}{\partial y}\left(\frac{\partial \gamma_{xy}}{\partial z}+\frac{\partial \gamma_{yz}}{\partial x}-\frac{\partial \gamma_{zx}}{\partial y}\right)=\frac{\partial^2 \varepsilon_y}{\partial z \partial x}$$

用同样方法还可求出其他两式,连同上式整理可得

$$\begin{cases}\dfrac{\partial}{\partial y}\left(\dfrac{\partial \gamma_{xy}}{\partial z}+\dfrac{\partial \gamma_{yz}}{\partial x}-\dfrac{\partial \gamma_{zx}}{\partial y}\right)=\dfrac{\partial^2 \varepsilon_y}{\partial x \partial z}\\[2ex]\dfrac{\partial}{\partial z}\left(\dfrac{\partial \gamma_{yz}}{\partial x}+\dfrac{\partial \gamma_{zx}}{\partial y}-\dfrac{\partial \gamma_{xy}}{\partial z}\right)=\dfrac{\partial^2 \varepsilon_z}{\partial x \partial y}\\[2ex]\dfrac{\partial}{\partial x}\left(\dfrac{\partial \gamma_{zx}}{\partial y}+\dfrac{\partial \gamma_{xy}}{\partial z}-\dfrac{\partial \gamma_{yz}}{\partial x}\right)=\dfrac{\partial^2 \varepsilon_x}{\partial y \partial z}\end{cases} \tag{3-40}$$

式(3-40)表明,在三维空间内 3 个切应变分量一经确定, 线应变分量也就被确定。

应变连续方程的物理意义在于:只有当应变分量之间的关系满足上述方程时,物体变形后才是连续的。否则,变形后会出现“撕裂”或“重叠”,破坏变形物体的连续性。需要指出的是:如果已知位移分量,则由几何方程求得的应变分量 ε_{ij} 自然满足连续方程,但若先用其他方法求得应变分量,则只有当它们满足连续方程时,才能由几何方程(3-40)求得正确的位移分量。

3.4 应变增量和应变速率张量

前面所讨论的应变,是单元体在某一变形过程结束或变形中某个阶段结束时的应变,为全量应变,或者说是总应变,可以根据相应的公式直接求得,例如几何方程(3-37)。但是,塑性成形问题一般都是大尺寸和大变形,整个变形过程是比较复杂的,此时要求解大变形的全量应变是不可以的,因为前面推导的求应变的公式(如几何方程)是在小变形条件下推导的,故不能直接使用。

然而,大变形是由很多小变形累积而成的,故大变形过程中某个特定瞬间的变形属于小变形,因此上述公式仍可用,不过需要引入应变增量和应变速率的概念。

3.4.1 速度分量和速度场

塑性成形时,变形物体内的各质点都处于运动状态,即各质点以一定的速度运动, 即在一个速度场。将质点在单位时间内的位移称为速度,其在 3 个坐标轴上的投影称为速度分量,表示为

$$\begin{cases} \dot{u} = \dfrac{u}{t} \\ \dot{v} = \dfrac{v}{t} \\ \dot{w} = \dfrac{w}{t} \end{cases}$$

可简记为

$$\dot{u}_i = \frac{u_i}{t} \tag{3-41}$$

因位移是坐标的连续函数,而位移速度不仅是坐标的函数,也是时间的函数,式(3-41)可另写作

$$\begin{cases} \dot{u} = \dot{u}(x,y,z,t) \\ \dot{v} = \dot{v}(x,y,z,t) \\ \dot{w} = \dot{w}(x,y,z,t) \end{cases}$$

或

$$\dot{u}_i = \dot{u}_i(x,y,z,t)$$

3.4.2 应变增量和位移增量

如已知速度分量,则在非常小的时间间隔 Δt 内,其质点产生极小的位移变化量,称为位移增量,记为 Δu_i。图 3-11 中,设物体中的某一点 P,其在变形过程中经 $PP'P''$的路线达到 P_1 点,这时的位移为$\boldsymbol{PP}_1$。将$\boldsymbol{PP}_1$ 的分量代入几何方程求得的应变就是该变形过程的全量应变。如果在某一瞬时,该点移动至 PP''路线上的任意一点,如 P'点,则由$\boldsymbol{PP'}$求得的应变

就是该瞬时的全量应变。如果该质点由 P' 点再沿原路线经极短的时间 Δt 移动到 P'' 点，这时位移矢量 $\boldsymbol{PP''}$ 与 $\boldsymbol{PP'}$ 之差（$\Delta u,\Delta v,\Delta w$）即为此时的位移增量，此时的速度分量为

$$\begin{cases}\dot u=\dfrac{\Delta u}{\Delta t}\\[2mm]\dot v=\dfrac{\Delta v}{\Delta t}\\[2mm]\dot w=\dfrac{\Delta w}{\Delta t}\end{cases}$$

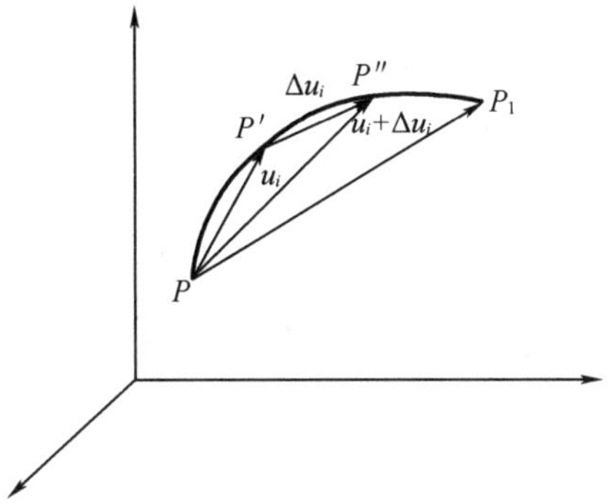

图 3-11　应变增量和位移增量

简记为

$$\dot u_i=\frac{\Delta u_i}{\Delta t}$$

或

$$\Delta u_i=\dot u_i\Delta t \tag{3-42}$$

产生位移增量后，变形体内各质点就有一个相应的应变增量，用 $\Delta\varepsilon_{ij}$ 表示。应变增量与位移增量之间的关系，也即几何方程，在形式上与小变形几何方程相同，如果把式（3-37）中的 u_i 改成 Δu_i，并结合上式，可得应变增量几何方程：

$$\begin{cases}\Delta\varepsilon_x=\dfrac{\partial(\Delta u)}{\partial x},\quad \Delta\gamma_{xy}=\Delta\gamma_{yx}=\dfrac{1}{2}\left[\dfrac{\partial(\Delta u)}{\partial y}+\dfrac{\partial(\Delta v)}{\partial x}\right]\\[2mm]\Delta\varepsilon_y=\dfrac{\partial(\Delta v)}{\partial y},\quad \Delta\gamma_{yz}=\Delta\gamma_{zy}=\dfrac{1}{2}\left[\dfrac{\partial(\Delta v)}{\partial z}+\dfrac{\partial(\Delta w)}{\partial y}\right]\\[2mm]\Delta\varepsilon_z=\dfrac{\partial(\Delta w)}{\partial z},\quad \Delta\gamma_{zx}=\Delta\gamma_{xz}=\dfrac{1}{2}\left[\dfrac{\partial(\Delta u)}{\partial z}+\dfrac{\partial(\Delta w)}{\partial x}\right]\end{cases} \tag{3-43}$$

简记为

$$\Delta\varepsilon_{ij}=\frac{1}{2}\left[\frac{\partial(\Delta u_i)}{\partial x_j}+\frac{\partial(\Delta u_j)}{\partial x_i}\right]$$

应变增量是塑性成形理论中最常用的概念之一，因为在塑性成形加载过程中，质点在每一瞬时的应力状态一般是与该瞬时的应变增量相对应的，因此在分析塑性成形时，主要用应变增量。需要指出的是，塑性变形过程中某瞬时的应变增量 $\Delta\varepsilon_{ij}$ 是当时具体变形条件

下的小应变,是将变形物体在该时刻的形状和尺寸作为初始状态的,而当时的全量应变则是该瞬时以前的变形总结果,该瞬时的变形条件与以前的变形条件不一样时,应变增量主轴与当时的全量应变主轴不一定重合。

应变增量张量和应变张量一样,具有 3 个应变增量主方向,3 个主应变增量,3 个不变量,3 对主切应变增量,以及偏张量、球张量、等效应变增量等,其定义和表达式在形式上与应变张量类似。

3.4.3 应变速率和应变速率张量

单位时间内的应变称为应变速率,或称变形速率,用 $\dot{\varepsilon}_{ij}$ 表示,其单位为 s^{-1}。设在时间间隔 Δt 内产生的应变增量为 $\Delta\varepsilon_{ij}$,则应变速率为

$$\dot{\varepsilon}_{ij}=\lim_{\Delta t\to 0}\frac{\Delta\varepsilon_{ij}}{\Delta t}=\frac{\mathrm{d}\varepsilon_{ij}}{\mathrm{d}t} \tag{3-44}$$

可见应变速率与应变增量相似,都是描述某瞬时的变形状态。将式(3-42)代入式(3-43)得

$$\Delta\varepsilon_{ij}=\frac{1}{2}\left[\frac{\partial(\dot{u}_i\Delta t)}{\partial x_j}+\frac{\partial(\dot{u}_j\Delta t)}{\partial x_i}\right]$$

上式两边除以时间增量 Δt,再根据应变速率的定义得

$$\dot{\varepsilon}_{ij}=\frac{\Delta\varepsilon_{ij}}{\Delta t}=\frac{1}{2}\left(\frac{\partial\dot{u}_i}{\partial x_j}+\frac{\partial\dot{u}_j}{\partial x_i}\right)$$

或写成

$$\begin{cases}\dot{\varepsilon}_x=\dfrac{\partial\dot{u}}{\partial x}, & \dot{\gamma}_{xy}=\dot{\gamma}_{yx}=\dfrac{1}{2}\left(\dfrac{\partial\dot{u}}{\partial y}+\dfrac{\partial\dot{v}}{\partial x}\right)\\ \dot{\varepsilon}_y=\dfrac{\partial\dot{v}}{\partial y}, & \dot{\gamma}_{yz}=\dot{\gamma}_{zy}=\dfrac{1}{2}\left(\dfrac{\partial\dot{v}}{\partial z}+\dfrac{\partial\dot{w}}{\partial y}\right)\\ \dot{\varepsilon}_z=\dfrac{\partial\dot{w}}{\partial z}, & \dot{\gamma}_{zx}=\dot{\gamma}_{xz}=\dfrac{1}{2}\left(\dfrac{\partial\dot{u}}{\partial z}+\dfrac{\partial\dot{w}}{\partial x}\right)\end{cases} \tag{3-45}$$

应变速率也是一个二阶对称张量,称为应变速率张量:

$$\begin{pmatrix}\dot{\varepsilon}_x & \dot{\gamma}_{xy} & \dot{\gamma}_{xz}\\ \dot{\gamma}_{yx} & \dot{\varepsilon}_y & \dot{\gamma}_{yz}\\ \dot{\gamma}_{zx} & \dot{\gamma}_{zy} & \dot{\varepsilon}_z\end{pmatrix}$$

应变增量张量与应变速率张量相似,都可以描述瞬时变形。应变增量张量和应变速率张量类似,都有主方向(主轴方向),主应变增量 $\Delta\varepsilon_1$、$\Delta\varepsilon_2$、$\Delta\varepsilon_3$ 和主应变速率 $\dot{\varepsilon}_1$、$\dot{\varepsilon}_2$、$\dot{\varepsilon}_3$,主切应变增量 $\Delta\gamma_{12}$、$\Delta\gamma_{23}$、$\Delta\gamma_{31}$ 和主切应变速率 $\dot{\gamma}_{12}$、$\dot{\gamma}_{23}$、$\dot{\gamma}_{31}$,以及应变速率偏张量 $\dot{\boldsymbol{\varepsilon}}'_{ij}$、应变速率球张量 $\boldsymbol{\delta}_{ij}\dot{\varepsilon}_m$、应变速率张量不变量、等效应变增量 $\Delta\bar{\varepsilon}$ 和等效应变速率 $\bar{\dot{\varepsilon}}$ 等,它们的含义和表达式与小变形的应变张量类似。

应变速率表示变形程度的变化快慢,但不能与工具的移动速率相混淆。例如,如图 3-12 所示,在试验机上均匀压缩一柱体,下垫板不动,上垫板以速度 $\dot{u}_0$ 下移,现取圆柱体下端为坐标原点,压缩方向为 x 轴,柱体某瞬时的高度为 h,则柱体内各质点在 x 方向的速

率为

$$\dot{u}_x = \frac{\dot{u}_0}{h} x$$

于是,各质点在 x 方向的应变速率分量为

$$\dot{\varepsilon}_x = \frac{\partial \dot{u}_x}{\partial x} = \frac{\dot{u}_0}{h}$$

从上式显然可以看出,移动速率和应变速率是两个不同的概念。应变速率不仅取决于工具的运动速率,还与变形体的尺寸及边界条件有关,所以不能仅仅用工具或质点的移动速率来衡量变形体内质点的移动速率。但在塑性成形理论中,如不计移动速率对材料性能和摩擦的影响,或材料变形比较小时,用应变增量和应变速率进行计算所得结果是一致的;而对于应变速率敏感的材料,或不同成形方式及变形体尺寸比较大又比较复杂的零件,则采用应变速率来分析。

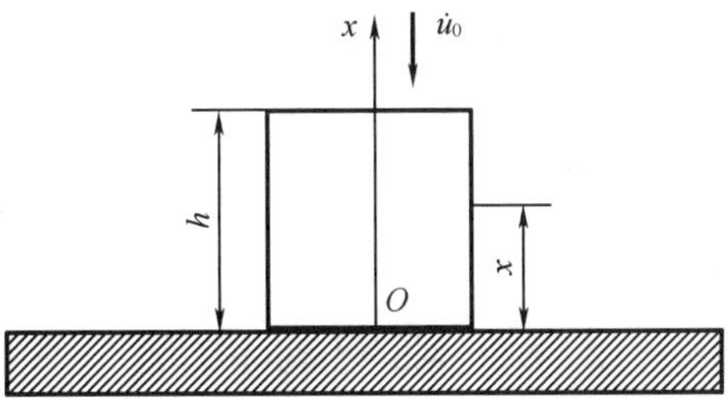

图 3-12　单向均匀压缩

3.5　平面应变问题

如果物体内所有质点都只在一个平面内发生变形,而在该平面的法线方向没有变形,那么这种变形就称为平面变形,如大坝上的受力即是此类变形。

图 3-13(a)所示为长板局部受压。在长度方向,受变形部位两侧材料的制约,z 方向没有伸长,因此位移 $w=0$,如图 3-13(b)所示,与此同时,另外两个方向位移也与 z 无关。这样,根据式(3-37)可知,$\varepsilon_z=\gamma_{zy}=\gamma_{zx}=0$,因此 z 方向必为主方向。这样只剩下 ε_x、ε_y、γ_{xy} 三个应变分量,几何方程可简化为

$$\begin{cases} \varepsilon_x = \dfrac{\partial u}{\partial x} \\ \varepsilon_y = \dfrac{\partial v}{\partial y} \\ \gamma_{xy} = \dfrac{1}{2}\left(\dfrac{\partial u}{\partial y} + \dfrac{\partial v}{\partial x}\right) \end{cases}$$

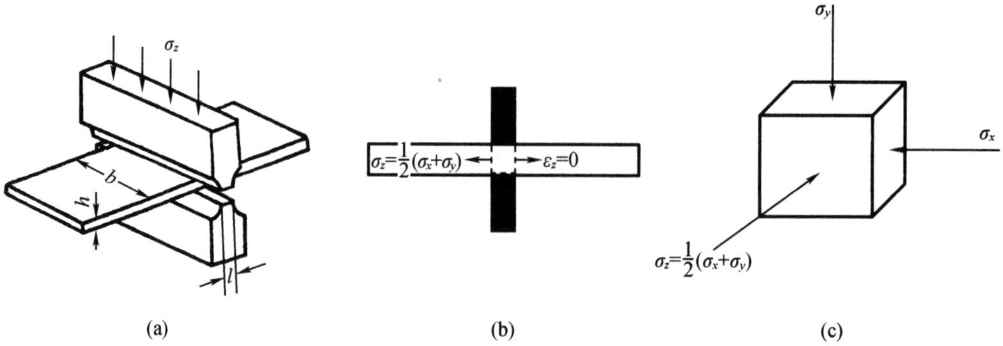

图 3-13　平面应变状态

又根据塑性变形时的体积不变条件及 $\varepsilon_z=0$,得

$$\varepsilon_x=-\varepsilon_y$$

需要特别指出的是,平面塑性变形时应变为零的方向的应力一般不等于零, 其正应力是主应力,且有

$$\sigma_z=\frac{\sigma_x+\sigma_y}{2}=\frac{\sigma_1+\sigma_2}{2}=\sigma_{\mathrm{m}}$$

这一结论将在第 5 章得到证明。

3.6　轴对称问题

轴对称变形问题采用圆柱坐标比较方便。轴对称变形时,由于通过轴线的子午面始终保持平面,所以 θ 向位移分量 $v=0$,且各位移分量均与 θ 坐标无关,因此 $\gamma_{\rho\theta}=\gamma_{\theta z}=0$,$\theta$ 向必为应变主方向,这时只有 2 个应变分量,因此几何方程变为

$$\varepsilon_\rho=\frac{\partial u}{\partial \rho}$$

$$\varepsilon_z=\frac{\partial w}{\partial z}$$

$$\varepsilon_\theta=\frac{u}{\rho}+\frac{1}{\rho}\frac{\partial v}{\partial \theta}$$

$$\gamma_{z\rho}=\frac{1}{2}\left(\frac{\partial w}{\partial \rho}+\frac{\partial u}{\partial z}\right)$$

对于某些轴对称问题,如单向均匀拉伸、锥形模挤压及拉拔、圆柱体镦粗等,其径向位移分量 u 与坐标 ρ 呈线性关系,于是有

$$\frac{\partial u}{\partial \rho}=\frac{u}{\rho}$$

所以可以进一步推导出此时的径向应力和周向应力必然相等,即 $\sigma_\theta=\sigma_\rho$。

参考文献

[1] 雷玉成,汪建敏,贾志安. 金属材料成型原理[M]. 北京:化学工业出版社,2006.

[2] 闫洪,周天瑞. 塑性成形原理[M]. 北京:清华大学出版社,2006.

[3] 运新兵. 金属塑性成形原理[M]. 北京:冶金工业出版社,2012.

[4] 杜艳迎,刘凯,陈云. 金属塑性成形原理[M]. 武汉:武汉理工大学出版社,2020.

第4章 屈服准则

4.1 屈服函数与屈服曲面

在材料单向拉伸或压缩时,判断材料是否由弹性状态进入塑性状态的标准是应力是否达到拉、压屈服极限$\pm\sigma_s$。然而,在复杂应力状态下,判断标准就没那么简单了,此时材料是否进入塑性状态,取决于多种因素,可以用一个屈服函数表示:

$$f(\boldsymbol{\sigma}_{ij},\boldsymbol{\varepsilon}_{ij},\dot{\boldsymbol{\varepsilon}}_{ij},t,T)=C \tag{4-1}$$

其中涉及应力张量$\boldsymbol{\sigma}_{ij}$、应变张量$\boldsymbol{\varepsilon}_{ij}$、应变速率张量$\dot{\boldsymbol{\varepsilon}}_{ij}$以及时间$t$和温度$T$,$C$是与材料性质有关的常数。

在不考虑时间效应并且变形条件接近常温的情况下,将$\boldsymbol{\varepsilon}_{ij}$用$\boldsymbol{\sigma}_{ij}$表示后,式(4-1)变为

$$f(\boldsymbol{\sigma}_{ij})=C \tag{4-2}$$

可见其是一个包含6个应力的复杂函数,说明当材料进入屈服状态后,各应力分量之间应满足某种协调关系。

由于材料屈服与否与所建坐标系无关,因此可以把问题放在主应力坐标系中研究,而不影响最终结论,这样对于各向同性材料,式(4-2)可变为

$$f(\sigma_1,\sigma_2,\sigma_3)=C \tag{4-3}$$

这是一个以σ_1、σ_2、σ_3为变量的函数。

实际上,对于各向同性不可压缩材料,使材料发生屈服的是应力偏量,因此式(4-3)还可以写成

$$f(\sigma_1',\sigma_2',\sigma_3')=C \tag{4-4}$$

或

$$f(J_1',J_2',J_3')=C \tag{4-5}$$

式中,J_1'、J_2'、J_3'为应力偏量的3个不变量,并注意$J_1'=0$。

在主应力坐标系中,一组($\sigma_1,\sigma_2,\sigma_3$)代表“空间”中的一个“点”[实际上代表一组主应力($\sigma_1,\sigma_2,\sigma_3$)],所有满足式(3-5)的“点”将构成一个空间曲面——屈服曲面,凡是落在曲面上的“点”[即一组应力(σ_1、σ_2、σ_3)]都能使材料屈服。而当“点”位于曲面内,即$f(\sigma_1,\sigma_2,\sigma_3)<C$时,材料处于弹性状态;当改变应力状态,但使之位于曲面上,使得$f(\sigma_1,\sigma_2,\sigma_3)=C$成立时,材料开始屈服,进入塑性状态。

4.2　屈雷斯加屈服准则与米塞斯屈服准则

屈服准则也称为屈服函数或塑性条件、屈服条件，是描述不同应力状态下变形体内质点进入塑性状态并使这种状态持续下去所必须遵循的条件。研究表明，在一定的变形条件下，只有当各应力分量之间符合一定关系，即 $f(\sigma_1,\sigma_2,\sigma_3)=C$ 时，质点才开始进入塑性状态。目前最常用的屈服准则是屈雷斯加(H. Tresca)屈服准则和米塞斯(von Mises)屈服准则，下面分别介绍。

4.2.1　屈雷斯加屈服准则

1862 年法国工程师屈雷斯加根据库伦在土力学中的研究结果，同时从他自己所做的金属挤压试验中，总结提出：材料的屈服与最大切应力有关，即当受力物体中的一个质点处的最大切应力达到某一临界值后，该物体就发生屈服；发生屈服后，如果不考虑硬化，则切应力不再增加(就像一个人滑冰，当在滑动前需要一定的力，但滑动后，不必增加这个力，而是保持这个力即可连续滑动)。或者说，材料处于塑性状态时，其最大切应力是一定值。该定值只取决于材料在变形条件下的性质(温度、成分、变形速度等)，而与应力状态无关，所以该屈服准则又称最大切应力不变条件，其数学表达式为

$$\tau_{max}=C \tag{4-6}$$

式(4-6)是 $f(\sigma_1,\sigma_2,\sigma_3)=C$ 的具体化。其中 C 是与材料性质有关而与应力状态无关的常数，可通过试验测定。

不失一般性，设主应力坐标系下三个主应力的大小顺序为 $\sigma_1>\sigma_2>\sigma_3$，根据 3.4 节可知最大切应力为

$$\tau_{max}=\frac{\sigma_1-\sigma_3}{2} \tag{4-7}$$

代入式(4-6)有

$$\frac{\sigma_1-\sigma_3}{2}=C \tag{4-8}$$

这是屈雷斯加屈服准则用主应力表达的形式。

由于 C 只与材料性质有关，而与应力状态无关，因此可以用一个简单的拉伸试验确定。简单拉伸时，材料属于单向受力状态，此时 $\sigma_1\neq0$，$\sigma_2=\sigma_3=0$，当试样拉伸屈服时，$\sigma_1=\sigma_s$，代入式(4-8)可以求出 $C=\frac{\sigma_s}{2}$，因此屈雷斯加屈服准则的最终形式为

$$\tau_{max}=\frac{\sigma_s}{2} \tag{4-9}$$

当三个主应力大小顺序已知时，式(4-9)又可以表示为

$$|\sigma_1-\sigma_3|=\sigma_s \tag{4-10}$$

当三个主应力大小顺序未知时，屈雷斯加屈服准则写成更普遍的形式：

$$\begin{cases}|\sigma_1-\sigma_3|=\sigma_s\\|\sigma_2-\sigma_3|=\sigma_s\\|\sigma_2-\sigma_1|=\sigma_s\end{cases} \tag{4-11}$$

式(4-11)三个式子中的任何一个成立,材料即进入塑性状态。

单向拉伸材料变形后,与拉力方向成45°角的斜面有最大切应力,为$\frac{\sigma_s}{2}$,这是材料滑移面所受到的最大切应力(记为K),如果不计硬化,材料屈服后,K不再增加,故屈雷斯加屈服准则又称为最大切应力理论。最大切应力理论形式简单,在预先已知主应力大小的情况下,使用该屈服条件是很方便的。但式(3-11)忽略了中间主应力σ_2对材料屈服的影响,要知道,在板料成形中,σ_2对屈服条件还是起了很大作用的。

4.2.2 米塞斯屈服准则

米塞斯屈服准则是德国力学家米塞斯于1922年提出的一个屈服准则。米塞斯认为:①材料的屈服是物理现象,对于各向同性材料来说,屈服函数与坐标系的选择无关,故屈服函数应该包含某个守恒量。由于应力有三个不变量且与坐标无关,因此屈服函数应包含某个不变量在内(实际上是应力偏张量第二不变量J_2');②在主应力坐标系中,三个应力σ_1、σ_2、σ_3互换位置,不影响屈服。考察下来,发现应力偏张量第二不变量J_2'符合以上条件,故可将J_2'作为屈服准则的判据,于是式(4-5)简化为$f(J_2')=C$。

根据第1章可知,偏张量第二不变量为

$$J_2'=\frac{1}{6}[(\sigma_x-\sigma_y)^2+(\sigma_y-\sigma_z)^2+(\sigma_z-\sigma_x)^2+6(\tau_{xy}^2+\tau_{yz}^2+\tau_{zx}^2)] \tag{4-12}$$

因此米塞斯屈服准则用数学表达就是

$$J_2'=C\Rightarrow\frac{1}{6}[(\sigma_x-\sigma_y)^2+(\sigma_y-\sigma_z)^2+(\sigma_z-\sigma_x)^2+6(\tau_{xy}^2+\tau_{yz}^2+\tau_{zx}^2)]=C$$

如果在主应力坐标系中研究,则上式变为

$$\frac{1}{6}[(\sigma_1-\sigma_2)^2+(\sigma_2-\sigma_3)^2+(\sigma_3-\sigma_1)^2]=C \tag{4-13}$$

观察式(4-13)可知,当σ_1、σ_2、σ_3任意互换时,方程不变,符合条件②。

根据第1章可知,等效应力与J_2'存在以下关系:

$$\sigma_e=\frac{\sqrt{2}}{2}\sqrt{(\sigma_1-\sigma_2)^2+(\sigma_2-\sigma_3)^2+(\sigma_3-\sigma_1)^2}=\sqrt{3J_2'} \tag{4-14}$$

因此米塞斯屈服准则最终写成

$$\sigma_e=\sqrt{3C} \tag{4-15}$$

这里C仍只与材料性质有关,与应力状态无关,因此仍可通过简单拉伸试验求出。简单拉伸时,材料属于单向受力状态,此时$\sigma_1\neq0$,$\sigma_2=\sigma_3=0$,且屈服时$\sigma_1=\sigma_s$,将这些条件代入式(4-14)、式(4-15)得

$$\sigma_e=\frac{\sqrt{2}}{2}\sqrt{(\sigma_1-0)^2+(0-0)^2+(0-\sigma_1)^2}=\sigma_1=\sigma_s$$

从而

$$\sqrt{3C}=\sigma_s \Rightarrow C=\frac{1}{3}\sigma_s^2 \tag{4-16}$$

将 C 代入式(4-15)可求得米塞斯屈服准则的最终表达式:

$$\frac{\sqrt{2}}{2}\sqrt{(\sigma_1-\sigma_2)^2+(\sigma_2-\sigma_3)^2+(\sigma_3-\sigma_1)^2}=\sigma_s \tag{4-17}$$

或

$$\sigma_e=\sigma_s \tag{4-18}$$

式(4-18)或许更有直接的物理意义:即把质点的多向受力状态等效为单向受力状态,在单向受力状态下,判断材料是否进入塑性状态就变得十分容易。

米塞斯屈服准则考虑了三个主应力,尤其是中间主应力 σ_2 的影响,这是与屈雷斯加屈服准则最大的不同。实际上,米塞斯屈服准则和屈雷斯加屈服准则是相当接近的,在有两个主应力相等的应力状态下,二者还是一致的。米塞斯在提出自己的屈服准则时,还认为屈雷斯加屈服准则是正确的,而自己提出的准则是近似的。但以后的大量试验证明,对于绝大多数金属材料,米塞斯屈服准则更接近实验数据。

4.2.3　米塞斯屈服条件的物理解释

米塞斯屈服条件最初是通过逻辑推理得出的,即根据上面的条件①和条件②。后来,相继有一些力学研究者在物理上予以解释。目前,公认的有以下几种:

(1) Hencky(1922)提出,米塞斯条件体现了用物体形状改变的弹性能来衡量屈服的能量准则。事实上,弹性体的变形能可分为体积改变所积蓄的能量和形状改变所积蓄的能量两部分。由弹性力学可知,单位体积的变形能为

$$W^e=\frac{1}{2E}[\sigma_1^2+\sigma_2^2+\sigma_3^2-2\nu(\sigma_1\sigma_2+\sigma_2\sigma_3+\sigma_3\sigma_1)^2] \tag{4-19}$$

将单位体积内的体积改变能和形状改变能分别记为 W_V^e 和 W_ϕ^e,则

$$W_V^e=3\times\frac{1}{2}\sigma_m\varepsilon_m=\frac{1-2\nu}{6E}(\sigma_1+\sigma_2+\sigma_3)^2 \tag{4-20}$$

$$W_\phi^e=W^e-W_V^e=\frac{1+\nu}{6E}[(\sigma_1-\sigma_2)^2+(\sigma_2-\sigma_3)^2+(\sigma_3-\sigma_1)^2]=\frac{1+\nu}{E}-J_2'=J_2'/2G \tag{4-21}$$

式中,E、G 为弹性模量和剪切模量;ν 为泊松比。

根据前面确定的 $C=\frac{1}{3}\sigma_s^2$ 可知,$J_2'=C$,代入式(3-21)得

$$W_\phi^e=\frac{\sigma_s^2}{6G}$$

这就是说,米塞斯屈服条件认为当单位体积的形状改变能达到材料常数 $W_\phi^e=\frac{\sigma_s^2}{6G}$时,材料就屈服了。

(2) Nadai(1922)指出,八面体上的剪应力 τ_8 与 $\sqrt{J_2'}$成正比,所以米塞斯条件可以看作

是：当 τ_8 达到一定数值时，材料就屈服。由材料学可知，面心立方晶格的晶体，滑移面正是八面体面，所以这一解释对这类晶体是有物理意义的，但对多晶体则意义不大。

(3) Ros 和 Eichinger(1920) 提出，在空间应力状态 $(\sigma_1,\sigma_2,\sigma_3)$ 下，通过物体内一点作任意平面，这些任意取向的平面上剪应力的均方值为

$$\tau_r^2=\frac{1}{15}[(\sigma_1-\sigma_2)^2+(\sigma_2-\sigma_3)^2+(\sigma_3-\sigma_1)^2]=2J_2'/5$$

因此，米塞斯条件意味着 $\tau_r=\sqrt{\frac{2}{5}J_2'}$ 时材料屈服。这个解释对多晶体比较合理，因为多晶体是由许多随机取向的单晶体构成的，它的滑移面也是随机取向的，用均方值 τ_r 来衡量屈服就体现了这种随机取向的性质。

4.3 两个屈服准则的比较——中间主应力的影响

这两个屈服准则有一些相同点，但也有不同之处，总结起来，共同点是：

(1) 屈服准则的表达式都与坐标的选择无关，等式左边都是不变量的函数(对于屈雷斯加屈服准则就是最大切应力为不变量，对于米塞斯屈服准则则为偏量第二不变量)；

(2) 三个主应力可以任意置换而不影响屈服，同时，认为拉应力和压应力的作用是一样的；

(3) 各表达式都与应力球张量无关。

不同点是：屈雷斯加屈服准则没有考虑中间应力的影响，三个主应力大小顺序未知时，使用不便；而米塞斯屈服准则考虑了中间应力的影响，使用方便。

下面重点考察中间主应力对这两个屈服准则的影响。首先定义罗德应力参数 μ_σ：

$$\mu_\sigma=\frac{2\sigma_2-(\sigma_1+\sigma_3)}{\sigma_1-\sigma_3} \tag{4-22}$$

如果三个主应力大小顺序 $(\sigma_1>\sigma_2>\sigma_3)$ 已知，则 σ_2 应在最大与最小主应力之间变化，这样 μ_σ 的取值范围为 $[-1,1]$，尤其当 $\sigma_2=\frac{1}{2}(\sigma_1+\sigma_3)$ 时，$\mu_\sigma=0$，而这正是平面应变状态。

将式(4-22)中的 σ_2 整理出来：

$$\sigma_2=\frac{\sigma_1-\sigma_3}{2}\mu_\sigma+\frac{\sigma_1+\sigma_3}{2} \tag{4-23}$$

然后代入式(4-17)，得到用罗德应力参数表达的米塞斯准则：

$$|\sigma_1-\sigma_3|=\frac{2}{\sqrt{3+\mu_\sigma^2}}=\beta\sigma_s \tag{4-24}$$

与式(4-10)比较，发现米塞斯屈服准则和屈雷斯加屈服准则之间的差别在于 β，下面我们对 β 进行讨论。

由于 $\beta=\frac{2}{\sqrt{3+\mu_\sigma^2}}$ 是关于 μ_σ 的偶函数，而 $\mu_\sigma\in[-1,1]$，因此 $\beta\in\left[1,\frac{2}{\sqrt{3}}\right]$。当 $\beta=\frac{2}{\sqrt{3}}$(即

$\mu_\sigma=0$)时,两个准则差别最大;而当 $\beta=1$(即 $\mu_\sigma=\pm1$)时,两个准则一致。由前文可知,当 $\mu_\sigma=0$ 时,$\sigma_2=\frac{1}{2}(\sigma_1+\sigma_3)$,材料处于平面应变状态,此时两个准则差别最大;而 $\mu_\sigma=\pm1$ 意味着 $\sigma_2=\sigma_1(\mu_\sigma=1)$ 或 $\sigma_2=\sigma_3(\mu_\sigma=-1)$,此时意味着中间主应力和最大(或最小)主应力相等,而此时属于圆柱应力状态,这可以看作一种特殊的单向拉伸(压缩);更特殊情况下:当 $\sigma_2=\sigma_1=0$ 或 $\sigma_2=\sigma_3=0$ 时,就成为真正的单向拉伸状态,此时两个准则一致。

因此可以得出如下结论:屈雷斯加屈服准则和米塞斯屈服准则在平面应变状态下差别最大;而在圆柱应力状态下是一致的。

4.4　屈服面与 π 平面

4.4.1　屈服面

前面曾介绍过,屈服函数在几何上可以用应力空间中的曲面表示,现将式(4-11)的屈雷斯加屈服准则展开:

$$\begin{cases}\sigma_1-\sigma_3=\pm\sigma_s\\ \sigma_2-\sigma_3=\pm\sigma_s\\ \sigma_2-\sigma_1=\pm\sigma_s\end{cases}\tag{4-25}$$

式(4-25)中三个式子不能同时成立,否则会得出 $\sigma_s=0$ 的错误结论。现考虑一种特殊情况——平面应力状态,即三个主应力中,有一个为零的情况,例如,$\sigma_2=0$,此时式(4-25)简化为

$$\begin{cases}\sigma_1-\sigma_3=\pm\sigma_s\\ \sigma_3=\pm\sigma_s\\ \sigma_1=\pm\sigma_s\end{cases}\tag{4-26}$$

式(4-26)在 σ_1-σ_3 平面上,表现为一个封闭六边形,如图 4-1(a)所示。

如果分别令式(4-25)中的 σ_1、σ_3 分别为零,则可得到类似的结果,即分别得到屈服准则在 σ_1-σ_2、σ_2-σ_3 平面上的屈服轨迹,都是形如图 4-1(a)所示的封闭六边形,这里没有画出。

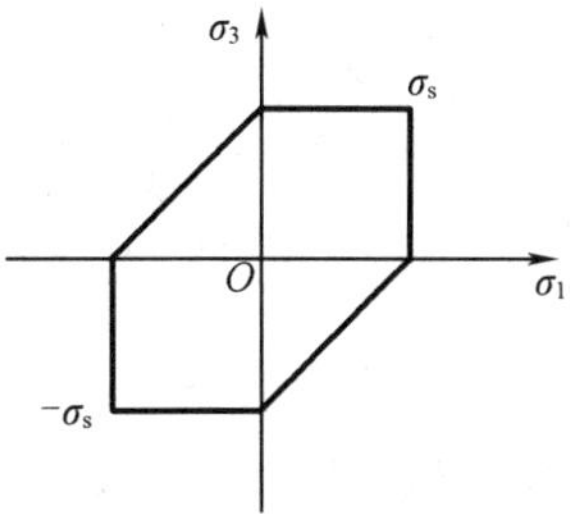

(a)平面应力条件下屈服准则的几何表达

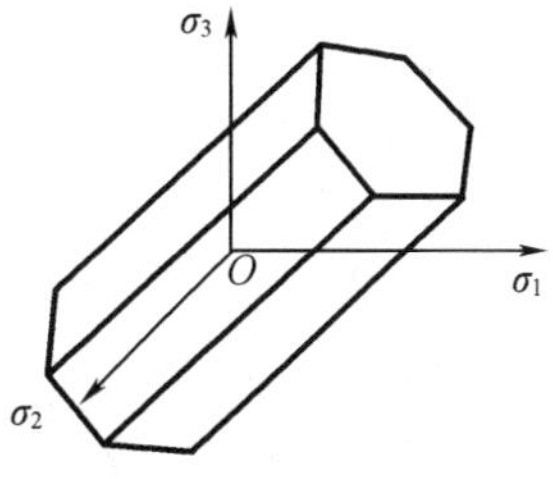

(b)一般情况下屈服准则的几何表达

图 4-1　屈雷斯加屈服准则的几何表达

这是平面应力的特殊情况。下面我们根据这些特殊情况，推断屈雷斯加屈服准则在更一般情况下(即应力全不为零)的空间曲面形状。上面这种特殊情况(即 σ_1、σ_2、σ_3 分别为零)，可以认为是空间曲面在 $\sigma_2-\sigma_3$、$\sigma_1-\sigma_3$、$\sigma_1-\sigma_2$ 三个坐标面上的截面，据此推断，只有与三个坐标轴成相同角度的等边六棱柱面，才具有这一结果，如图 4-1(b)所示。

米塞斯屈服准则也可以按类似的思路来考虑，同样先假设 $\sigma_2=0$，根据式(4-17)可得米塞斯屈服准则的二维表达：

$$\sigma_1^2+\sigma_3^2-\sigma_1\sigma_3=\sigma_s^2=3K^2 \tag{4-27}$$

这是一个 $\sigma_1-\sigma_3$ 平面上的倾斜椭圆，如图 4-2 所示，长、短轴长度分别为$\frac{\sqrt{2}}{2}\sigma_s$、$\sqrt{\frac{1}{6}}\sigma_s$。

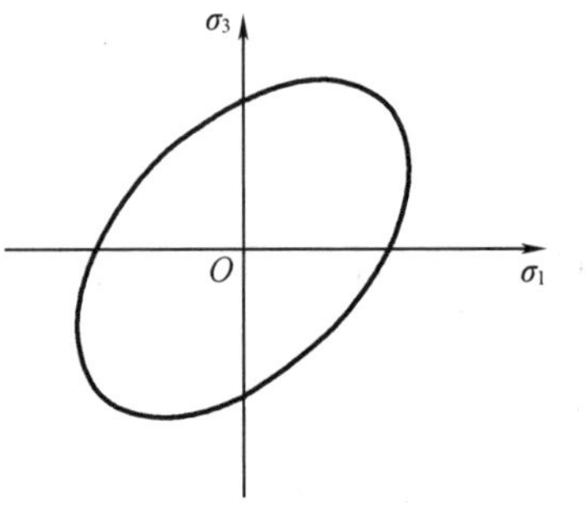

图 4-2　平面应力状态下米塞斯屈服准则的几何表达

类似地，令 $\sigma_1=0$、$\sigma_3=0$，可以得到 $\sigma_1-\sigma_2$、$\sigma_2-\sigma_3$ 平面上的椭圆。也就是说，米塞斯屈服准则的三维空间曲面，在三个坐标面上的截面是三个大小、形状一样的椭圆，据此推断，这只有在米塞斯屈服空间曲面为一个与三个坐标轴成等倾圆柱面的情况下才能实现，如图 4-3(a)所示。从图中可以看出，这是具有一定半径的无限长的等倾圆柱面(图中只画了一部分)。圆柱面半径大小反映了初始屈服强度的大小。

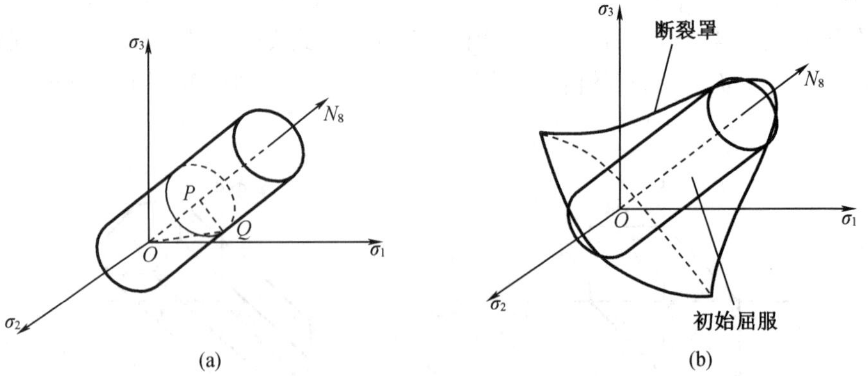

图 4-3　空间屈服面

设 OP 为圆柱轴线，它与三个坐标轴成相同角度，且过原点。设 Q 为屈服面上的任意一点，矢量$\boldsymbol{OQ}$ 代表一个应力状态($\sigma_1,\sigma_2,\sigma_3$)，因 Q 点位于曲面上，故材料在该应力状态下，处于屈服状态。先将**OQ**向OP投影得**OP**,由于**OP**与三个坐标轴等倾,因此它所代表的应力状态为$\sigma_1=\sigma_2=\sigma_3=\sigma_m$,也就是说,$OP$线上任意一点,代表了某一平均应力。根据矢量运算关系:

$$\boldsymbol{PQ}=\boldsymbol{OQ}-\boldsymbol{OP}$$

即结果为$\sigma_1-\sigma_m$,$\sigma_2-\sigma_m$,$\sigma_3-\sigma_m$。

可知,**PQ**代表了偏应力张量,其模为$\sqrt{(\sigma_1-\sigma_m)^2+(\sigma_2-\sigma_m)^2+(\sigma_3-\sigma_m)^2}$。

由于$\sigma_m=\dfrac{\sigma_1+\sigma_2+\sigma_3}{3}$,因此代入上式整理后得

$$\boldsymbol{PQ}=\frac{\sqrt{3}}{3}\sqrt{(\sigma_1-\sigma_2)^2+(\sigma_2-\sigma_3)^2+(\sigma_3-\sigma_1)^2}$$

再根据屈服条件式(4-17)可得

$$\boldsymbol{PQ}=\frac{\sqrt{6}}{3}\sigma_s \tag{4-28}$$

也就是说,当不考虑应变强化(即理想塑性)时,圆柱的半径为$\sqrt{\dfrac{2}{3}}\sigma_s$。理想塑性时,由于屈服强度不变,材料屈服后,应力状态只能在圆柱面上(可以自由滑动,但不能离开),即$f(\sigma_{ij})=C$;如果位于内部,则材料处于弹性状态,即$f(\sigma_{ij})<C$;但绝对不会存在$f(\sigma_{ij})>C$的应力状态。理论上,凡是柱面上的应力状态,均能使材料进入塑性。但实际上,受客观因素制约,应力不可能无限大,柱面不可能向两端无限延长,尤其当应力状态中拉应力所占比例较大时,材料会发生断裂,因此刘叔仪将恒温断裂条件引入后,米塞斯圆柱变为钟罩形,如图4-3(b)所示。

4.4.2 π平面

为了便于观察,往往将图4-1和图4-3中的曲面从等倾轴方向投影到一个与等倾轴垂直且过原点O的面上(这个面称为π平面),如图4-4所示。

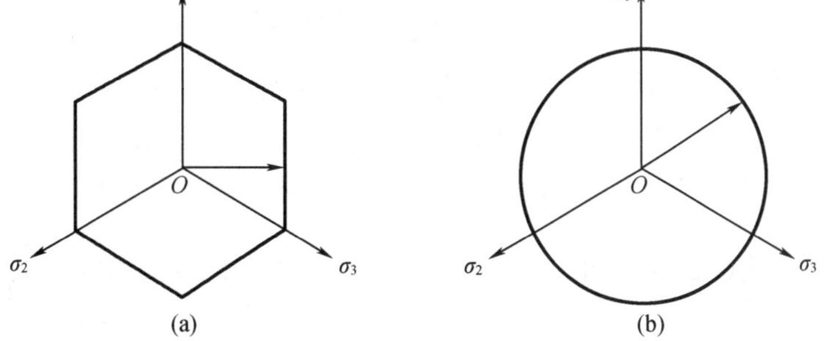

图4-4 π平面上的屈服轨迹

这样屈雷斯加曲面和米塞斯曲面在π平面上的投影为等边六角形和圆。注意π平面上的应力为偏量。另外如果材料性能不是各向同性的,则六边形或圆不再保持为原来的形状。

4.5 平面问题中屈服准则的简化

4.5.1 平面应力情况

由第 2 章可知，平面应力情况下，因为与 z 面有关的应力均为零，因此 z 面为主应力面，故其主应力状态为 $\sigma_1 \neq 0$、$\sigma_2 \neq 0$、$\sigma_3 = 0$，此时屈雷斯加屈服准则变为

$$\begin{cases}\sigma_1 - \sigma_2 = \pm\sigma_s \\ \sigma_1 = \pm\sigma_s \\ \sigma_2 = \pm\sigma_s\end{cases} \tag{4-29}$$

在主应力大小顺序未知的情况下，将式(4-29)在主应力坐标系中(此时为二维)表达出来，由图 4-5 可见是一个封闭的六边形。

同理将 $\sigma_3 = 0$ 代入米塞斯屈服准则式，可得平面应力状态下时的米塞斯屈服准则：

$$\sigma_1^2 + \sigma_2^2 - \sigma_1\sigma_2 = \sigma_s^2 = 3K^2 \tag{4-30}$$

这是一个关于 σ_1、σ_2 的椭圆方程，如图 4-5 所示。

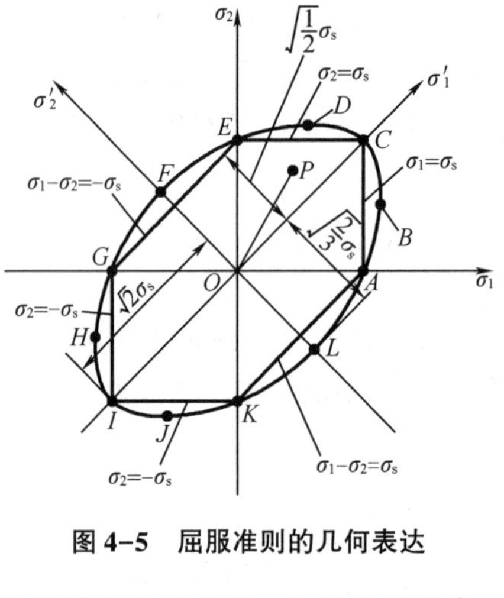

图 4-5 屈服准则的几何表达

由图 4-5 可见，六边形和椭圆呈内接关系，在有些点重合。在重合点所代表的应力状态下，两个准则是一致的。例如 A 点为单向拉伸应力状态，根据前面讨论可知，两个准则一致；再如 C 点为圆柱应力状态，两个准则也一致。而在有些点，两个准则差别较大，表现为两曲线间隙很大。例如 D 点，此时 D 点应力状态为$\left(\frac{1}{\sqrt{3}}\sigma_s, \frac{2}{\sqrt{3}}\sigma_s\right)$，可见 $\sigma_2 = \frac{\sigma_1}{2} = \frac{\sigma_1 + \sigma_3}{2}$，正是平面应变状态，这是两个准则差别最大的时候；再如 F 点应力状态为$\left(\frac{1}{\sqrt{3}}\sigma_s, -\frac{1}{\sqrt{3}}\sigma_s\right)$，由于 $\sigma_1 = \frac{1}{\sqrt{3}}\sigma_s$，$\sigma_3 = -\frac{1}{\sqrt{3}}\sigma_s$，根据第 1 章可知，材料处于纯剪状态，此时 $\sigma_2 = 0 = \frac{1}{2}(\sigma_1 + \sigma_3)$，因此

也属于平面应变,故二者差别也最大。可见在平面应力的大前提下,还存在着很多平面应变状态。

4.5.2 平面应变情况

根据第 2 章可知,在平面应变状态下,$\sigma_z=\sigma_2=\dfrac{1}{2}(\sigma_x+\sigma_y)=\sigma_m$。此时由于屈雷斯加屈服准则与中间主应力无关,因此准则形式不变。对于米塞斯屈服准则来说,将 σ_2 代入式(4-17),得到平面应变情况下的米塞斯准则:

$$\sigma_1-\sigma_2=\pm\frac{2}{\sqrt{3}}\sigma_s=2K \tag{4-31}$$

此时二者形式上只差一个常数$\pm\dfrac{2}{\sqrt{3}}$,因此如果在主应力坐标系中将米塞斯屈服准则表达出来,则也是一个六边形,但截距变为$\pm\dfrac{2}{\sqrt{3}}\sigma_s$,即图 4-6 所示外接六边形。此时可以看出,两个准则没有任何交点,也就是说,两个准则在任何应力状态下都不一样。

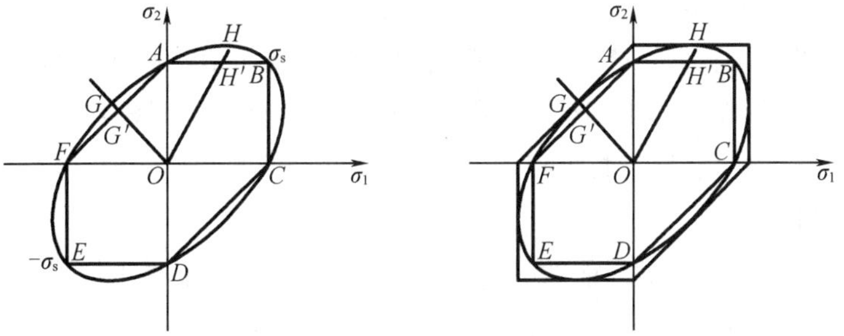

图 4-6 平面应变屈服准则几何表达

4.6 后继屈服面

4.6.1 材料硬化曲线

前面的讨论都是基于这样一个假设:材料是理想塑性的,无加工硬化现象,这时材料的屈服极限一直保持为 σ_s。实际上这种情况很少,大多数材料变形后都有硬化现象,也就是说,屈服极限不会维持在 σ_s,而是随着变形的进行不断增大,这样,如果希望材料继续屈服,则必须施加更大的力,这称为后继屈服,而硬化前进入塑性状态称为初始屈服。

图 4-7(a)所示为典型的单向拉伸曲线。横坐标 Δl 表示绝对伸长,纵坐标 P 表示外加拉力。在具体研究时,为处理问题方便,常对此曲线做一定程度的简化,如图 4-7(b)所示。其中 Op 阶段为弹性变形阶段,应力与应变完全呈线性关系;当载荷增加超过 p 点后就进入

塑性变形阶段,材料发生了硬化,依硬化特点或程度的不同,将材料分成以下几类。

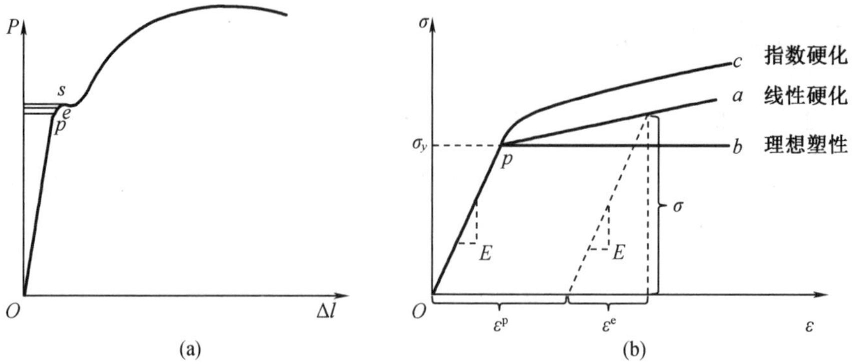

图 4-7　拉伸曲线

1. 理想弹性材料

如果只关心拉伸曲线的弹性部分,则在拉伸曲线的比例极限(p 点)以下可以认为材料是理想弹性的,即在这一阶段变形与外力呈线性关系且可逆,一般可以认为金属材料是理想弹性材料。

2. 理想塑性材料(全塑性材料)

若材料发生塑性变形后不产生硬化,则这种材料在进入塑性状态之后,应力不再增加,也即在中性载荷时(不加载亦不卸载)即可连续产生塑性变形,如图 4-6(b)虚线所示部分(pb)。金属材料在慢速热变形时接近理想塑性。

3. 弹塑性材料

如果还需要考虑塑性变形之前的弹性变形,则还可分为以下三种情况。

(1)理想弹塑性材料

塑性变形时,需考虑塑性变形之前的弹性变形,而不考虑硬化的材料,此时其力学行为属于曲线 Op-pb 段。

(2)弹塑性线性硬化材料

塑性变形时,既要考虑塑性变形之前的弹性变形,又要考虑加工硬化的材料。这种材料在进入塑性状态后,如应力保持不变,则不能进一步变形,只有在应力不断增加,也即在加载条件下,才能连续产生塑性变形,如图 4-6(b)中 Op-pa 段所示。

(3)弹塑性非线性硬化材料

塑性变形时,既要考虑塑性变形之前的弹性变形,又要考虑加工硬化的材料。这种材料在进入塑性状态后,如应力保持不变,则不能进一步变形,只有在应力不断增加,也即在加载条件下,才能连续产生塑性变形,如图 4-6(b)中 Op-pc 段所示。

4.6.2　后继屈服

1. 等向强化屈服面

当考虑后继屈服时,如果仍假设材料为各向同性,则后继屈服时,圆柱面的半径将扩大，半径大小等于$\sqrt{\frac{2}{3}}\sigma_s'$，其中$\sigma_s'$为后继屈服强度，这样在π平面上，后继屈服曲线就是一系列的同心圆或正六边形，如图 4-8 所示。

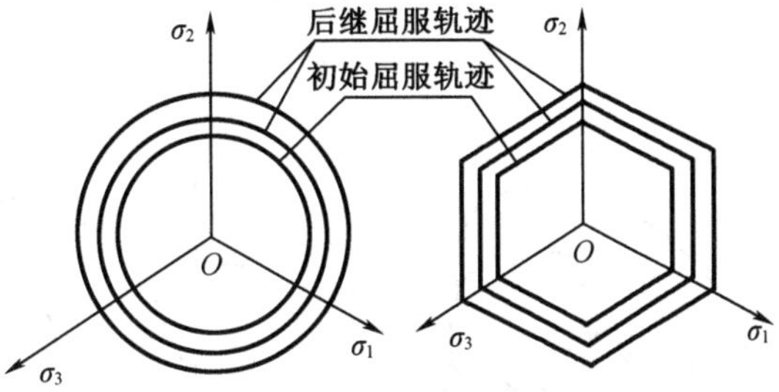

图 4-8　π平面上的后继屈服轨迹

图 4-9 所示为塑性材料后继屈服轨迹与应力曲线的对应关系。从图中可以看出，这种强化具有以下特点。

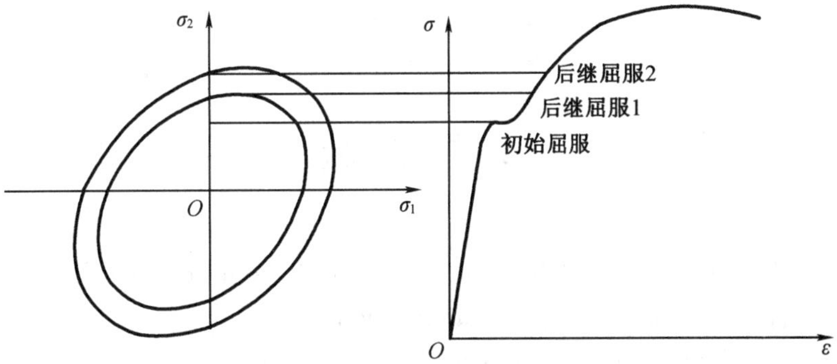

图 4-9　后继屈服轨迹与应力曲线的对应关系

(1) 材料应变硬化后仍然保持各向同性。也就是说，除了不同方向材料性能一样外，对于拉、压材料的屈服极限是一样的，如图 4-10 所示。

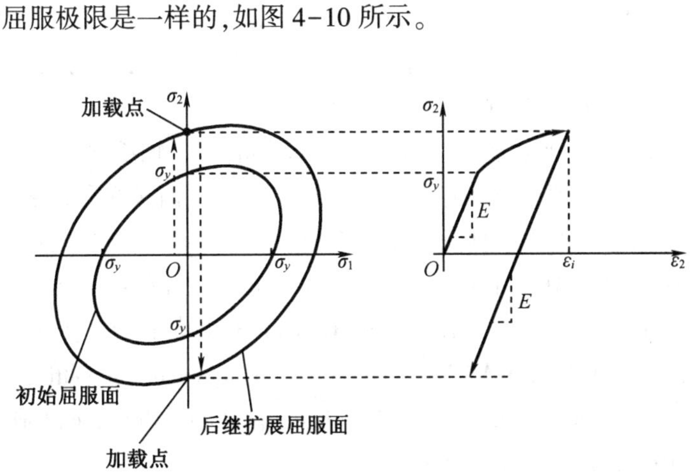

图 4-10　等向硬化

(2)应变硬化后屈服轨迹的中心位置和形状保持不变,也就是说,在平面上仍然是圆形和正六边形,只是大小随变形的进行而同心地均匀扩大。

2. 非等向强化屈服面(随动强化)

如图 4-11 所示,如果材料的拉、压屈服强度不一样,则这种强化就是随动强化,此时屈服曲线不再保持同心。

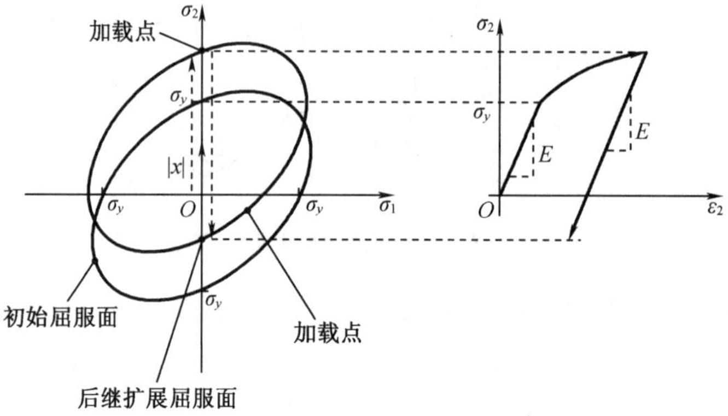

图 4-11　非等向强化

参 考 文 献

[1]　SADEGHI F, JALALAHMADI B, SLACK T S, et al. A review of rolling contact fatigue [J]. Journal of Tribology, 2009, 131(4): 041403.

[2]　HARRIS T A, KOTZALAS M N. Rolling bearing analysis: essential concepts of bearing technology[M]. 5th ed. Florida: CRC Press, 2007.

[3]　HARRIS T A, KOTZALAS M N. Rolling bearing analysis: advanced concepts of bearing technology[M]. 5th ed. Florida: CRC Press, 2007.

[4]　尚振国,董惠敏,毛范海,等. 具有塑性变形的转盘轴承有限元分析方法[J]. 农业工程学报,2011,27(12):52-56.

[5]　官春平,金宏平. 球与平面弹塑性接触的计算分析[J]. 轴承,2014(8):5-8.

[6]　康国政. 非弹性本构理论及其有限元实现[M]. 成都:西南交通大学出版社,2010.

[7]　车宇翔. 轮轨滚动接触弹塑性及棘轮效应分析[D]. 南昌:华东交通大学,2013.

[8]　ARMSTRONG P J, FREDERICK C O. A mathematical representation of the multiaxial bauschinger effect[R]. Central Electricity Generating Board, 1966: 56-66.

[9]　CHABOCHE J L, NOUAILHAS D. Constitutive modeling of ratchetting effects—Part II: Possibilities of some additional kinematic rules[J]. Journal of Engineering Materials and Technology, 1989, 111(4): 409-416.

第 5 章　本 构 关 系

从广义上讲,本构关系是指材料激励和内部响应之间的关系,描述这一关系的数学表达式称为本构方程。例如,电压与在电压的作用下导体产生的电流之间的关系;温差与由温差在导热物体中引起的热流之间的关系;力和可变形物体在力的作用下产生的变形之间的关系。

从狭义上讲,材料的本构关系反映了材料在物理运动过程中受到的外部激励和内部响应之间的关系,在固体力学范畴内讨论的材料本构关系专指力与固体材料在力的作用下产生的变形之间的关系,也称为材料的本构理论。简而言之,本构关系是讨论固体材料中的应力与应变之间的关系。

按照本构理论描述的材料变形行为的特性,本构模型大致可分为弹性本构模型、黏弹性本构模型、塑性本构模型、黏塑性本构模型和损伤本构模型等。

(1)弹性本构模型是指建立在弹性理论基础上的本构模型,包括线性弹性本构模型(即广义胡克定律)和非线性弹性本构模型。其描述的是可恢复的变形,即弹性变形与外加应力之间的关系。

(2)黏弹性本构模型是指描述与时间相关的弹性变形行为的本构模型,反映了可恢复变形与外加应力及时间之间的关系。

(3)塑性本构模型是指建立在塑性理论基础上的一种与时间无关的本构模型,包括屈服面、流动准则及硬化准则等,描述的是不可恢复变形,即塑性变形与外加应力之间的关系。进一步可细分为理想塑性本构模型(不考虑材料弹性变形)和硬化塑性本构模型(即通常提到的弹塑性模型)两大类。

(4)黏塑性本构模型是指建立在黏塑性理论基础上的一种与时间相关的本构模型,反映了塑性与黏性的共同作用,可分为刚性黏塑性本构模型和弹-黏塑性本构模型(也称黏塑性本构模型)。

此外,针对塑性与黏性的共同作用,也可将其分为分离型黏塑性本构模型和统一型弹-黏塑性本构模型。其中,分离型黏塑性本构模型将塑性变形和黏性变形分离开来,分别引入不同的流动准则;统一型弹-黏塑性本构模型则不区分塑性和黏性变形,而是用一个统一的流动准则来反映与时间相关的塑性变形的演化。

(5)损伤本构模型是指建立在损伤力学基础上的本构模型,其考虑各种损伤理论下损伤与变形的耦合作用。

5.1 弹性变形本构关系

塑性变形时应力与应变之间的关系称为本构关系,这种关系的数学表达式称为本构方程或物理方程。本构方程和屈服准则都是求解塑性变形问题的基本方程。为了深入理解塑性变形的本构关系,本章首先介绍一下较为简单且易于理解的弹性变形的本构关系,并以此做对比引出塑性变形的本构关系。

材料在简单的应力状态下,如单向拉伸、压缩和扭转的情况下,应力与应变之间的关系由胡克定律表达为

$$\sigma = E\varepsilon \tag{5-1}$$

$$\tau = 2G\gamma = G(2\gamma) \tag{5-2}$$

式中,E、G 为弹性模量和剪切模量。

在更一般的应力状态下,各向同性材料的弹性应力-应变关系可由广义胡克定律表达为

$$\begin{cases} \varepsilon_x = \dfrac{1}{E}[\sigma_x - \nu(\sigma_y + \sigma_z)], & \gamma_{xy} = \dfrac{\tau_{xy}}{2G} \\ \varepsilon_y = \dfrac{1}{E}[\sigma_y - \nu(\sigma_x + \sigma_z)], & \gamma_{yz} = \dfrac{\tau_{yz}}{2G} \\ \varepsilon_z = \dfrac{1}{E}[\sigma_z - \nu(\sigma_x + \sigma_y)], & \gamma_{zx} = \dfrac{\tau_{zx}}{2G} \end{cases} \tag{5-3}$$

式中,ν 为泊松比。

3 个弹性常数 ν、E、G 之间有以下关系:

$$G = \frac{E}{2(1+\nu)} \tag{5-4}$$

此外,式(5-3)还可以用另一种方式表达,即将应力以应变的形式表示出来。由式(5-4)得

$$\sigma_x = 2G\varepsilon_x + \frac{E\upsilon}{(1+\upsilon)(1-2\upsilon)}(\varepsilon_x + \varepsilon_y + \varepsilon_z)$$

又因为

$$\varepsilon_x + \varepsilon_y + \varepsilon_z = \mathrm{tr}(\varepsilon_{ij})\boldsymbol{I}$$

故

$$\sigma_x = 2G\varepsilon_x + \lambda\,\mathrm{tr}(\varepsilon_{ij})\boldsymbol{I} \tag{5-5}$$

式中,$\upsilon = \nu$;$\lambda = \dfrac{E\nu}{(1-2\nu)(1+\nu)}$;$\boldsymbol{I}$ 为单位阵。

σ_y、σ_z 也做类似处理,这里不再赘述。

将式(5-3)中的前三式相加,并整理可得

$$\varepsilon_x + \varepsilon_y + \varepsilon_z = \frac{1-2\nu}{E}(\sigma_x + \sigma_y + \sigma_z)$$

即

$$\varepsilon_x+\varepsilon_y+\varepsilon_z=\frac{1-2\nu}{E}(\sigma_x+\sigma_y+\sigma_z)$$

$$\Rightarrow\frac{\varepsilon_x+\varepsilon_y+\varepsilon_z}{3}=\frac{1-2\nu}{E}\cdot\frac{\sigma_x+\sigma_y+\sigma_z}{3}$$

$$\Rightarrow\varepsilon_{\mathrm{m}}=\frac{1-2\nu}{E}\sigma_{\mathrm{m}} \tag{5-6}$$

式中，ε_{m} 为平均线应变，$\varepsilon_{\mathrm{m}}=\frac{1}{3}(\varepsilon_x+\varepsilon_y+\varepsilon_z)$；$\sigma_{\mathrm{m}}$ 为平均应力。

式(5-6)表明，物体产生弹性变形时，其单位体积的变化率($\theta=3\varepsilon_{\mathrm{m}}$)与平均应力成正比，这说明应力球张量使物体产生弹性的体积改变。将式(5-3)中的第一式减去式(5-6)，整理后得

$$\varepsilon_x-\varepsilon_{\mathrm{m}}=\frac{1+\nu}{E}(\sigma_x-\sigma_{\mathrm{m}})=\frac{1}{2G}(\sigma_x-\sigma_{\mathrm{m}})$$

或

$$\varepsilon_x'=\frac{1}{2G}\sigma_x'$$

同样处理第二式、第三式得

$$\varepsilon_y'=\frac{1}{2G}\sigma_y'$$

$$\varepsilon_z'=\frac{1}{2G}\sigma_z'$$

将以上三式与式(5-3)的后三式合并：

$$\begin{cases}\varepsilon_x'=\dfrac{1}{2G}\sigma_x', & \gamma_{xy}=\dfrac{\tau_{xy}}{2G}\\ \varepsilon_y'=\dfrac{1}{2G}\sigma_y', & \gamma_{yz}=\dfrac{\tau_{yz}}{2G}\\ \varepsilon_z'=\dfrac{1}{2G}\sigma_z', & \gamma_{zx}=\dfrac{\tau_{zx}}{2G}\end{cases} \tag{5-7}$$

或简写为张量形式：

$$\boldsymbol{\varepsilon}_{ij}=\boldsymbol{\varepsilon}_{ij}'+\boldsymbol{\delta}_{ij}\varepsilon_{\mathrm{m}}=\frac{1}{2G}\boldsymbol{\sigma}_{ij}'+\frac{1-2\nu}{E}\boldsymbol{\delta}_{ij}\sigma_{\mathrm{m}} \tag{5-8}$$

式(5-7)、式(5-8)表明应变偏量(张量)与应力偏量(张量)成正比，也就是说，物体形状的改变只是由应力偏量(张量)引起的。

式(5-7)还可以写成比例和差比的形式：

$$\frac{\varepsilon_x'}{\sigma_x'}=\frac{\varepsilon_y'}{\sigma_y'}=\frac{\varepsilon_z'}{\sigma_z'}=\frac{\gamma_{xy}}{\tau_{xy}}=\frac{\gamma_{yz}}{\tau_{yz}}=\frac{\gamma_{zx}}{\tau_{zx}}=\frac{1}{2G} \tag{5-9}$$

$$\frac{\varepsilon_x-\varepsilon_y}{\sigma_x-\sigma_y}=\frac{\varepsilon_y-\varepsilon_z}{\sigma_y-\sigma_z}=\frac{\varepsilon_z-\varepsilon_x}{\sigma_z-\sigma_x}=\frac{\gamma_{xy}}{\tau_{xy}}=\frac{\gamma_{yz}}{\tau_{yz}}=\frac{\gamma_{zx}}{\tau_{zx}}=\frac{1}{2G} \tag{5-10}$$

由式(5-10)得

$$\begin{cases}(\sigma_x-\sigma_y)^2=4G^2(\varepsilon_x-\varepsilon_y)^2\\(\sigma_y-\sigma_z)^2=4G^2(\varepsilon_y-\varepsilon_z)^2\\(\sigma_z-\sigma_x)^2=4G^2(\varepsilon_z-\varepsilon_x)^2\end{cases}\tag{5-11}$$

将式(5-11)代入式(2-47)的等效应力公式得

$$\begin{aligned}\sigma_e&=\frac{1}{\sqrt{2}}\sqrt{(\sigma_x-\sigma_y)^2+(\sigma_y-\sigma_z)^2+(\sigma_z-\sigma_x)^2+6(\tau_{xy}^2+\tau_{yz}^2+\tau_{zx}^2)}\\&=\frac{2G}{\sqrt{2}}\sqrt{(\varepsilon_x-\varepsilon_y)^2+(\varepsilon_y-\varepsilon_z)^2+(\varepsilon_z-\varepsilon_x)^2+6(\gamma_{xy}^2+\gamma_{yz}^2+\gamma_{zx}^2)}\\&=\frac{E}{\sqrt{2}(1+\nu)}\sqrt{(\varepsilon_x-\varepsilon_y)^2+(\varepsilon_y-\varepsilon_z)^2+(\varepsilon_z-\varepsilon_x)^2+6(\gamma_{xy}^2+\gamma_{yz}^2+\gamma_{zx}^2)}\end{aligned}\tag{5-12}$$

定义

$$\bar{\varepsilon}_e=\frac{1}{\sqrt{2}(1+\nu)}\sqrt{(\varepsilon_x-\varepsilon_y)^2+(\varepsilon_y-\varepsilon_z)^2+(\varepsilon_z-\varepsilon_x)^2+6(\tau_{xy}^2+\tau_{yz}^2+\tau_{zx}^2)}$$

为应变强度、σ_e 为应力强度,于是有

$$\sigma_e=E\bar{\varepsilon}_e\tag{5-13}$$

式(5-13)表明,材料在弹性变形范围内,应力强度与应变强度成正比,比例系数仍是 E。

由以上分析可知,弹性变形时的应力-应变关系具有以下特点:

(1)应力与应变完全呈线性关系,应力主轴与全量应变主轴重合;

(2)弹性变形是可逆的,应力与应变之间是单值关系,加载与卸载的规律完全相同;

(3)弹性变形时,应力球张量使物体产生体积的变化,泊松比 $\nu<0.5$。

5.2 塑性变形应力-应变关系的特点

材料产生塑性变形时,应力-应变关系具有以下特点:

(1)塑性变形是不可恢复的,应力与应变是不可逆的;

(2)对于应变硬化材料,卸载后再重新加载,其屈服应力就是卸载时的屈服应力,比初始屈服应力要高;

(3) 塑性变形时,可以认为体积不变,即应变球张量为 **0**,泊松比 $\nu=0.5$;

(4)应力-应变关系是非线性的,因此全量应变主轴与应力主轴不一定重合,且无一一对应关系。

下面详细阐述这些特点。塑性变形的实质是原子之间产生了滑移,滑移后的原子不会回到原来的位置,因此变形就被永久保留下来,即使此时撤去外力,变形也不能恢复。而弹性变形只是在外力作用下,原子之间距离变大,原子之间的位置关系并没有变化,原子之间的化学键力仍起作用,当外力撤去后,这一键力将原子拉回原位,即变形可逆。

从图 5-1 所示拉伸曲线可以看出，当外力超过屈服极限 σ_s 后，随着变形量的增大，所需外力也变大，如从 e 到 f。这是因为塑性变形的主要机制是位错滑移，当材料产生塑性变形后，原子位置发生较大变化，晶格严重畸变，畸变后的晶体内位错滑移变得困难，因此必须增加外力才能使滑移继续下去，这是后继屈服强度增大的原因。

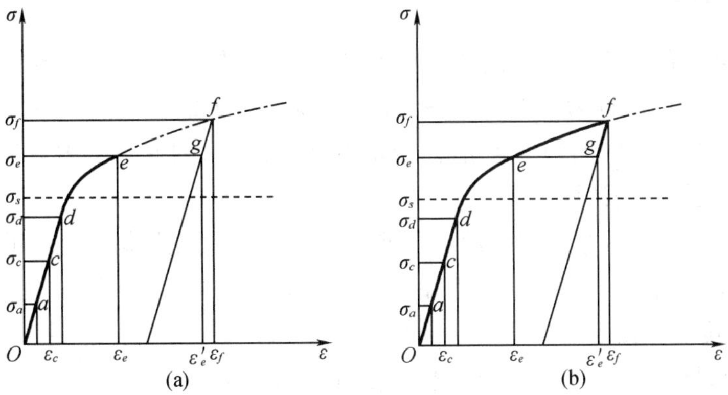

图 5-1　塑性变形应力与应变的非单值性

塑性变形时，应力与应变无一一对应关系。如图 5-1(a)所示，当材料沿路径 Oe 加载到 e 时，应力、应变分别为 σ_e、ε_e；此时继续加载至 f 点，然后沿着路径 fg 卸载，如图 5-1(b)所示，使应力仍达到 σ_e，则此时对应的应变为 ε'_e，但是 $\varepsilon'_e \neq \varepsilon_e$。可见应力与应变无一一对应关系，而是与加载路径或变形历史有关。

塑性变形时，体积不变，即材料没有开裂或重叠，只是由某一形状变为另一形状，故 $\varepsilon_m=0$，根据式(5-6)可知，由于 $\sigma_m \neq 0$，故 $\varepsilon_m=\dfrac{1-2\nu}{E}=0 \Rightarrow \nu=0.5$。

鉴于塑性变形时，应力与应变无一一对应关系，而与加载路径或塑性变形历史有关，因此可以考虑抛开这段历史，在应力和应变增量之间建立某种关联，因为应变增量是某时刻的全量应变基础上的微小应变，与变形历史无关，这就是增量理论的核心思想。增量理论又称为流动理论，是描述材料处于塑性状态时，应力与应变增量或应变速率之间关系的理论，它是针对加载过程中的每一瞬间的应力状态所确定的该瞬间的应变增量，这就撇开了加载历史的影响。在塑性力学发展历史中，研究者提出了各种形式的增量理论。列维-米塞斯(Levy-Mises)理论是最常使用的理论。不过在介绍它之前，先介绍一下塑性流动理论，即介绍金属发生塑性屈服后，如果继续加载，金属是如何流动的。

5.3 塑性流动基本假设

5.3.1 Drucker 公设

描述连续介质的质点或物体的力学量有两类:一类是能直接从外部观测到的量,如应变、应力、载荷、温度等,称为外变量;另一类是不能直接测量的量,它们表征材料内部的变化,如塑性变形过程中的塑性应变、消耗的塑性功等,称为内变量。内变量不能直接观测到,只能根据一定的假设计算出来。

本节主要讨论塑性功这一内变量。在进一步讨论之前,先根据试验结果做一些假设:

(1)材料的塑性行为与时间、温度无关,因此塑性功与应变率无关;在计算中不考虑惯性力,也没有温度变量出现。

(2)应变可以分解为弹性应变和塑性应变,即 $\boldsymbol{\varepsilon}_{ij}=\boldsymbol{\varepsilon}_{ij}^{\mathrm{e}}+\boldsymbol{\varepsilon}_{ij}^{\mathrm{p}}$。

(3)材料的弹性变形规律不因塑性变形而改变,对于各向同性材料,弹性应力-应变关系为 $\boldsymbol{\varepsilon}_{ij}^{\mathrm{e}}=\dfrac{1}{2G}\boldsymbol{\sigma}_{ij}-\dfrac{3\nu}{E}\sigma_{\mathrm{m}}\boldsymbol{\delta}_{ij}$,$\boldsymbol{\varepsilon}_{ij}^{\mathrm{e}}$ 由 $\boldsymbol{\sigma}_{ij}$ 唯一确定,而与 $\boldsymbol{\varepsilon}_{ij}^{\mathrm{p}}$ 无关。也就是说,$\boldsymbol{\varepsilon}_{ij}^{\mathrm{e}}$ 与 $\boldsymbol{\varepsilon}_{ij}^{\mathrm{p}}$ 之间是不耦合的。

在这些假设下,内变量 $\boldsymbol{\varepsilon}_{ij}^{\mathrm{p}}$ 就可以通过外变量 $\boldsymbol{\varepsilon}_{ij}$ 和 $\boldsymbol{\sigma}_{ij}$ 计算出来。对各向同性材料,有

$$\boldsymbol{\varepsilon}_{ij}^{\mathrm{p}}=\boldsymbol{\varepsilon}_{ij}-\boldsymbol{\varepsilon}_{ij}^{\mathrm{e}} \tag{5-14}$$

$$\boldsymbol{\varepsilon}_{ij}^{\mathrm{p}}=\boldsymbol{\varepsilon}_{ij}-\left(\frac{1}{2G}\boldsymbol{\sigma}_{ij}-\frac{3\nu}{E}\sigma_{\mathrm{m}}\boldsymbol{\delta}_{ij}\right) \tag{5-15}$$

作为内变量的塑性功 W^{p} 可以通过外变量 $\boldsymbol{\sigma}_{ij}$ 和总功 W 计算出来。首先,将总功分解为

$$W=\int\boldsymbol{\sigma}_{ij}\mathrm{d}\boldsymbol{\varepsilon}_{ij}=\int\boldsymbol{\sigma}_{ij}\mathrm{d}\boldsymbol{\varepsilon}_{ij}^{\mathrm{p}}+\int\boldsymbol{\sigma}_{ij}\mathrm{d}\boldsymbol{\varepsilon}_{ij}^{\mathrm{e}}=\int\boldsymbol{\sigma}_{ij}\mathrm{d}\boldsymbol{\varepsilon}_{ij}^{\mathrm{p}}+\frac{1}{2}\boldsymbol{\sigma}_{ij}\boldsymbol{\varepsilon}_{ij}^{\mathrm{e}}=W^{\mathrm{p}}+W^{\mathrm{e}}$$

式中,弹性功 W^{e} 是可恢复、可逆的,而塑性功 W^{p} 是不可恢复、不可逆的。对于各向同性材料,有

$$W^{\mathrm{p}}=W-W^{\mathrm{e}}=W-\frac{1}{2}\boldsymbol{\sigma}_{ij}\boldsymbol{\varepsilon}_{ij}^{\mathrm{e}}=W-\frac{1}{4G}\boldsymbol{\sigma}_{ij}\boldsymbol{\sigma}_{ij}+\frac{3\nu}{2E}\sigma_{\mathrm{m}}^{2}$$

1952 年,Drucker 根据热力学第一定律,对一般应力状态下的加载过程提出了以下公设:对于处在某一状态下的材料质点(或物体),借助一个外部作用,在其原有的应力状态下慢慢地施加并卸载一组附加应力,则在附加应力的施加和卸载循环中,附加应力所做的功是非负的。

下面具体解释。如图 5-2 所示,设在 $t=t_0$ 时刻,材料处于 $\boldsymbol{\sigma}_{ij}^{0}$ 应力状态,此时还处于弹性,在应力空间中,$\boldsymbol{\sigma}_{ij}^{0}$ 位于屈服面以内,屈服函数 $\varphi<0$;当然初始应力也可以在加载面 $\varphi=0$ 上(即材料初始状态为塑性),但不管怎样,总有$(\boldsymbol{\sigma}_{ij}^{0},h_{\mathrm{a}})\leqslant0$ 成立。h_{a} 是记录材料塑性加载历史的参数,它是一个内变量,例如可以取为 $\boldsymbol{\varepsilon}_{ij}^{\mathrm{p}}$ 或 W^{p}。

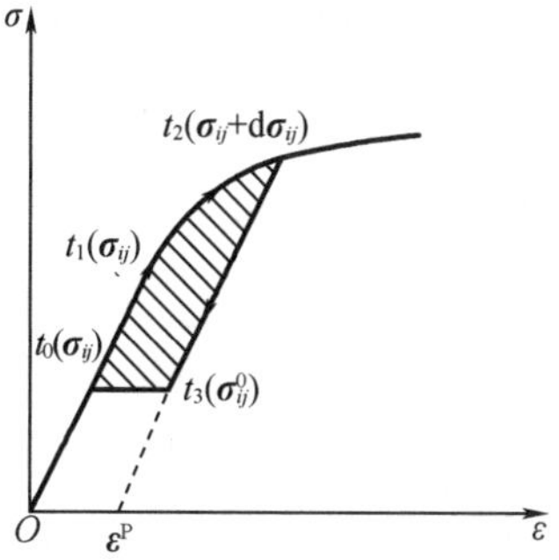

图 5-2　应力循环示意图

设 $t=t_1(t_1>t_0)$ 为开始发生塑性变形的时刻，应力为 $\boldsymbol{\sigma}_{ij}$，在应力空间中位于屈服面上，即 $\varphi(\boldsymbol{\sigma}_{ij},h_a)=0$。继续加载，直到 $t=t_2(t_2>t_1)$。在 $t_1<t<t_2$ 时间内，应力增加到 $(\boldsymbol{\sigma}_{ij}+\mathrm{d}\boldsymbol{\sigma}_{ij})$，并产生塑性应变 $\mathrm{d}\boldsymbol{\varepsilon}_{ij}^{\mathrm{p}}$。从 $t=t_2$ 开始，卸去附加应力，到 $t=t_3$ 时应力状态又恢复为 $\boldsymbol{\sigma}_{ij}^0$。

如果以 $\boldsymbol{\sigma}_{ij}^+$ 表示应力循环过程中任意时刻 $(t_0\leqslant t\leqslant t_2)$ 的瞬时应力状态，那么 $(\boldsymbol{\sigma}_{ij}^+-\boldsymbol{\sigma}_{ij}^0)$ 就是附加应力，Drucker 公设要求在这一应力循环中，附加应力所做的功为非负，也就是要求

$$\Delta W_{\mathrm{D}}=\oint_{\boldsymbol{\sigma}_{ij}^0}(\boldsymbol{\sigma}_{ij}^+-\boldsymbol{\sigma}_{ij}^0)\mathrm{d}\boldsymbol{\varepsilon}_{ij}\geqslant 0 \tag{5-16}$$

这里 ΔW_{D} 表示 Drucker 公设所考虑的功，积分下限表示从 $\boldsymbol{\sigma}_{ij}^0$ 开始最后又回到 $\boldsymbol{\sigma}_{ij}^0$ 的循环积分。

由于弹性变形是可逆的，所以在上述闭合的应力循环中，应力在弹性应变上所做的功之和为 0，即 $\oint_{\boldsymbol{\sigma}_{ij}^0}(\boldsymbol{\sigma}_{ij}^+-\boldsymbol{\sigma}_{ij}^0)\mathrm{d}\boldsymbol{\varepsilon}_{ij}^{\mathrm{e}}=0$，故式(5-16)变成

$$\Delta W_{\mathrm{D}}=\oint_{\boldsymbol{\sigma}_{ij}^0}(\boldsymbol{\sigma}_{ij}^+-\boldsymbol{\sigma}_{ij}^0)\mathrm{d}\boldsymbol{\varepsilon}_{ij}^{\mathrm{p}}\geqslant 0 \tag{5-17}$$

在上述应力循环中，塑性变形只能在加载过程 $(t_1\leqslant t\leqslant t_2)$ 中发生。在 $t_1\leqslant t\leqslant t_2$ 时间内，应力状态从 $\boldsymbol{\sigma}_{ij}$ 变到 $(\boldsymbol{\sigma}_{ij}+\mathrm{d}\boldsymbol{\sigma}_{ij})$ 的过程中产生了塑性应变 $\mathrm{d}\boldsymbol{\varepsilon}_{ij}^{\mathrm{p}}$，于是当 $\mathrm{d}\boldsymbol{\sigma}_{ij}$ 为小量时，式(5-17)可以写成

$$\Delta W_{\mathrm{D}}=\oint_{\boldsymbol{\sigma}_{ij}^0}(\boldsymbol{\sigma}_{ij}+\mathrm{d}\boldsymbol{\sigma}_{ij}-\boldsymbol{\sigma}_{ij}^0)\mathrm{d}\boldsymbol{\varepsilon}_{ij}^{\mathrm{p}}\geqslant 0 \tag{5-18}$$

在一维情形下，ΔW_{D} 代表着一个梯形面积，如图 5-2 中阴影部分所示。下面来区分两种情况：

(1) 如果 $\boldsymbol{\sigma}_{ij}^0$ 处在加载面的内部，即 $\varphi(\boldsymbol{\sigma}_{ij}^0,h_a)<0$，则 $\boldsymbol{\sigma}_{ij}\neq\boldsymbol{\sigma}_{ij}^0$，在式(4-30)中略去高阶微量，得出

$$(\boldsymbol{\sigma}_{ij}-\boldsymbol{\sigma}_{ij}^0)\mathrm{d}\boldsymbol{\varepsilon}_{ij}^{\mathrm{p}}\geqslant 0 \tag{5-19}$$

(2) 如果 $\boldsymbol{\sigma}_{ij}^0$ 处在加载面上，即 $\varphi(\boldsymbol{\sigma}_{ij}^0,h_a)=0$，则 $\boldsymbol{\sigma}_{ij}=\boldsymbol{\sigma}_{ij}^0$，由式(5-18)可知

$$\mathrm{d}\boldsymbol{\sigma}_{ij}\mathrm{d}\boldsymbol{\varepsilon}_{ij}^{\mathrm{p}}\geqslant 0 \tag{5-20}$$

注意：这里应力增量 $\mathrm{d}\boldsymbol{\sigma}_{ij}$ 与塑性应变增量 $\mathrm{d}\boldsymbol{\varepsilon}_{ij}^{\mathrm{p}}$ 必须是相伴发生的。

不等式(5-19)和(5-20)都来自 Drucker 公设，现在来看它们分别得出什么重要结论。

首先把应力空间(以应力张量 $\boldsymbol{\sigma}_{ij}$ 各分量为坐标轴的空间)与塑性应变空间(以塑性应变张量 $\mathrm{d}\boldsymbol{\varepsilon}_{ij}^{\mathrm{p}}$ 各分量为坐标轴的空间)的坐标叠合,并将 $\mathrm{d}\boldsymbol{\varepsilon}_{ij}^{\mathrm{p}}$ 的起点放在位于加载面上的应力点 $\boldsymbol{\sigma}_{ij}$ 上,如图 5-3 所示,$\boldsymbol{OA}_0$ 代表 $\boldsymbol{\sigma}_{ij}^0$,$\boldsymbol{OA}$ 代表 $\boldsymbol{\sigma}_{ij}$,则二者的向量差$\boldsymbol{A}_0\boldsymbol{A}$ 代表($\boldsymbol{\sigma}_{ij}-\boldsymbol{\sigma}_{ij}^0$),再以$\mathrm{d}\boldsymbol{\varepsilon}^{\mathrm{p}}$ 线表示 $\mathrm{d}\boldsymbol{\varepsilon}_{ij}^{\mathrm{p}}$, 则式(5-20)要求

$$\boldsymbol{A}_0\boldsymbol{A}\cdot\mathrm{d}\boldsymbol{\varepsilon}^{\mathrm{p}}\geqslant 0 \tag{5-21}$$

这说明向量$\boldsymbol{A}_0\boldsymbol{A}$ 与向量$\mathrm{d}\boldsymbol{\varepsilon}^{\mathrm{p}}$ 成锐角或直角。过 A 点作一个加载面的切平面 Q,则所有可能的 $A_0(\boldsymbol{\sigma}_{ij}^0)$ 都应该在这个切平面的一侧,最多在这个切平面上,才能满足式(5-21)的条件。由此得出,稳定材料的加载面必须是外凸的,如图 5-3 所示。如果加载面有凹的部分[(图 5-4)虚线部分],则在加载面内总可以找到某一点 A_0,使$\boldsymbol{A}_0\boldsymbol{A}$ 与$\mathrm{d}\boldsymbol{\varepsilon}^{\mathrm{p}}$ 之间成钝角,使得式(5-21)不成立。

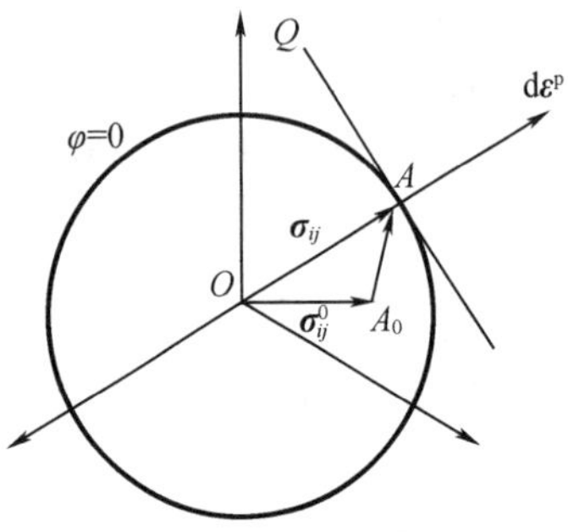

图 5-3　稳定材料的加载面

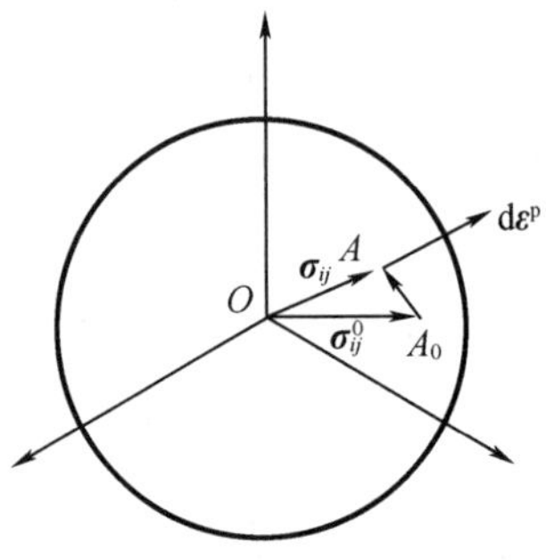

图 5-4　凹形加载面

其次,若$\mathrm{d}\boldsymbol{\varepsilon}^{\mathrm{p}}$ 与加载面 $\varphi=0$ 的外法线 $\boldsymbol{n}$ 的方向不重合,如图 5-5 所示,则总可以找到点 A_0 使$\boldsymbol{A}_0\boldsymbol{A}$ 与$\mathrm{d}\boldsymbol{\varepsilon}^{\mathrm{p}}$ 的夹角大于 90°,从而破坏式(5-21)。所以$\mathrm{d}\boldsymbol{\varepsilon}^{\mathrm{p}}$ 必须与 $\boldsymbol{n}$ 的方向重合。从场论可以知道,$\varphi=0$ 的外法线方向,正是 $\varphi=0$ 的梯度方向,这样 $\mathrm{d}\boldsymbol{\varepsilon}_{ij}^{\mathrm{p}}$ 就可表示成

$$\mathrm{d}\boldsymbol{\varepsilon}_{ij}^{\mathrm{p}}=\mathrm{d}\lambda\cdot\frac{\partial\varphi}{\partial\boldsymbol{\sigma}_{ij}} \tag{5-22}$$

式中,$\mathrm{d}\lambda$ 为一非负的比例系数。

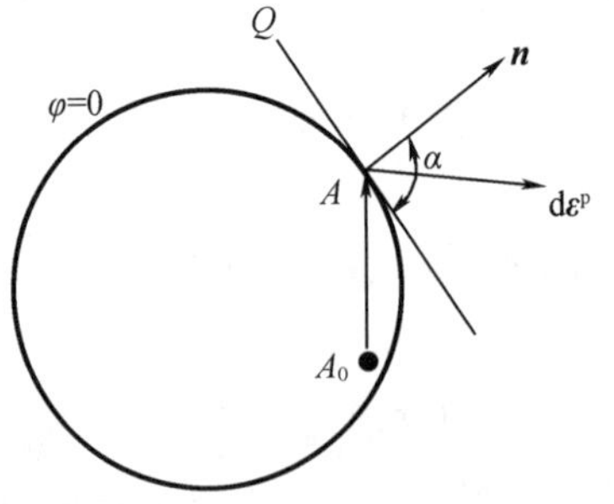

图 5-5　不满足式(5-21)的情况

由上可知,考虑 $\boldsymbol{\sigma}_{ij}^0$ 处于加载面上的情形,亦即从式(5-22)出发,Drucker 公设得出了两个重要推论:

(1)加载面处处外凸；

(2)塑性应变增量向量沿着加载面的外法线方向，也就是沿加载面的梯度方向，这一点常被称为正交性法则。

5.3.2 理想塑性材料的加载、卸载准则

从上节得到的 Drucker 公设(4-20)用向量写出来就是

$$\mathrm{d}\boldsymbol{\sigma}\cdot\mathrm{d}\boldsymbol{\varepsilon}^{\mathrm{p}}\geqslant 0 \tag{5-23}$$

因为前面已推证出$\mathrm{d}\boldsymbol{\varepsilon}^{\mathrm{p}}$与 $\boldsymbol{n}$ 同向，于是就有

$$\mathrm{d}\boldsymbol{\sigma}\cdot\boldsymbol{n}\geqslant 0 \tag{5-24}$$

这说明只有当应力增量向量指向加载面以外时，材料才能产生塑性变形，即加载。可见，判断是否加载，只靠判断 $\boldsymbol{\sigma}_{ij}$ 是否在 $\varphi=0$ 上还不够，还要判断 $\boldsymbol{\sigma}_{ij}$ 与 $\varphi=0$ 的相对关系，这个判断准则就叫作加载准则。在这里，“加载”是塑性加载的简称，指的是材料产生新的塑性变形，即从一个塑性状态进入另一个塑性状态的情形。

由式(5-24)反向推知，如果$\mathrm{d}\boldsymbol{\sigma}\cdot\boldsymbol{n}<0$，则材料处于卸载状态，即材料从塑性状态回到弹性状态。上述判断准则可进一步通过图 5-6、图 5-7 说明。

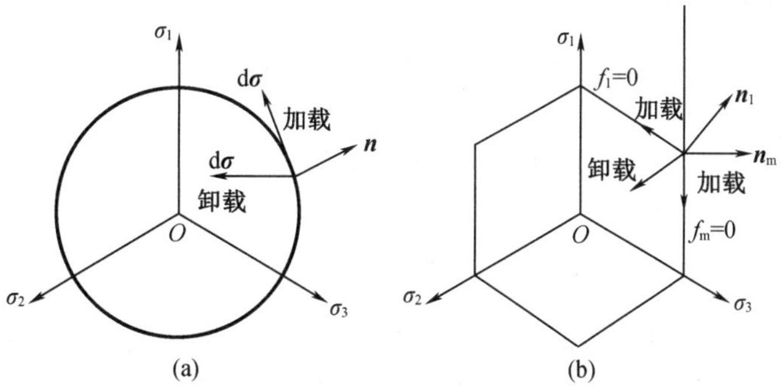

(a) Mises 加载与卸载　　(b) Tresca 加载与卸载

图 5-6　加载、卸载准则示意图

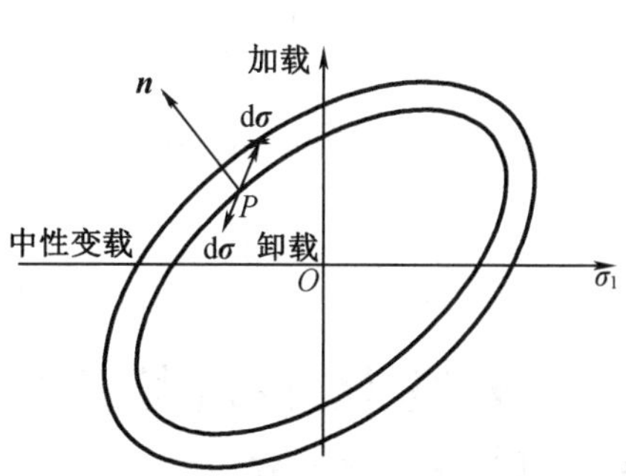

图 5-7　强化材料的加载与卸载

对于理想塑性材料，加载时，后继屈服面同初始屈服面是一样的，所以加载时的应力增量 $\mathrm{d}\boldsymbol{\sigma}_{ij}$ 不能指向屈服面外，只能沿着屈服面移动(相切)，如图 5-6(a)所示，此时，加载、卸载准则的数学表达如下：

$$f(\boldsymbol{\sigma}_{ij})<0 \quad 未屈服$$

$$f(\boldsymbol{\sigma}_{ij})=0 \quad 屈服$$

$$\mathrm{d}f=\frac{\partial f}{\partial \boldsymbol{\sigma}_{ij}}\mathrm{d}\boldsymbol{\sigma}_{ij}=0,\quad f(\boldsymbol{\sigma}_{ij})=0 \quad 加载 \tag{5-25}$$

$$\mathrm{d}f=\frac{\partial f}{\partial \boldsymbol{\sigma}_{ij}}\mathrm{d}\boldsymbol{\sigma}_{ij}<0,\quad f(\boldsymbol{\sigma}_{ij})=0 \quad 卸载 \tag{5-26}$$

对于像 Tresca 那样的屈服面,因其是由几个光滑屈服面构成的非正则的屈服面,在光滑屈服面处的加载、卸载准则可以用式(5-25)、式(5-26)判断;而对在光滑面的交界处的加载、卸载,应同时考虑相交的两个侧面,如图 5-6(b)所示。设应力点在 $f_1=0$ 和 $f_m=0$ 的交界处,它满足 $f_1(\boldsymbol{\sigma}_{ij})=f_m(\boldsymbol{\sigma}_{ij})=0$,则有

$$\mathrm{d}f_1=0 \text{ 或 } \mathrm{d}f_m=0$$

$$\mathrm{d}f_1<0 \text{ 且 } \mathrm{d}f_m<0$$

式中,$\boldsymbol{n}_1$ 和 $\boldsymbol{n}_m$ 分别表示 $f_1=0$ 和 $f_m=0$ 的外法线方向,如图 5-6(b)所示。

5.3.3 强化材料的加载、卸载准则

对于强化材料,加载面 $\varphi=0$ 在应力空间中可以不断向外扩张或移动,如图 5-7 所示,因此 $\mathrm{d}\boldsymbol{\sigma}$ 可以指向 $\varphi=0$ 面的外法向一侧。强化材料的加载、卸载准则的数学表达式为

$$\varphi=0,\ \frac{\partial f}{\partial \boldsymbol{\sigma}_{ij}}\mathrm{d}\boldsymbol{\sigma}_{ij}>0 \quad 加载$$

$$\varphi=0,\ \frac{\partial f}{\partial \boldsymbol{\sigma}_{ij}}\mathrm{d}\boldsymbol{\sigma}_{ij}=0 \quad 中性变载$$

$$\varphi=0,\ \frac{\partial f}{\partial \boldsymbol{\sigma}_{ij}}\mathrm{d}\boldsymbol{\sigma}_{ij}<0 \quad 卸载$$

事实上,金属塑性流动的方向可以通过塑性流动基本假设来确定。根据金属塑性流动基本假设,金属塑性流动时塑性应变增量 $\mathrm{d}\boldsymbol{\varepsilon}^{\mathrm{p}}$ 的方向(相对于主应力方向)垂直于加载点处屈服面的切线,如图 5-3 所示。如果用屈服函数 f 表示,则有

$$\mathrm{d}\boldsymbol{\varepsilon}^{\mathrm{p}}=\mathrm{d}\lambda\ \frac{\partial f}{\partial \boldsymbol{\sigma}} \tag{5-27}$$

式中,塑性应变增量的方向(或等效为塑性应变速率)可由 $\frac{\partial f}{\partial \boldsymbol{\sigma}}$ 求出,而塑性应变率大小由 $\mathrm{d}\lambda$ 决定。其被称为塑性乘子。

5.4 列维-米塞斯方程(增量理论——塑性变形本构方程)

列维和米塞斯分别于 1872 年和 1922 年建立了理想刚塑性材料的塑性流动理论方程,该方程是建立在下面四个假设基础上的:

(1)材料是理想刚塑性材料,即弹性应变增量为零,塑性应变增量就是总应变增量;

(2)材料服从米塞斯屈服准则,即 $\sigma_e=\sigma_s$;

(3)每一加载瞬间, 应力主轴与应变增量主轴重合;

(4)塑性变形时体积不变,即 $\varepsilon_x+\varepsilon_y+\varepsilon_z=0$ 或 $d\varepsilon_x+d\varepsilon_y+d\varepsilon_z=0$,因此 $\boldsymbol{\varepsilon}_{ij}=\boldsymbol{\varepsilon}'_{ij}$。

由 5.3 节可知,塑性变形时,应变增量和应力偏量的关系为

$$d\boldsymbol{\varepsilon}_{ij}=\boldsymbol{\sigma}'_{ij}d\lambda \tag{5-28}$$

此式即为列维-米塞斯方程。式中,$d\lambda$ 为瞬时比例常数,为非负值。其在加载的不同瞬时是不同的,在卸载时 $d\lambda=0$。

该方程也可以写成比例或差比的形式:

$$\frac{d\varepsilon_x}{\sigma'_x}=\frac{d\varepsilon_y}{\sigma'_y}=\frac{d\varepsilon_z}{\sigma'_z}=\frac{d\gamma_{xy}}{\tau_{xy}}=\frac{d\gamma_{yz}}{\tau_{yz}}=\frac{d\gamma_{zx}}{\tau_{zx}}=d\lambda \tag{5-29}$$

及

$$\frac{d\varepsilon_x-d\varepsilon_y}{\sigma_x-\sigma_y}=\frac{d\varepsilon_y-d\varepsilon_z}{\sigma_y-\sigma_z}=\frac{d\varepsilon_z-d\varepsilon_x}{\sigma_z-\sigma_x}=d\lambda \tag{5-30}$$

或

$$\frac{d\varepsilon_1-d\varepsilon_2}{\sigma_1-\sigma_2}=\frac{d\varepsilon_2-d\varepsilon_3}{\sigma_2-\sigma_3}=\frac{d\varepsilon_3-d\varepsilon_1}{\sigma_3-\sigma_1}=d\lambda \tag{5-31}$$

下面确定比例系数 $d\lambda$。为此,可将式(5-30)写成三个等式,然后两边平方得

$$\begin{cases}(d\varepsilon_x-d\varepsilon_y)^2=(\sigma_x-\sigma_y)^2d\lambda^2\\(d\varepsilon_y-d\varepsilon_z)^2=(\sigma_y-\sigma_z)^2d\lambda^2\\(d\varepsilon_z-d\varepsilon_x)^2=(\sigma_z-\sigma_x)^2d\lambda^2\end{cases} \tag{5-32}$$

再将式(5-32)中的三个等式两边平方后乘以 6 得

$$\begin{cases}6d\gamma_{xy}^2=6\tau_{xy}^2d\lambda^2\\6d\gamma_{yz}^2=6\tau_{yz}^2d\lambda^2\\6d\gamma_{zx}^2=6\tau_{zx}^2d\lambda^2\end{cases} \tag{5-33}$$

将式(5-32)和式(5-33)相加并考虑式(1-46),可得

$$(d\varepsilon_x-d\varepsilon_y)^2+(d\varepsilon_y-d\varepsilon_z)^2+(d\varepsilon_z-d\varepsilon_x)^2+6(d\gamma_{xy}^2+d\gamma_{yz}^2+d\gamma_{zx}^2)=2\sigma_e^2d\lambda^2 \tag{5-34}$$

等号左侧的表达式与等效应变式(3-32)形似,通过变换得

$$\frac{9}{2}d\varepsilon_e=2\sigma_e^2d\lambda^2 \tag{5-35}$$

从而求出

$$d\lambda=\frac{3}{2}\frac{d\varepsilon_e}{\sigma_e} \tag{5-36}$$

将式(5-36)和 $\sigma_m=\dfrac{\sigma_x+\sigma_y+\sigma_z}{3}$ 代入式(5-35)并展开得

$$\begin{cases} d\varepsilon_x = \dfrac{d\varepsilon_e}{\sigma_e}\left[\sigma_x - \dfrac{1}{2}(\sigma_y+\sigma_z)\right], & d\gamma_{xy} = \dfrac{3}{2}\dfrac{d\varepsilon_e}{\sigma_e}\tau_{xy} \\ d\varepsilon_y = \dfrac{d\varepsilon_e}{\sigma_e}\left[\sigma_y - \dfrac{1}{2}(\sigma_x+\sigma_z)\right], & d\gamma_{yz} = \dfrac{3}{2}\dfrac{d\varepsilon_e}{\sigma_e}\tau_{yz} \\ d\varepsilon_z = \dfrac{d\varepsilon_e}{\sigma_e}\left[\sigma_z - \dfrac{1}{2}(\sigma_x+\sigma_y)\right], & d\gamma_{zx} = \dfrac{3}{2}\dfrac{d\varepsilon_e}{\sigma_e}\tau_{zx} \end{cases} \tag{5-37}$$

这就是增量理论的数学表达。

由这些公式可以推导出一些有用的结论。在第 3 章平面变形的讨论中,曾有一个推论:$\sigma_z=\frac{1}{2}(\sigma_x+\sigma_y)$ 或 $\sigma_2=\frac{1}{2}(\sigma_1+\sigma_3)$。现在可以用增量理论推导出来。平面变形时,设 z 方向没有应变,则有 $d\varepsilon_z=0$,根据式(5-31)可知

$$d\varepsilon_z=\frac{d\varepsilon_e}{\sigma_e}\left[\sigma_z-\frac{1}{2}(\sigma_x+\sigma_y)\right]=0$$

于是得 $\sigma_z=\frac{1}{2}(\sigma_x+\sigma_y)$,即

$$\sigma_m=\frac{1}{3}(\sigma_x+\sigma_y+\sigma_z)=\frac{1}{2}(\sigma_x+\sigma_y)=\sigma_z$$

即没有应变方向的应力等于球应力。

若将式(5-37)两边除以 dt,就可以得到以速率的形式表达的列维-米塞斯方程(即圣维南塑性流动方程):

$$\dot{\boldsymbol{\varepsilon}}_{ij}=\dot{\lambda}\boldsymbol{\sigma}'_{ij} \tag{5-38}$$

式中,$\dot{\boldsymbol{\varepsilon}}_{ij}=\frac{d\boldsymbol{\varepsilon}_{ij}}{dt}$为应变速率;$\dot{\lambda}=\frac{d\lambda}{dt}=\frac{3}{2}\frac{d\dot{\varepsilon}_e}{\sigma_e}$,卸载时 $\dot{\lambda}=0$。

式(5-38)就是应力-应变速率方程,它由圣维南(Saint-Venant)于 1870 年提出,由于它与牛顿黏性液体公式相似,故又称为圣维南塑性流动方程。如果不考虑应变速率对材料性能的影响,该式与列维-米塞斯方程是一致的。

将式(5-37)展开,得到全部表达式:

$$\begin{cases} \dot{\varepsilon}_x = \dfrac{\dot{\varepsilon}_e}{\sigma_e}\left[\sigma_x - \dfrac{1}{2}(\sigma_y+\sigma_z)\right], & \dot{\gamma}_{xy} = \dfrac{3}{2}\dfrac{\dot{\varepsilon}_e}{\sigma_e}\tau_{xy} \\ \dot{\varepsilon}_y = \dfrac{\dot{\varepsilon}_e}{\sigma_e}\left[\sigma_y - \dfrac{1}{2}(\sigma_x+\sigma_z)\right], & \dot{\gamma}_{yz} = \dfrac{3}{2}\dfrac{\dot{\varepsilon}_e}{\sigma_e}\tau_{yz} \\ \dot{\varepsilon}_z = \dfrac{\dot{\varepsilon}_e}{\sigma_e}\left[\sigma_z - \dfrac{1}{2}(\sigma_x+\sigma_y)\right], & \dot{\gamma}_{zx} = \dfrac{3}{2}\dfrac{\dot{\varepsilon}_e}{\sigma_e}\tau_{zx} \end{cases} \tag{5-39}$$

列维-米塞斯方程找出了塑性材料变形的本构关系,但在实际应用中,该理论还存在一些局限性:

(1)列维-米塞斯方程忽略了弹性变形,故它只适合塑性变形比弹性变形大得多的大应变情况。

(2)另外,它只给出了应变增量与应力偏量之间的关系,由于 $d\varepsilon_m=0$,因而对应力球张量 σ_m 没有加以限制,因此不能求出各应力分量,只能求得应力偏张量。具体解释如下:

$$\begin{aligned}d\varepsilon_m&=\frac{1}{3}(d\varepsilon_x+d\varepsilon_y+d\varepsilon_z)\\&=\frac{1}{3}d\lambda(\sigma_x'+\sigma_y'+\sigma_z')\\&=d\lambda(\sigma_x-\sigma_m+\sigma_y-\sigma_m+\sigma_z-\sigma_m)\\&=d\lambda(\sigma_x+\sigma_y+\sigma_z-3\sigma_m)\equiv 0\end{aligned}$$

此时无论 σ_m 取什么值,该式恒成立。

(3)对于理想塑性材料,应变增量分量与应力分量之间无单值关系,如图 5-8 所示。虽然 $\sigma_e=\sigma_s$,但 $d\varepsilon_e$ 不是定值,$d\lambda$ 无法确定,因此应力绝对值不可得。

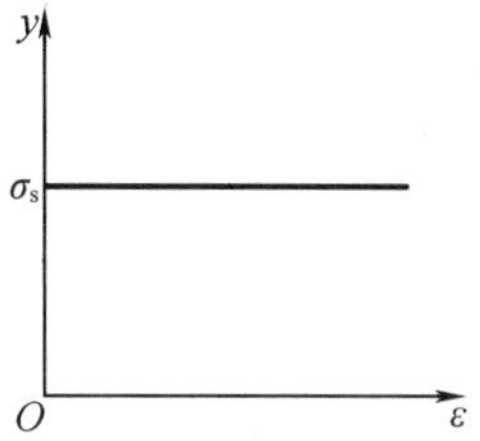

图 5-8　应力与应变增量无一一对应关系

(4)在只知道应力分量的情况下,虽然可求得应力偏量,但也只能求得应变增量各分量之间的比值,而不能直接求出它们的数值,因为 $d\lambda$ 无法确定。

5.5　普朗特-路埃斯方程

普朗特-路埃斯(Prandtl-Reuss)理论是在列维-米塞斯理论的基础上发展起来的。普朗特于 1922 年提出了平面变形问题的弹塑性增量方程,并由路埃斯推广至一般状态,所以该方程叫作普朗特-路埃斯方程,简称路埃斯方程。该理论认为对于变形较大的情况,忽略弹性变形是可以的,但当变形较小时,略去弹性应变常会带来较大的误差,也不能计算塑性变形时的回弹及残余应力,因而提出在塑性区应考虑弹性应变部分,即总应变增量的分量由弹性、塑性增量分量两部分组成,即

$$\begin{cases}d\varepsilon_x=d\varepsilon_x^p+d\varepsilon_x^e, & d\gamma_{xy}=d\gamma_{xy}^p+d\gamma_{xy}^e\\d\varepsilon_y=d\varepsilon_y^p+d\varepsilon_y^e, & d\gamma_{yz}=d\gamma_{yz}^p+d\gamma_{yz}^e\\d\varepsilon_z=d\varepsilon_z^p+d\varepsilon_z^e, & d\gamma_{zx}=d\gamma_{zx}^p+d\gamma_{zx}^e\end{cases}$$

简记为

$$d\boldsymbol{\varepsilon}_{ij}=d\boldsymbol{\varepsilon}_{ij}^p+d\boldsymbol{\varepsilon}_{ij}^e \tag{5-40}$$

式中,上角标 e 表示弹性应变增量部分;上角标 p 表示塑性应变增量部分。塑性应变增量

分量可用列维-米塞斯方程计算,即将式(5-40)微分,可得弹性应变增量表达式为

$$\mathrm{d}\boldsymbol{\varepsilon}_{ij}^{\mathrm{e}}=\frac{1}{2G}\mathrm{d}\boldsymbol{\sigma}_{ij}'+\frac{1-2\nu}{E}\boldsymbol{\delta}_{ij}\mathrm{d}\sigma_{\mathrm{m}} \tag{5-41}$$

由此可得普朗特-路埃斯方程为

$$\mathrm{d}\boldsymbol{\varepsilon}_{ij}=\mathrm{d}\boldsymbol{\varepsilon}_{ij}^{\mathrm{e}}+\mathrm{d}\boldsymbol{\varepsilon}_{ij}^{\mathrm{p}}=\frac{1}{2G}\mathrm{d}\boldsymbol{\sigma}_{ij}'+\frac{1-2\nu}{E}\boldsymbol{\delta}_{ij}\mathrm{d}\sigma_{\mathrm{m}}+\boldsymbol{\sigma}_{ij}'\mathrm{d}\lambda$$

式(5-42)可以分写成两部分:

$$\begin{cases}\mathrm{d}\boldsymbol{\varepsilon}_{ij}'=\dfrac{1}{2G}\mathrm{d}\boldsymbol{\sigma}_{ij}'+\boldsymbol{\sigma}_{ij}'\mathrm{d}\lambda\\ \mathrm{d}\boldsymbol{\varepsilon}_{\mathrm{m}}=\dfrac{1-2\nu}{E}\mathrm{d}\boldsymbol{\sigma}_{\mathrm{m}}\end{cases} \tag{5-42}$$

综合上述理论,可做如下比较:

(1)普朗特-路埃斯理论与列维-米塞斯理论的差别在于,前者考虑了弹性变形,后者没有考虑弹性变形,实质上后者可看成前者的特殊情况。可见,列维-米塞斯理论仅适用于大应变,无法求弹性回跳与残余应力场问题;普朗特-路埃斯方程适用于各种情况,但由于该方程较为复杂,所以用得不太多。目前,普朗特-路埃斯方程主要用于小变形及求弹性回跳与残余应力场问题。

(2)普朗特-路埃斯理论和列维-米塞斯理论都提出了塑性应变增量与应力偏量之间的关系,即 $\mathrm{d}\boldsymbol{\varepsilon}_{ij}^{\mathrm{p}}=\boldsymbol{\sigma}_{ij}'\mathrm{d}\lambda$。普朗特-路埃斯理论在已知应变增量分量或应变速率分量时,能直接求出各应力分量,对于理想塑性材料,仍不能在已知应力分量的情况下,直接求出应变增量或应变速率各分量的值;对于硬化材料和变形过程,每一瞬时的 $\mathrm{d}\lambda$ 是定值,应变增量或应变速率与应力分量之间是完全单值关系,所以在已知应力分量的情况,可以直接求出应变增量或应变速率各分量的值。

(3)增量理论着重提出了塑性应变增量与应力偏量之间的关系,可以理解为它是建立各瞬时应力与应变增量的变化关系,而整个变形过程可以由各瞬时应变增量累积而得。因此增量理论能表达出加载过程对变形的影响,能反映出复杂的加载状况。增量理论并没有给出卸载规律,因此该理论仅适用于加载情况,卸载情况下仍按胡克定律进行。

5.6 塑性变形的全量理论

塑性变形时全量应变主轴与应力主轴不一定重合,故提出了增量理论。增量理论比较严谨,但实际解题并不方便,因为在解决实际问题时往往感兴趣的是全量应变,从应变增量求全量应变并非易事,因此,有学者提出了在一定条件下直接确定全量应变理论或建立全量应变与应力之间的关系式,其被称为全量理论或形变理论。

由塑性应力-应变关系特点可知,在比例加载时,应力主轴的方向将固定不变,由于应变增量主轴与应力主轴重合,所以应变增量主轴也将固定不变,这种变形称为简单变形。在比例加载的条件下,可以对普朗特-路埃斯方程进行积分得到全量应力-应变关系。用下

列式子表示比例加载：

$$\boldsymbol{\sigma}_{ij}=C\boldsymbol{\sigma}_{ij}^{0} \tag{5-43}$$

$$\boldsymbol{\sigma}'_{ij}=C\boldsymbol{\sigma}'^{0}_{ij} \tag{5-44}$$

式中，$\boldsymbol{\sigma}_{ij}^{0}$、$\boldsymbol{\sigma}'^{0}_{ij}$分别为初始应力和初始应力偏张量；$C$ 为变形过程单调增函数，对于理想塑性材料，塑性变形阶段的 C 为常数。

于是式(5-44)中的第一式可以写成

$$\mathrm{d}\boldsymbol{\varepsilon}'_{ij}=\frac{1}{2G}\mathrm{d}\boldsymbol{\sigma}'_{ij}+C\boldsymbol{\sigma}'^{0}_{ij}\,\mathrm{d}\lambda \tag{5-45}$$

在小变形情况下，$\mathrm{d}\boldsymbol{\varepsilon}'_{ij}$的积分就是应变张量 $\boldsymbol{\varepsilon}'_{ij}$，因此上式的积分结果为

$$\boldsymbol{\varepsilon}'_{ij}=\int C\boldsymbol{\sigma}'^{0}_{ij}\,\mathrm{d}\lambda+\frac{1}{2G}\mathrm{d}\boldsymbol{\sigma}'_{ij}=\boldsymbol{\sigma}'_{ij}+\frac{\boldsymbol{\sigma}'_{ij}}{2G} \tag{5-46}$$

定义比例系数 $\lambda=\dfrac{\int C\mathrm{d}\lambda}{C}$ 以及$\dfrac{1}{2G'}=\lambda+\dfrac{1}{2G}$，其中 G'为塑性切变模量。

由式(5-46)积分所得到的全量关系式进一步写为

$$\begin{cases}\boldsymbol{\varepsilon}'_{ij}=\left(\lambda+\dfrac{1}{2G}\right)\boldsymbol{\sigma}'_{ij}=\dfrac{1}{2G'}\boldsymbol{\sigma}'_{ij}\\[2ex] \varepsilon_{\mathrm{m}}=\dfrac{1-2\nu}{E}\sigma_{\mathrm{m}}\end{cases} \tag{5-47}$$

这一等式最先是由汉基(H. Hencky) 于 1922 年提出来的，因此也称为汉基方程。

怎样保证变形体内各质点为比例加载是应用式(5-47)的关键。为此，一些学者提出了一些特定条件下的全量理论，其中伊留申于 1922 年提出的理论较为实用。下面介绍伊留申塑性变形的全量理论。

伊留申全量理论是在汉基理论基础上发展起来的，并且将应用范围推广到硬化材料。伊留申提出并证明了在满足下列条件时，可保证物体内每个质点都是比例加载。

(1)塑性变形是微小的，与弹性变形属于同一数量级；

(2)外载荷各分量按比例增加，不出现中途卸载的情况；

(3)变形体是不可压缩的，即泊松比 $\nu=0.5$，$\varepsilon_{\mathrm{m}}=0$；

(4)在加载过程中，应力主轴方向与应变主轴方向固定不变且重合；

(5)$\sigma-\varepsilon$ 符合单一曲线假设，并且呈现幂函数形式 $\sigma_{\mathrm{e}}=B\varepsilon_{\mathrm{e}}^{\mathrm{n}}$；

在上述条件下，如果再假定材料是刚塑性的，则$\dfrac{1}{2G}=0$，这样，式(5-47)就可以写成

$$\boldsymbol{\varepsilon}'_{ij}=\left(\lambda+\frac{1}{2G}\right)\boldsymbol{\sigma}'_{ij}=\lambda\boldsymbol{\sigma}'_{ij}$$

或写成

$$\boldsymbol{\varepsilon}_{ij}=\lambda\boldsymbol{\sigma}'_{ij} \tag{5-48}$$

式(5-48)与胡克定律相似，故也可以写成比例形式或差比形式：

$$\frac{\varepsilon_x}{\sigma'_x}=\frac{\varepsilon_y}{\sigma'_y}=\frac{\varepsilon_z}{\sigma'_z}=\frac{\gamma_{xy}}{\tau_{xy}}=\frac{\gamma_{yz}}{\tau_{yz}}=\frac{\gamma_{zx}}{\tau_{zx}}=\frac{1}{2G'}=\lambda \tag{5-49}$$

及

$$\frac{\varepsilon_x-\varepsilon_y}{\sigma_x-\sigma_y}=\frac{\varepsilon_y-\varepsilon_z}{\sigma_y-\sigma_z}=\frac{\varepsilon_z-\varepsilon_x}{\sigma_z-\sigma_x}=\frac{1}{2G'}=\lambda \tag{5-50}$$

或

$$\frac{\varepsilon_1-\varepsilon_2}{\sigma_1-\sigma_2}=\frac{\varepsilon_2-\varepsilon_3}{\sigma_2-\sigma_3}=\frac{\varepsilon_3-\varepsilon_1}{\sigma_3-\sigma_1}=\frac{1}{2G'}=\lambda \tag{5-51}$$

由于

$$G'=\frac{E'}{2(1+\nu)}=\frac{E'}{3} \tag{5-52}$$

式中,G'为塑性切变模量;E'为塑性模量。二者与材料特性、塑性变形程度、加载历史有关,而与所处的应力状态无关。仿照推导 $\mathrm{d}\lambda$ 的方法,可得比例系数:

$$\lambda=\frac{3}{2}\frac{\varepsilon_e}{\sigma_e}$$

$$G'=\frac{1}{3}\frac{\sigma_e}{\varepsilon_e}$$

故有

$$E'=3G'=\frac{\sigma_e}{\varepsilon_e}$$

所以

$$\sigma_e=E'\varepsilon_e$$

式中,σ_e 为等效应力;ε_e 为等效应变。

将式(5-52)和 $\sigma_m=\dfrac{\sigma_x+\sigma_y+\sigma_z}{3}$代入式(5-48)得

$$\begin{cases}\varepsilon_x=\dfrac{1}{E'}\left[\sigma_x-\dfrac{1}{2}(\sigma_y+\sigma_z)\right], & \gamma_{xy}=\dfrac{\tau_{xy}}{2G'}\\ \varepsilon_y=\dfrac{1}{E'}\left[\sigma_y-\dfrac{1}{2}(\sigma_x+\sigma_z)\right], & \gamma_{yz}=\dfrac{\tau_{yz}}{2G'}\\ \varepsilon_z=\dfrac{1}{E'}\left[\sigma_z-\dfrac{1}{2}(\sigma_x+\sigma_y)\right], & \gamma_{zx}=\dfrac{\tau_{zx}}{2G'}\end{cases} \tag{5-53}$$

式(5-53)与弹性变形时的广义胡克定律相似,式中的 E'、G'与广义胡克定律式中的 E、G 相当。

在塑性成形中,由于难以保证比例加载,所以一般都采用增量理论而不能使用塑性变形的全量理论。但塑性成形理论中重要的问题之一是求变形力,此时一般只需要研究变形过程中某一特定瞬时的变形,如果以变形在该瞬时的形状、尺寸及性能作为原始状态,那么小变形全量理论与增量理论可以认为是一致的。此外,一些研究显示,某些塑性成形过程虽然与比例加载有一定偏差,但是运用全量理论也能得出较好的计算结果,故全量理论至今仍在继续使用。

参考文献

[1] 曲圣年,殷有泉. 塑性力学的 Drucker 公设和 Ильюшин 公设[J]. 力学学报,1981,13(5):465-473.

[2] 王仁,黄文彬. 塑性力学引论[M]. 北京:北京大学出版社,1982.

[3] 吉村. 塑性力学概论[J]. 机械の研究. 1952,6(22):50.

[4] 张泽华,吕桂英. 塑性本构关系的实验研究[J]//王仁,黄克智,朱兆祥. 塑性力学进展[M]. 北京:中国铁道出版社,1988.

[5] KHAN A S,KAZMI R,PANDEY A,et al. Evolution of subsequent yield surfaces and elastic constants with finite plastic deformation. Part-I:A very low work hardening aluminum alloy (Al6061-T6511)[J]. International Journal of Plasticity,2009,25(9):1611-1625.

[6] 普拉格 W,霍奇 P C,陈森. 理想塑性固体理论[M]. 北京:科学出版社,1964.

[7] HILL R. The plastic yielding of notched bars under tension[J]. Quarterly Journal of Mechanics & Applied Mathematics, 1949(1):1. DOI:10. 1093/qjmam/2. 1. 40.

[8] EWING D J F, HILL R. The plastic constraint of V-notched tension bars[J]. J. Mech, Phys,Solids,1967,25:225-222.

下篇

大变形理论

第 6 章　大变形描述方法

6.1　大变形简介

前面章节所讨论的内容，均属于小变形范畴，即无论是弹性应变还是塑性应变，数量级在 10^{-3} 左右。而实际上，在零件的制造过程中，很多变形十分剧烈，应变要大得多。例如，航空发动机压缩机盘的锻造，要求应变超过 2.0（即大于 200%），这比镍基合金发动机部件产生屈服所需的应变大 3 个数量级，属于大变形。

一般来说，大变形通常包括伸缩、刚体转动和平移。伸缩属于纯塑性变形（它也会引起刚体转动，但与后面讲述的整体刚体转动不是一回事，请注意区别），会导致形状的改变以及应力的产生；而（整体）刚体转动既不改变形状也不改变应力分布；至于平移则更不会导致变形和应力的改变，故以下讨论中略去平移。在后面讨论中提到的刚体转动，如不特殊说明，均指由纯塑性变形引起的刚体转动；而变形体整体的刚体转动，则称为整体转动。

6.2　变 形 梯 度

为了研究变形，让我们先考虑一小块尚未加载的假想材料，称其为初始（未变形）构形（状态），如图 6-1 中的 A 所示。我们对初始构形施加载荷，使其变为形状 B，并称其为当前构形。

经历大变形的材料，初始形状和变形后形状（当前构形）有很大的不同，为了研究方便，特建立两套坐标系：材料坐标系（X、Y、Z）和变形坐标系（x、y、z）。在图 6-1 中，这两个坐标系重合（因此 x、y、z 暂未标出），当然二者也可以不重合。材料坐标系用来标识一个质点，相当于给质点编号为（X,Y,Z）。某质点的（X,Y,Z）一经确定，就不再改变；而变形坐标系用来表示变形后质点的坐标（x,y,z）或当前位置，显然它是（X,Y,Z）的函数：

$$\begin{cases} x=x(X,Y,Z,t) \\ y=y(X,Y,Z,t) \\ z=z(X,Y,Z,t) \end{cases} \tag{6-1}$$

式（6-1）表示一个编号为（X,Y,Z）的质点变形后坐标随时间 t 的演变。

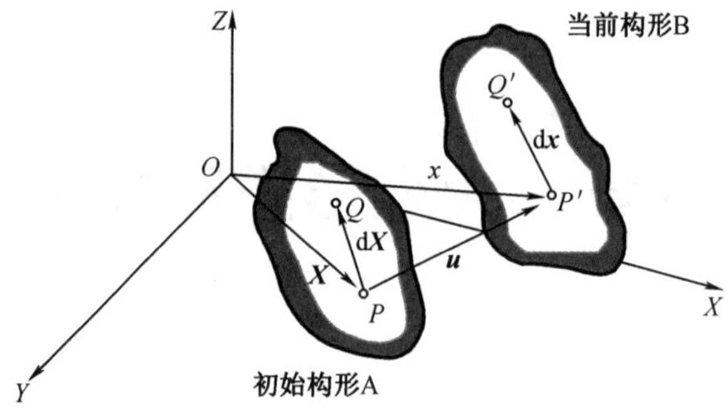

图 6-1　处于参考(未变形)构形中的一个线元变形后在当前(变形)构形中

在材料坐标系中,考虑物体尚未变形时一无限小线元 $\boldsymbol{PQ}$,用矢量 $\mathrm{d}\boldsymbol{X}(\mathrm{d}X,\ \mathrm{d}Y,\ \mathrm{d}Z)$ 表示,如图 6-1 所示。P 变形的位置需要用 (x,y,z) 表示,不过由于尚未变形且坐标系重合,因此暂时有 $\boldsymbol{x}(x,y,z)^{\mathrm{T}}=\boldsymbol{X}(X,Y,Z)^{\mathrm{T}}$。当发生变形时,$P$ 点通过位移 $\boldsymbol{u}$ 变为 P' 点,此时需要用 (x,y,z) 表示,且 $\boldsymbol{x}$ 与 $\boldsymbol{X}$ 已不重合。设其位置坐标为 $\boldsymbol{x}(x,y,z)^{\mathrm{T}}$。线元由 $\boldsymbol{PQ}$ 变为 $\boldsymbol{P'Q'}$,用矢量 $\mathrm{d}\boldsymbol{x}(\mathrm{d}x,\mathrm{d}y,\mathrm{d}z)$ 表示 $\boldsymbol{P'Q'}$。$\boldsymbol{x}$ 与 $\boldsymbol{X}$ 的关系为

$$\boldsymbol{x}=\boldsymbol{X}+\boldsymbol{u} \tag{6-2}$$

同时,无限小线元 $\mathrm{d}\boldsymbol{X}$ 与 $\mathrm{d}\boldsymbol{x}$ 之间存在如下关系:

$$\mathrm{d}\boldsymbol{x}=\boldsymbol{F}\mathrm{d}\boldsymbol{X} \tag{6-3}$$

式中,$\boldsymbol{F}$ 为变形梯度,表达式为

$$\boldsymbol{F}=\begin{pmatrix} \dfrac{\partial x}{\partial X} & \dfrac{\partial x}{\partial Y} & \dfrac{\partial x}{\partial Z} \\ \dfrac{\partial y}{\partial X} & \dfrac{\partial y}{\partial Y} & \dfrac{\partial y}{\partial Z} \\ \dfrac{\partial z}{\partial X} & \dfrac{\partial z}{\partial Y} & \dfrac{\partial z}{\partial Z} \end{pmatrix} \tag{6-4}$$

式(6-3)表明线元 $\mathrm{d}\boldsymbol{x}$ 是由 $\mathrm{d}\boldsymbol{X}$ 演变而来的,自然存在一定量化关系。

将式(6-4)代入式(6-3),展开得

$$\begin{aligned} \mathrm{d}x&=\frac{\partial x}{\partial X}\mathrm{d}X+\frac{\partial x}{\partial Y}\mathrm{d}Y+\frac{\partial x}{\partial Z}\mathrm{d}Z \\ \mathrm{d}y&=\frac{\partial y}{\partial X}\mathrm{d}X+\frac{\partial y}{\partial Y}\mathrm{d}Y+\frac{\partial y}{\partial Z}\mathrm{d}Z \\ \mathrm{d}z&=\frac{\partial z}{\partial X}\mathrm{d}X+\frac{\partial z}{\partial Y}\mathrm{d}Y+\frac{\partial z}{\partial Z}\mathrm{d}Z \end{aligned} \tag{6-5}$$

现对式(6-5)的几何意义进行简单的解释。

先考虑一简单情况:即线元在 XYZ 坐标系下,只有一个分量 $\mathrm{d}X$,变形后成为图中的粗虚线,此时它具有三个分量 $(\mathrm{d}x,\mathrm{d}y,\mathrm{d}z)$。

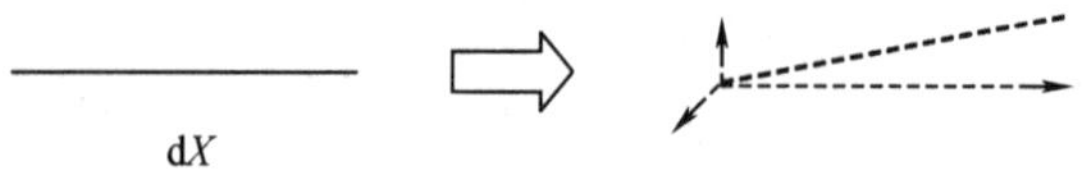

这三个分量的长度和 dX 量化比例关系为

$$\mathrm{d}x_X=\left(\frac{\partial x}{\partial X}\right)\mathrm{d}X$$

$$\mathrm{d}y_X=\left(\frac{\partial y}{\partial X}\right)\mathrm{d}X$$

$$\mathrm{d}z_X=\left(\frac{\partial z}{\partial X}\right)\mathrm{d}X$$

式中，$\frac{\partial x}{\partial X}$、$\frac{\partial y}{\partial X}$、$\frac{\partial z}{\partial X}$分别是放大倍数或者是比例系数。下标 X 表明是 dX 的变形导致了(dx,dy,dz)的产生。在此不难想象，若 X 变为 Y 或 Z，则表示 dY 或 dZ 的变形导致了(dx,dy,dz)的产生。以 dx 为例：

$$\mathrm{d}x_Y=\left(\frac{\partial x}{\partial Y}\right)\mathrm{d}Y$$

$$\mathrm{d}x_Z=\left(\frac{\partial x}{\partial Z}\right)\mathrm{d}Z$$

这样，如果同时考虑 dX、dY、dZ，则线元变形后在 x 方向的伸长(或缩短)由三部分构成：

$$\mathrm{d}x=\mathrm{d}x_X+\mathrm{d}x_Y+\mathrm{d}x_Z$$

这就是式(6-5)中的第一行。其余两行的意义与之类似，请读者类比分析。

下面考虑一种特殊情况：$\frac{\partial x_i}{\partial X_j}=0, i\neq j$，即线元变形前后，不同方向的分量无耦合，即 d$Y$、d$Z$ 不引起 dx 的变化，dX、dZ 不引起 dy 的变化，以及 dX、dY 不引起 dz 的变化，此时式(6-4)中的非对角元素均为零，于是式(6-5)简化为

$$\mathrm{d}x=\frac{\partial x}{\partial X}\mathrm{d}X$$

$$\mathrm{d}y=\frac{\partial y}{\partial Y}\mathrm{d}Y$$

$$\mathrm{d}z=\frac{\partial z}{\partial Z}\mathrm{d}Z$$

将式(6-3)做简单变化，d$\boldsymbol{X}$ 与 d$\boldsymbol{x}$ 之间的关系还可以用另一种形式表示：

$$\mathrm{d}\boldsymbol{X}=\boldsymbol{F}^{-1}\mathrm{d}\boldsymbol{x} \tag{6-6}$$

根据 $\boldsymbol{F}$ 的定义，不难推断，$\boldsymbol{F}^{-1}$ 的表达式应为

$$\boldsymbol{F}^{-1}=\begin{pmatrix}\frac{\partial X}{\partial x} & \frac{\partial X}{\partial y} & \frac{\partial X}{\partial z}\\ \frac{\partial Y}{\partial x} & \frac{\partial Y}{\partial y} & \frac{\partial Y}{\partial z}\\ \frac{\partial Z}{\partial x} & \frac{\partial Z}{\partial y} & \frac{\partial Z}{\partial z}\end{pmatrix} \tag{6-7}$$

它的意义与式(6-4)类似，只不过是从 d$\boldsymbol{x}$ 出发，“反向”求出 d$\boldsymbol{X}$。

变形梯度 $\boldsymbol{F}$ 提供了对变形(不包括平移)的完整描述,包括线应变、角应变和刚体转动(注:此转动由单纯的塑性变形引起,而不是整体转动)。由于刚体转动不会改变形状或尺寸,也不会改变应力分布,因此研究问题时,需把它从 $\boldsymbol{F}$ 中分离出来,详见第 7 章。

6.3 应变的度量

6.3.1 阿尔曼斯(Almansi)应变

让我们在变形坐标系中,考虑线元 $\mathrm{d}\boldsymbol{x}$ 的长度:

$$\mathrm{d}s^2=\mathrm{d}x\cdot\mathrm{d}x+\mathrm{d}y\cdot\mathrm{d}y+\mathrm{d}z\cdot\mathrm{d}z=\mathrm{d}\boldsymbol{x}^{\mathrm{T}}\cdot\mathrm{d}\boldsymbol{x} \tag{6-8}$$

式中,$\mathrm{d}\boldsymbol{x}^{\mathrm{T}}=(\mathrm{d}x\quad \mathrm{d}y\quad \mathrm{d}z)$。

在材料坐标系中,线元的初始长度:

$$\mathrm{d}S^2=\mathrm{d}X\cdot\mathrm{d}X+\mathrm{d}Y\cdot\mathrm{d}Y+\mathrm{d}Z\cdot\mathrm{d}Z=\mathrm{d}\boldsymbol{X}^{\mathrm{T}}\cdot\mathrm{d}\boldsymbol{X} \tag{6-9}$$

于是,变形前后,线元长度变化量为

$$\mathrm{d}s^2-\mathrm{d}S^2=\mathrm{d}\boldsymbol{x}^{\mathrm{T}}\cdot\mathrm{d}\boldsymbol{x}-\mathrm{d}\boldsymbol{X}^{\mathrm{T}}\cdot\mathrm{d}\boldsymbol{X} \tag{6-10}$$

相减的顺序是变形后长度减去变形前的长度。

对式(6-10)的不同处理会得到两种应变。若将式(6-6)代入式(6-10),则得

$$\begin{aligned}\mathrm{d}s^2-\mathrm{d}S^2&=\mathrm{d}\boldsymbol{x}^{\mathrm{T}}\cdot\mathrm{d}\boldsymbol{x}-\mathrm{d}\boldsymbol{X}^{\mathrm{T}}\cdot\mathrm{d}\boldsymbol{X}\\&=\mathrm{d}\boldsymbol{x}^{\mathrm{T}}\cdot\mathrm{d}\boldsymbol{x}-\mathrm{d}\boldsymbol{x}^{\mathrm{T}}(\boldsymbol{F}^{-1})^{\mathrm{T}}\boldsymbol{F}^{-1}\mathrm{d}\boldsymbol{x}\\&=\mathrm{d}\boldsymbol{x}^{\mathrm{T}}[\boldsymbol{I}-(\boldsymbol{F}^{-1})^{\mathrm{T}}\boldsymbol{F}^{-1}]\mathrm{d}\boldsymbol{x}\end{aligned} \tag{6-11}$$

现定义

$$\boldsymbol{e}=\frac{1}{2}[\boldsymbol{I}-(\boldsymbol{F}^{-1})^{\mathrm{T}}(\boldsymbol{F}^{-1})] \tag{6-12}$$

为 Almansi 应变,它是衡量线元变形程度的一种量度。

若令 $\boldsymbol{B}^{-1}=(\boldsymbol{F}^{-1})^{\mathrm{T}}\boldsymbol{F}^{-1}$,在此基础上,还可进一步定义对数应变或真应变:

$$\varepsilon=-\frac{1}{2}\ln \boldsymbol{B}^{-1} \tag{6-13}$$

式中,$\boldsymbol{B}$ 又称为右柯西-格林(Cauchy-Green)张量。

6.3.2 格林-拉格朗日(Green-Lagrange)应变

若将式(6-3)代入式(6-10),则得

$$\begin{aligned}\mathrm{d}s^2-\mathrm{d}S^2&=\mathrm{d}\boldsymbol{x}^{\mathrm{T}}\cdot\mathrm{d}\boldsymbol{x}-\mathrm{d}\boldsymbol{X}^{\mathrm{T}}\cdot\mathrm{d}\boldsymbol{X}\\&=(\boldsymbol{F}\mathrm{d}\boldsymbol{X})^{\mathrm{T}}\cdot(\boldsymbol{F}\mathrm{d}\boldsymbol{X})-\mathrm{d}\boldsymbol{X}^{\mathrm{T}}\cdot\mathrm{d}\boldsymbol{X}\\&=\mathrm{d}\boldsymbol{X}^{\mathrm{T}}[(\boldsymbol{F})^{\mathrm{T}}\boldsymbol{F}-\boldsymbol{I}]\mathrm{d}\boldsymbol{X}\end{aligned} \tag{6-14}$$

令

$$\boldsymbol{C}=\left(\frac{\partial\boldsymbol{x}}{\partial\boldsymbol{X}}\right)^{\mathrm{T}}\frac{\partial\boldsymbol{x}}{\partial\boldsymbol{X}}=\boldsymbol{F}^{\mathrm{T}}\boldsymbol{F} \tag{6-15}$$

称为左 Cauchy-Green 张量。

在此基础上引出 Green-Lagrange 应变：

$$\boldsymbol{E}=\frac{1}{2}(\boldsymbol{F}^{\mathrm{T}}\boldsymbol{F}-\boldsymbol{I}) \tag{6-16}$$

下面会看到，Green-Lagrange 应变就是第 3 章所讲的应变。

将式(6-2)代入式(6-4)，求得变形梯度矩阵：

$$\boldsymbol{F}=\begin{pmatrix}\frac{\partial x}{\partial X} & \frac{\partial x}{\partial Y} & \frac{\partial x}{\partial Z}\\ \frac{\partial y}{\partial X} & \frac{\partial y}{\partial Y} & \frac{\partial y}{\partial Z}\\ \frac{\partial z}{\partial X} & \frac{\partial z}{\partial Y} & \frac{\partial z}{\partial Z}\end{pmatrix}=\begin{pmatrix}1+\frac{\partial u}{\partial X} & \frac{\partial u}{\partial Y} & \frac{\partial u}{\partial Z}\\ \frac{\partial v}{\partial X} & 1+\frac{\partial v}{\partial Y} & \frac{\partial v}{\partial Z}\\ \frac{\partial w}{\partial X} & \frac{\partial w}{\partial Y} & 1+\frac{\partial w}{\partial Z}\end{pmatrix}=\frac{\partial \boldsymbol{u}}{\partial \boldsymbol{X}}+\boldsymbol{I} \tag{6-17}$$

式中

$$\frac{\partial \boldsymbol{u}}{\partial \boldsymbol{X}}=\begin{pmatrix}\frac{\partial u}{\partial X} & \frac{\partial u}{\partial Y} & \frac{\partial u}{\partial Z}\\ \frac{\partial v}{\partial X} & \frac{\partial v}{\partial Y} & \frac{\partial v}{\partial Z}\\ \frac{\partial w}{\partial X} & \frac{\partial w}{\partial Y} & \frac{\partial w}{\partial Z}\end{pmatrix}$$

这是以初始构形坐标为自变量的速度梯度矩阵，与第 3 章应变分析中的定义一样，即如果变形不大(小变形)，则

$$\frac{\partial \boldsymbol{u}}{\partial \boldsymbol{X}}\approx\frac{\partial \boldsymbol{u}}{\partial \boldsymbol{x}}$$

将式(6-17)代入式(6-16)，得

$$\begin{aligned}\boldsymbol{E}&=\frac{1}{2}(\boldsymbol{F}^{\mathrm{T}}\boldsymbol{F}-\boldsymbol{I})\\ &=\frac{1}{2}\left[\left(\frac{\partial \boldsymbol{u}}{\partial \boldsymbol{X}}+\boldsymbol{I}\right)^{\mathrm{T}}\left(\frac{\partial \boldsymbol{u}}{\partial \boldsymbol{X}}+\boldsymbol{I}\right)-\boldsymbol{I}\right]\\ &=\frac{1}{2}\left(\frac{\partial \boldsymbol{u}}{\partial \boldsymbol{X}}+\frac{\partial \boldsymbol{u}}{\partial \boldsymbol{X}}^{\mathrm{T}}+\frac{\partial \boldsymbol{u}}{\partial \boldsymbol{X}}^{\mathrm{T}}\frac{\partial \boldsymbol{u}}{\partial \boldsymbol{X}}\right)\end{aligned} \tag{6-18}$$

如果忽略二阶项(小变形情况下)，则式(6-18)简化为

$$\boldsymbol{E}=\frac{1}{2}\left(\frac{\partial \boldsymbol{u}}{\partial \boldsymbol{X}}+\frac{\partial \boldsymbol{u}}{\partial \boldsymbol{X}}^{\mathrm{T}}\right) \tag{6-19}$$

这正是第 3 章所讲的小变形几何方程。

6.3.3　对称与反对称

在 6.1 节中曾提到变形时产生刚体转动问题，这里详细说明一下。图 6-2 所示为一个矩形微分单元，发生变形后(此时假设仅发生纯剪)产生角度变化，写成矩阵形式：

$$\boldsymbol{A}=\begin{pmatrix} & \alpha_{xy}\\ \alpha_{yx} & \end{pmatrix} \tag{6-20}$$

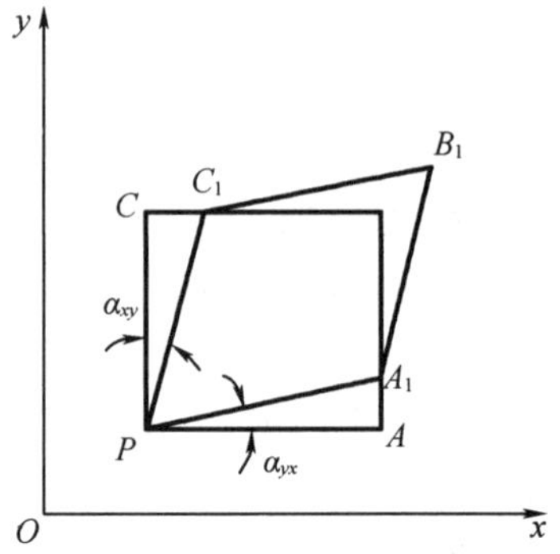

图 6-2　纯剪变形引起的刚体转动

注意，由于仅发生剪变形，无线应变，因此主对角线的元素为零（此处正是线应变所在的位置，参看第 3 章）。根据 3.1.2 节可知，应变分析时，为方便要把变形后单元 $PC_1B_1A_1$ 绕 z 轴（垂直于纸面）旋转一定的角度 ω_z，使 $\angle CPC_1=\angle APA_1=\alpha$。

这样的话：

$$\alpha=\mathrm{sym}(\boldsymbol{A})=\frac{1}{2}(\boldsymbol{A}+\boldsymbol{A}^{\mathrm{T}})=\frac{1}{2}(\alpha_{xy}+\alpha_{yx}) \tag{6-21}$$

$$\omega_z=\mathrm{asym}(\boldsymbol{A})=\frac{1}{2}(\boldsymbol{A}-\boldsymbol{A}^{\mathrm{T}})=\frac{1}{2}(\alpha_{xy}-\alpha_{yx}) \tag{6-22}$$

式中，sym($\boldsymbol{A}$)、asym($\boldsymbol{A}$)分别为 $\boldsymbol{A}$ 的对称部分和反对称部分，分别代表角变形和刚体转动。也就是说，$\boldsymbol{A}$ 可以表示为

$$\boldsymbol{A}=\boldsymbol{\alpha}+\boldsymbol{\omega}_z$$

这一表示方式在后面还会见到。

对于刚体转动，无论是由纯塑性变形引起的还是整体刚性转动，都是本书的重点讨论内容。这是因为在大塑性变形下，材料流动必然剧烈，然而即使在加热情况下，金属要产生大的变形也不是很容易的，这就需要材料发生刚性转动，以弥补塑形流动的困难，因此刚性转动是一种很重要的机制，我们后面还要进一步讨论。

6.3.4　两种典型变形的应变分析

1. 刚体转动

如图 6-3(a)所示，一根长度为 h 的线元 $\boldsymbol{OP}$，位于材料坐标系和变形坐标系中（二者重合）。线元在材料坐标系中的坐标分量为

$$X=h\cos\varphi$$
$$Y=h\sin\varphi \tag{6-23}$$

现在让其在平面内逆时针旋转 θ 角度（规定顺时针旋转为正，因此此时 $\theta<0$）变成 $\boldsymbol{OP'}$ 后，其在变形坐标系中的坐标分量为

$$x=h\cos(\theta+\varphi)$$
$$y=h\sin(\theta+\varphi) \tag{6-24}$$

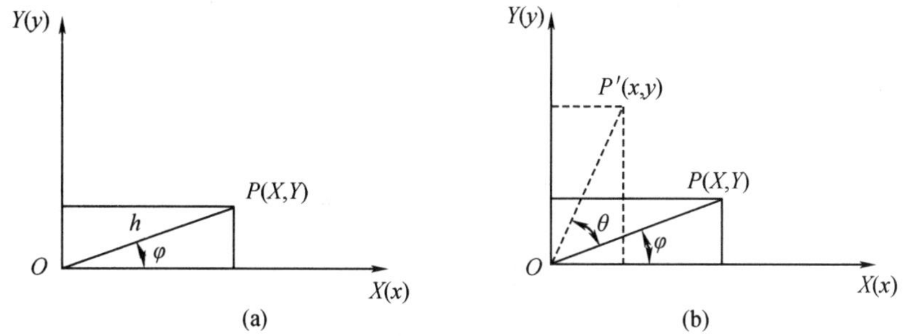

图 6-3　刚体转动坐标变换

将式(6-24)中的三角函数展开得

$$\begin{cases} x=h(\cos\theta\cos\varphi-\sin\theta\sin\varphi) \\ y=h(\sin\theta\cos\varphi+\cos\theta\sin\varphi) \end{cases} \tag{6-25}$$

将式(6-23)代入式(6-25),得

$$\begin{cases} x=X\cos\theta-Y\sin\theta \\ y=X\sin\theta+Y\cos\theta \end{cases} \tag{6-26}$$

由此得到线元刚体转动情况下的变形梯度矩阵:

$$\boldsymbol{F}=\begin{pmatrix} \cos\theta & -\sin\theta \\ \sin\theta & \cos\theta \end{pmatrix} \tag{6-27}$$

注意 $\theta<0$,因此 $|\theta|=-\theta$,于是式(6-27)变为

$$\boldsymbol{F}=\begin{pmatrix} \cos|\theta| & \sin|\theta| \\ -\sin|\theta| & \cos|\theta| \end{pmatrix} \tag{6-28}$$

为方便,仍记 $|\theta|=\theta$,则分别计算出左、右 Cauchy-Green 张量:

$$\boldsymbol{C}=\boldsymbol{F}^{\mathrm{T}}\boldsymbol{F}=\begin{pmatrix} \cos\theta & -\sin\theta \\ \sin\theta & \cos\theta \end{pmatrix}\begin{pmatrix} \cos\theta & \sin\theta \\ -\sin\theta & \cos\theta \end{pmatrix}=\begin{pmatrix} 1 & 0 \\ 0 & 1 \end{pmatrix} \tag{6-29}$$

$$\boldsymbol{B}^{-1}=(\boldsymbol{F}^{-1})^{\mathrm{T}}\boldsymbol{F}^{-1}=\begin{pmatrix} \cos\theta & \sin\theta \\ -\sin\theta & \cos\theta \end{pmatrix}\begin{pmatrix} \cos\theta & -\sin\theta \\ \sin\theta & \cos\theta \end{pmatrix}=\begin{pmatrix} 1 & 0 \\ 0 & 1 \end{pmatrix} \tag{6-30}$$

进而分别求出 Almansi 应变和 Green-Lagrange 应变:

$$\boldsymbol{e}=\frac{1}{2}(\boldsymbol{I}-\boldsymbol{B}^{-1})=0$$

$$\boldsymbol{E}=\frac{1}{2}(\boldsymbol{C}-\boldsymbol{I})=0$$

以及对数应变:

$$\varepsilon=-\frac{1}{2}\ln\boldsymbol{B}^{-1}=0$$

可见,刚体转动不会有变形发生。

2. 单向拉伸

图 6-4 是一个截面为正方形的试样棒,初始长度为 l_0,正方形初始边长为 $2r_0$。试样经单向拉伸后,长度变为 l,边长变为 $2r$。

变形后与变形前的尺寸比为

$$\lambda_x=\frac{r}{r_0},\quad \lambda_y=\frac{l}{l_0},\quad \lambda_z=\frac{r}{r_0}$$

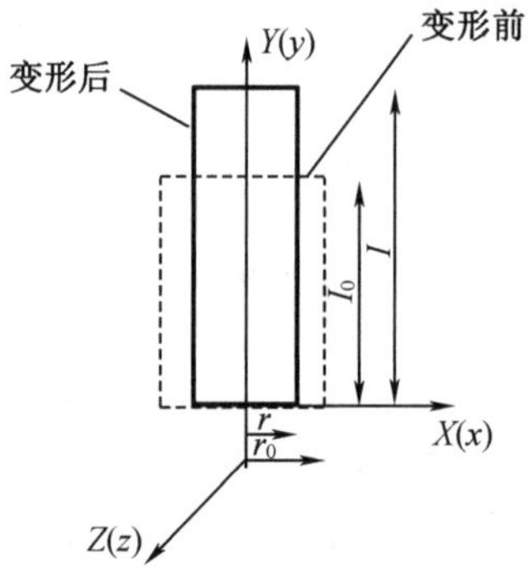

图 6-4　单向拉伸变形

根据体积不变条件：

$$rlr=r_0l_0r_0$$

并考虑到截面为正方形，可得

$$\lambda_x=\lambda_z=\frac{1}{\sqrt{\lambda_y}}=\left(\frac{l}{l_0}\right)^{-\frac{1}{2}} \tag{6-31}$$

由此可得变形后坐标与初始坐标的关系：

$$x=\lambda_xX,\quad y=\lambda_yY,\quad z=\lambda_zZ$$

再根据变形梯度的定义求出 $\boldsymbol{F}$：

$$\frac{\partial x}{\partial X}=\lambda_x,\quad \frac{\partial y}{\partial Y}=\lambda_y,\quad \frac{\partial z}{\partial Z}=\lambda_z,\quad \frac{\partial x}{\partial Y}=\frac{\partial x}{\partial Z}=0$$

即

$$\boldsymbol{F}=\begin{pmatrix}\lambda_x & & \\ & \lambda_y & \\ & & \lambda_z\end{pmatrix}=\begin{pmatrix}\left(\frac{l}{l_0}\right)^{-\frac{1}{2}} & & \\ & \frac{l}{l_0} & \\ & & \left(\frac{l}{l_0}\right)^{-\frac{1}{2}}\end{pmatrix} \tag{6-32}$$

由于 $\boldsymbol{F}$ 具有对称性，因此有

$$\boldsymbol{F}=\boldsymbol{F}^{-1}=\boldsymbol{F}^{\mathrm{T}}$$

这样可求出右 Cauchy-Green 张量：

$$B^{-1}=(F^{-1})^{\mathrm{T}}F^{-1}=\begin{pmatrix}\frac{l}{l_0} & & \\ & \left(\frac{l}{l_0}\right)^{-2} & \\ & & \frac{l}{l_0}\end{pmatrix}$$

根据式(6-13),真应变为

$$\boldsymbol{\varepsilon}=-\frac{1}{2}\ln B^{-1}=\begin{pmatrix}-\frac{1}{2}\ln\left(\frac{l}{l_0}\right) & & \\ & \ln\left(\frac{l}{l_0}\right) & \\ & & \frac{1}{2}\ln\left(\frac{l}{l_0}\right)\end{pmatrix} \tag{6-33}$$

同样,可求出左 Cauchy-Green 张量:

$$F^{\mathrm{T}}F=\begin{pmatrix}\left(\frac{r}{r_0}\right)^2 & & \\ & \left(\frac{l}{l_0}\right)^2 & \\ & & \left(\frac{r}{r_0}\right)^2\end{pmatrix}\approx\begin{pmatrix}1+\frac{2\Delta r}{r_0} & & \\ & 1+\frac{2\Delta l}{l_0} & \\ & & 1+\frac{2\Delta r}{r_0}\end{pmatrix}$$

再求出 Green-Lagrange 应变:

$$E=\frac{1}{2}(C-I)=\frac{1}{2}(F^{\mathrm{T}}F-I)=\begin{pmatrix}\frac{\Delta r}{r_0} & & \\ & \frac{\Delta l}{l_0} & \\ & & \frac{\Delta r}{r_0}\end{pmatrix}$$

可见,小变形情况下,Green-Lagrange 应变就是第 3 章中定义的应变。

参 考 文 献

[1] 王自强,祝段平. 塑性微观力学[M]. 北京:科学出版社,1995.

[2] 陈海军,卢广玺,关绍康. 利用 EBSD 研究轧间退火对铝镁硅铜合金板材织构的影响[J]. 热加工工艺,2011,40(4):139-141.

[3] TAYLOR G I. Plastic strain in metals [J]. Inst Metals,1938,62:307-324.

[4] HUTCHINSON. Bounds and self-consistent estimates for creep of polycrystalline materials [J]. Proceedings of the royal society of London,1976,A348:101-127.

第 7 章　极分解定理

7.1　变形梯度矩阵分解

回想一下前面的论述,任何材料点的变形都可以被认为包括三个部分:①整体刚体平移;②刚体转动;③拉伸。这里主要考虑后两者。由于变形梯度矩阵包含纯变形(为方便简称为拉伸)和刚体转动,因此为了研究的需要,需要把刚体运动分离出来,这就需要运用极分解定理。

极分解定理指出,任何非奇异的二阶张量都可以唯一地分解为正交张量(旋转)和对称张量(拉伸)的乘积。变形梯度是一个非奇异的二阶张量,因此可以写成

$$\boldsymbol{F}=\boldsymbol{R}\boldsymbol{U}=\boldsymbol{V}\boldsymbol{R} \tag{7-1}$$

式中,$\boldsymbol{R}$ 为刚体旋转矩阵;$\boldsymbol{U}$、$\boldsymbol{V}$ 为对称的伸缩矩阵。

下面以纯剪为例,对极分解定理进一步讲解。如图 7-1 所示,一个边长为 1 的正方体单元 $OABC$,发生剪切变形后,变为平行四边形 $OA''B''C''$,变形量为 δ。

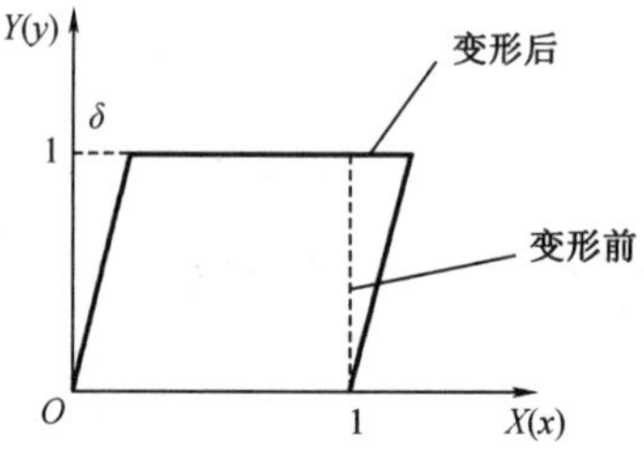

(a)

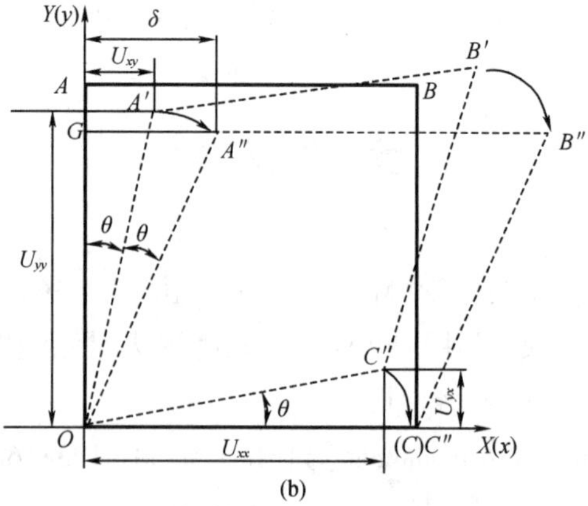

(b)

图 7-1　纯剪变形

为了推导过程的清晰，特将其放大，并将变形过程分解为两步，如图 7-1(b) 所示：①$OABC$ 发生纯剪，变为 $OA'B'C'$；②$OA'B'C'$ 再顺时针发生刚体转动，变为 $OA''B''C''$。

设在第一个过程中，$OABC$ 发生角变形和线变形，属于纯变形，设纯变形的变形梯度矩阵为

$$\boldsymbol{U}=\begin{pmatrix} U_{xx} & U_{xy} \\ U_{yx} & U_{yy} \end{pmatrix} \tag{7-2}$$

各元素的意义如图 7-1(b) 所示。

在第二步中，$OA'B'C'$ 整体顺时针转到 $OA''B''C''$。根据 6.3.4 节可知，刚体转动的变形梯度矩阵为

$$\boldsymbol{R}=\begin{pmatrix} \cos\theta & \sin\theta \\ -\sin\theta & \cos\theta \end{pmatrix} \tag{7-3}$$

根据式(7-1)可得到总的变形梯度矩阵：

$$\boldsymbol{F}=\boldsymbol{R}\boldsymbol{U}=\begin{pmatrix} \cos\theta & \sin\theta \\ -\sin\theta & \cos\theta \end{pmatrix}\begin{pmatrix} U_{xx} & U_{xy} \\ U_{yx} & U_{yy} \end{pmatrix}=\begin{pmatrix} a & b \\ c & d \end{pmatrix} \tag{7-4}$$

由图 7-1(a) 不难看出，变形前后坐标关系为

$$\begin{cases} x=X+\delta Y \\ y=Y \end{cases} \tag{7-5}$$

根据式(7-4)得到总的变形梯度矩阵：

$$\frac{\partial x}{\partial X}=1,\quad \frac{\partial x}{\partial Y}=\delta,\quad \frac{\partial y}{\partial X}=0,\quad \frac{\partial y}{\partial Y}=1$$

即

$$\boldsymbol{F}=\begin{pmatrix} 1 & \delta \\ 0 & 1 \end{pmatrix} \tag{7-6}$$

此式与式(7-4)相等，因此得到

$$\begin{pmatrix} 1 & \delta \\ 0 & 1 \end{pmatrix}=\begin{pmatrix} U_{xx} & U_{xy} \\ U_{yx} & U_{yy} \end{pmatrix}\begin{pmatrix} \cos\theta & \sin\theta \\ -\sin\theta & \cos\theta \end{pmatrix} \tag{7-7}$$

将其展开，得到四个方程：

$$\begin{cases} 1=U_{xx}\cos\theta-U_{xy}\sin\theta \\ \delta=U_{xx}\sin\theta+U_{xy}\cos\theta \\ 0=U_{yx}\cos\theta-U_{yy}\sin\theta \\ 1=U_{yx}\sin\theta-U_{yy}\cos\theta \end{cases} \tag{7-8}$$

联立可求出

$$U_{xx}=\cos\theta$$

$$U_{yx}=\sin\theta$$

$$U_{yy}=\cos\theta+\delta\sin\theta$$

$$U_{xy}=\delta\cos\theta-\sin\theta$$

总结起来,式(7-2)就是

$$\boldsymbol{U}=\begin{pmatrix}\cos\theta & \cos\theta-\delta\sin\theta\\ \sin\theta & \cos\theta+\delta\sin\theta\end{pmatrix} \tag{7-9}$$

以上就是以纯剪为例,对极分解定理的解释。

在充分理解了极分解定理后,右 Cauchy-Green 张量可进一步写为

$$\begin{aligned}\boldsymbol{B}^{-1}&=(\boldsymbol{F}^{-1})^{\mathrm{T}}\boldsymbol{F}^{-1}\\&=[(\boldsymbol{VR})^{-1}]^{\mathrm{T}}(\boldsymbol{VR})^{-1}\\&=(\boldsymbol{R}^{-1}\boldsymbol{V}^{-1})^{\mathrm{T}}\boldsymbol{R}^{-1}\boldsymbol{V}^{-1}\\&=(\boldsymbol{V}^{-1})^{\mathrm{T}}(\boldsymbol{R}^{-1})^{\mathrm{T}}\boldsymbol{R}^{-1}\boldsymbol{V}^{-1}\\&=(\boldsymbol{V}^{-1})^{\mathrm{T}}\boldsymbol{V}^{-1}\\&=(\boldsymbol{V}^{-1})^{2}\end{aligned} \tag{7-10}$$

上式利用了旋转矩阵的正交性$(\boldsymbol{R}^{-1})^{\mathrm{T}}\boldsymbol{R}^{-1}=\boldsymbol{I}$以及 $\boldsymbol{V}=\boldsymbol{V}^{-1}$。

这样,真应变就变为

$$\varepsilon=-\frac{1}{2}\ln(\boldsymbol{V}^{-1})^{2}=\ln\boldsymbol{V}$$

类似地,左 Cauchy-Green 张量 $\boldsymbol{C}$ 可进一步写为

$$\boldsymbol{C}=\boldsymbol{F}^{\mathrm{T}}\boldsymbol{F}=(\boldsymbol{RU})^{\mathrm{T}}\boldsymbol{RU}=\boldsymbol{U}^{\mathrm{T}}\boldsymbol{R}^{\mathrm{T}}\boldsymbol{RU}=\boldsymbol{U}^{\mathrm{T}}\boldsymbol{U}=\boldsymbol{U}^{2} \tag{7-11}$$

上式利用了 $\boldsymbol{U}^{\mathrm{T}}=\boldsymbol{U}$ 以及 $R^{\mathrm{T}}R=I$。

7.2 速度梯度　变形速度　连续体旋转

7.2.1 速度梯度

到目前为止,我们所讨论、研究的变形均与时间无关。然而,塑性变形过程是十分复杂的,各种量在变形过程中不断变化(黏塑性是一个明显的例子),有时必须以微分或速率的形式给出方程,故许多塑性力学公式都含有速率项,因此有必要考虑如何将已经讨论过的量转化为速率形式。

在变形坐标系中,考虑一个构形中的材料点的速度在空间上有变化, 其速度增量 $\mathrm{d}\boldsymbol{v}$ 与坐标增量 $\mathrm{d}\boldsymbol{x}$ 的关系为

$$\mathrm{d}\boldsymbol{v}=\frac{\partial\boldsymbol{v}}{\partial\boldsymbol{x}}\mathrm{d}\boldsymbol{x} \tag{7-12}$$

式中,$\boldsymbol{L}=\dfrac{\partial\boldsymbol{v}}{\partial\boldsymbol{x}}$定义为速度梯度,它描述了速度的空间变化率。注意:自变量为变形坐标系。

现考虑变形梯度的时间变化率,将式(7-4)中的 $\boldsymbol{F}$ 对时间求导:

$$\dot{\boldsymbol{F}}=\frac{\partial}{\partial t}\left(\frac{\partial\boldsymbol{x}}{\partial\boldsymbol{X}}\right)=\frac{\partial\boldsymbol{v}}{\partial\boldsymbol{X}}=\frac{\partial\boldsymbol{v}}{\partial\boldsymbol{x}}\frac{\partial\boldsymbol{x}}{\partial\boldsymbol{X}}=\boldsymbol{LF} \tag{7-13}$$

也就是说,速度梯度 $\boldsymbol{L}$ 将变形梯度 $\boldsymbol{F}$ 映射为变形梯度的变化率$\dot{\boldsymbol{F}}$。

式(7-13)还可以写作

$$\boldsymbol{L}=\dot{\boldsymbol{F}}\boldsymbol{F}^{-1} \tag{7-14}$$

将式(7-13)展开,有

$$\begin{pmatrix} \frac{\partial u}{\partial X} & \frac{\partial u}{\partial Y} & \frac{\partial u}{\partial Z} \\ \frac{\partial v}{\partial X} & \frac{\partial v}{\partial Y} & \frac{\partial v}{\partial Z} \\ \frac{\partial w}{\partial X} & \frac{\partial w}{\partial Y} & \frac{\partial w}{\partial Z} \end{pmatrix}=\begin{pmatrix} \frac{\partial u}{\partial x} & \frac{\partial u}{\partial y} & \frac{\partial u}{\partial z} \\ \frac{\partial v}{\partial x} & \frac{\partial v}{\partial y} & \frac{\partial v}{\partial z} \\ \frac{\partial w}{\partial x} & \frac{\partial w}{\partial y} & \frac{\partial w}{\partial z} \end{pmatrix}\begin{pmatrix} \frac{\partial x}{\partial X} & \frac{\partial x}{\partial Y} & \frac{\partial x}{\partial Z} \\ \frac{\partial y}{\partial X} & \frac{\partial y}{\partial Y} & \frac{\partial y}{\partial Z} \\ \frac{\partial z}{\partial X} & \frac{\partial z}{\partial Y} & \frac{\partial z}{\partial Z} \end{pmatrix}$$

说明对于同一个速度,例如 $\boldsymbol{u}$,它对初始坐标的变化率与它对变形坐标的变化率是不一样的。

为了更好地理解上式,只考虑二维,即矩阵规模为 2×2。于是以$\frac{\partial u}{\partial X}$为例,其展开式为

$$\frac{\partial u}{\partial X}=\frac{\partial u}{\partial x}\frac{\partial x}{\partial X}+\frac{\partial u}{\partial y}\frac{\partial y}{\partial X}$$

等号右边第一项中的$\frac{\partial u}{\partial x}$表示在变形坐标系下,一个具有(d$x$,d$y$)分量的线元,由 x 的微小变化(dx)导致的速度梯度(x 方向);第二项中的$\frac{\partial u}{\partial y}$表示 y 的微小变化(dy)导致的速度梯度(也是 x 方向);二者分别乘以系数$\frac{\partial x}{\partial X}$、$\frac{\partial y}{\partial X}$(意义前面讲过),表示把 x 和 y 的微小变化量,转变为材料(初始)坐标系下的微小变化量 dX(也可以说,dX 导致了 dx、dy),这样变形梯度就变化到初始坐标系下。

与变形梯度类似,速度梯度 $\boldsymbol{L}$ 可分解为对称(拉伸相关)和反对称(旋转相关)两部分:

$$\boldsymbol{L}=\mathrm{sym}(\boldsymbol{L})+\mathrm{asym}(\boldsymbol{L}) \tag{7-15}$$

式中

$$\mathrm{sym}(\boldsymbol{L})=\frac{1}{2}(\boldsymbol{L}+\boldsymbol{L}^{\mathrm{T}}) \tag{7-16}$$

$$\mathrm{asym}(\boldsymbol{L})=\frac{1}{2}(\boldsymbol{L}-\boldsymbol{L}^{\mathrm{T}}) \tag{7-17}$$

对称部分称为变形速率 $\boldsymbol{D}$,反对称部分称为连续体自旋 $\boldsymbol{W}$,因此

$$\boldsymbol{L}=\boldsymbol{D}+\boldsymbol{W} \tag{7-18}$$

$$\boldsymbol{D}=\frac{1}{2}(\boldsymbol{L}+\boldsymbol{L}^{\mathrm{T}}) \tag{7-19}$$

$$\boldsymbol{W}=\frac{1}{2}(\boldsymbol{L}-\boldsymbol{L}^{\mathrm{T}}) \tag{7-20}$$

下面以二维为例,对上面这些概念进行简单的解释。二维情况下,$\boldsymbol{L}$ 和 $\boldsymbol{L}^{\mathrm{T}}$ 展开如下:

$$L=\begin{pmatrix}\frac{\partial u}{\partial x} & \frac{\partial u}{\partial y}\\ \frac{\partial v}{\partial x} & \frac{\partial v}{\partial y}\end{pmatrix}$$

$$L^{\mathrm{T}}=\begin{pmatrix}\frac{\partial u}{\partial x} & \frac{\partial v}{\partial x}\\ \frac{\partial u}{\partial y} & \frac{\partial v}{\partial x}\end{pmatrix}$$

代入式(7-19)、式(7-20)得到

$$D=\begin{pmatrix}\frac{1}{2}\left(\frac{\partial u}{\partial x}+\frac{\partial u}{\partial x}\right) & \frac{1}{2}\left(\frac{\partial u}{\partial y}+\frac{\partial v}{\partial x}\right)\\ \frac{1}{2}\left(\frac{\partial v}{\partial x}+\frac{\partial u}{\partial y}\right) & \frac{1}{2}\left(\frac{\partial v}{\partial y}+\frac{\partial v}{\partial y}\right)\end{pmatrix} \tag{7-21}$$

$$W=\begin{pmatrix}0 & \frac{1}{2}\left(-\frac{\partial u}{\partial y}+\frac{\partial v}{\partial x}\right)\\ \frac{1}{2}\left(-\frac{\partial v}{\partial x}+\frac{\partial u}{\partial y}\right) & 0\end{pmatrix} \tag{7-22}$$

可见 $\boldsymbol{D}$、$\boldsymbol{W}$ 就是纯变形引起的应变速率矩阵(即上文提到的拉伸相关——纯伸长或缩短)和刚体转动矩阵(纯变形引起的)。需要注意的是,刚体转动分为两种情况:一种是物体没有变形情况下的整体转动;另一种是由纯变形引起的转动,此处即指这种。下面进一步讨论这个问题。

7.2.2 连续体旋转

连续体旋转并不等于整体刚体转动,但当连续体无变形时,连续体的旋转就等同于整体刚体转动。如果全面考虑,则连续体的转动由两部分组成:一是整体刚体转动;二是由纯变形引起的转动,比如上文提到的内容。

仍以前面研究过的线元的刚体转动为例,观察连续体只有刚体转动时的旋转情况。如图 6-3 所示,变形梯度矩阵为

$$F=\begin{pmatrix}\cos\theta & \sin\theta\\ -\sin\theta & \cos\theta\end{pmatrix} \tag{7-23}$$

根据旋转矩阵的特点可知

$$F^{-1}=F^{\mathrm{T}}=\begin{pmatrix}\cos\theta & -\sin\theta\\ \sin\theta & \cos\theta\end{pmatrix} \tag{7-24}$$

因此

$$FF^{\mathrm{T}}=\begin{pmatrix}1 & 0\\ 0 & 1\end{pmatrix}=I$$

现对 $\boldsymbol{F}$ 求时间导数:

$$\dot{F}=\dot{\theta}\begin{pmatrix}-\sin\theta & \cos\theta\\ -\cos\theta & -\sin\theta\end{pmatrix} \tag{7-25}$$

于是速度梯度为

$$\boldsymbol{L}=\dot{\boldsymbol{F}}\boldsymbol{F}^{-1}=\dot{\theta}\begin{pmatrix}-\sin\theta & \cos\theta\\ -\cos\theta & -\sin\theta\end{pmatrix}\begin{pmatrix}\cos\theta & -\sin\theta\\ \sin\theta & \cos\theta\end{pmatrix}=\dot{\theta}\begin{pmatrix}0 & 1\\ -1 & 0\end{pmatrix}$$

其转置为

$$\boldsymbol{L}^{\mathrm{T}}=\dot{\theta}\begin{pmatrix}0 & -1\\ 1 & 0\end{pmatrix}$$

根据式(7-19)、式(7-20)可得

$$\boldsymbol{D}=\frac{1}{2}(\boldsymbol{L}+\boldsymbol{L}^{\mathrm{T}})=0$$

$$\boldsymbol{W}=\frac{1}{2}(\boldsymbol{L}-\boldsymbol{L}^{\mathrm{T}})=\dot{\theta}\begin{pmatrix}0 & 1\\ -1 & 0\end{pmatrix} \tag{7-26}$$

实际上式(7-26)就是刚体转动角速度矩阵。副对角线两个元素大小相等、符号相反，含义如下：

$$\boldsymbol{W}=\dot{\theta}\begin{pmatrix}0 & 1\\ -1 & 0\end{pmatrix}=\begin{pmatrix}0 & \dot{\theta}_{y\to x}\\ \dot{\theta}_{x\to y} & 0\end{pmatrix}$$

式中，$\dot{\theta}_{y\to x}$ 为顺时针角速度，而 $\dot{\theta}_{x\to y}$ 为逆时针角速度，二者只是定义不同，但都表示相同的转动。

$\boldsymbol{D}=\boldsymbol{0}$ 说明，连续体刚体转动下无变形，因此拉伸（即纯变形）速率对速度梯度没有贡献。

根据式(7-25)，再结合式(7-23)、式(7-26)，得

$$\boldsymbol{W}\boldsymbol{F}=\dot{\theta}\begin{pmatrix}0 & 1\\ -1 & 0\end{pmatrix}\begin{pmatrix}\cos\theta & \sin\theta\\ -\sin\theta & \cos\theta\end{pmatrix}=\dot{\theta}\begin{pmatrix}-\sin\theta & \cos\theta\\ -\cos\theta & -\sin\theta\end{pmatrix}=\dot{\boldsymbol{R}}$$

即

$$\dot{\boldsymbol{R}}=\boldsymbol{W}\boldsymbol{F}=\boldsymbol{W}\boldsymbol{R}$$

所以 $\boldsymbol{W}$ 是把 $\boldsymbol{R}$ 映射到 $\dot{\boldsymbol{R}}$ 上的张量，由于 $\boldsymbol{R}$ 是正交的，因此 $\boldsymbol{R}^{-1}=\boldsymbol{R}^{\mathrm{T}}$，$\boldsymbol{W}$ 可以写成如下简单形式：

$$\boldsymbol{W}=\dot{\boldsymbol{R}}\boldsymbol{R}^{\mathrm{T}}$$

这是求刚体角速度的另一种方法。

下面再对连续体变形产生的转动及角速度进行分析。

根据式(7-22)，连续体转动由 $\boldsymbol{W}$ 给出

$$\boldsymbol{W}=\frac{1}{2}(\boldsymbol{L}-\boldsymbol{L}^{\mathrm{T}})$$

将式(7-21)代入上式，有

$$\boldsymbol{W}=\frac{1}{2}[\dot{\boldsymbol{F}}\boldsymbol{F}^{-1}-(\dot{\boldsymbol{F}}\boldsymbol{F}^{-1})^{\mathrm{T}}]=\frac{1}{2}[\dot{\boldsymbol{F}}\boldsymbol{F}^{-1}-(\boldsymbol{F}^{-1})^{\mathrm{T}}\dot{\boldsymbol{F}}^{\mathrm{T}}]$$

再用式(7-3)代替 $\boldsymbol{F}$，经过运算、整理得到

$$W=\frac{1}{2}\{\dot{\boldsymbol{R}}\boldsymbol{R}^{-1}-\boldsymbol{R}\dot{\boldsymbol{R}}^{\mathrm{T}}+\boldsymbol{R}[\dot{\boldsymbol{U}}\boldsymbol{U}^{-1}-(\dot{\boldsymbol{U}}\boldsymbol{U}^{-1})]\boldsymbol{R}^{\mathrm{T}}\} \tag{7-27}$$

另外,由于刚体旋转矩阵为正定阵,因此

$$\boldsymbol{R}\boldsymbol{R}^{\mathrm{T}}=\boldsymbol{I}$$

对其进行时间求导:

$$\dot{\boldsymbol{R}}\boldsymbol{R}^{\mathrm{T}}+\boldsymbol{R}\dot{\boldsymbol{R}}^{\mathrm{T}}=0$$

由此可看出 $\dot{\boldsymbol{R}}\boldsymbol{R}^{\mathrm{T}}=-\boldsymbol{R}\dot{\boldsymbol{R}}^{\mathrm{T}}=-(\dot{\boldsymbol{R}}\boldsymbol{R})^{\mathrm{T}}$,所以 $\boldsymbol{R}\boldsymbol{R}^{\mathrm{T}}$ 是反对称的,将这一条件代入式(7-27),得

$$W=\dot{\boldsymbol{R}}\boldsymbol{R}^{\mathrm{T}}+\frac{1}{2}\{\boldsymbol{R}[\dot{\boldsymbol{U}}\boldsymbol{U}^{-1}-(\dot{\boldsymbol{U}}\boldsymbol{U}^{-1})]\boldsymbol{R}^{\mathrm{T}}\} \tag{7-28}$$

仍以二维为例,对上式进行简单的解析。

根据式(7-2)可知

$$\boldsymbol{U}=\begin{pmatrix}\frac{\partial x}{\partial X} & \frac{\partial x}{\partial Y}\\ \frac{\partial y}{\partial X} & \frac{\partial y}{\partial y}\end{pmatrix}$$

$$\dot{\boldsymbol{U}}=\begin{pmatrix}\frac{\partial u}{\partial X} & \frac{\partial u}{\partial Y}\\ \frac{\partial v}{\partial X} & \frac{\partial v}{\partial y}\end{pmatrix}$$

故而

$$\dot{\boldsymbol{U}}\boldsymbol{U}^{-1}=\begin{pmatrix}\frac{\partial u}{\partial X}\frac{\partial X}{\partial x}+\frac{\partial u}{\partial Y}\frac{\partial Y}{\partial x} & \frac{\partial u}{\partial X}\frac{\partial X}{\partial y}+\frac{\partial u}{\partial Y}\frac{\partial Y}{\partial y}\\ \frac{\partial v}{\partial X}\frac{\partial X}{\partial x}+\frac{\partial v}{\partial Y}\frac{\partial Y}{\partial x} & \frac{\partial v}{\partial X}\frac{\partial X}{\partial y}+\frac{\partial v}{\partial Y}\frac{\partial Y}{\partial y}\end{pmatrix}=\begin{pmatrix}\frac{\partial u}{\partial x}+\frac{\partial u}{\partial x} & \frac{\partial u}{\partial y}+\frac{\partial u}{\partial y}\\ \frac{\partial v}{\partial x}+\frac{\partial v}{\partial x} & \frac{\partial v}{\partial y}+\frac{\partial v}{\partial y}\end{pmatrix}$$

$$(\dot{\boldsymbol{U}}\boldsymbol{U}^{-1})^{\mathrm{T}}=\begin{pmatrix}\frac{\partial u}{\partial x}+\frac{\partial u}{\partial x} & \frac{\partial v}{\partial x}+\frac{\partial v}{\partial x}\\ \frac{\partial u}{\partial y}+\frac{\partial u}{\partial y} & \frac{\partial v}{\partial y}+\frac{\partial v}{\partial y}\end{pmatrix}$$

进而有

$$\begin{aligned}\boldsymbol{R}(\dot{\boldsymbol{U}}\boldsymbol{U}^{-1}-\dot{\boldsymbol{U}}\boldsymbol{U}^{-1})^{\mathrm{T}}\boldsymbol{R}^{\mathrm{T}}&=\frac{1}{2}\begin{pmatrix}\cos\theta & \sin\theta\\ -\sin\theta & \cos\theta\end{pmatrix}\begin{pmatrix}0 & \frac{\partial u}{\partial y}+\frac{\partial u}{\partial y}-\left(\frac{\partial v}{\partial x}+\frac{\partial v}{\partial x}\right)\\ \frac{\partial v}{\partial x}+\frac{\partial v}{\partial x}-\left(\frac{\partial u}{\partial y}+\frac{\partial u}{\partial y}\right) & 0\end{pmatrix}\times\\ &\quad\begin{pmatrix}\cos\theta & -\sin\theta\\ \sin\theta & \cos\theta\end{pmatrix}\\ &=\begin{pmatrix}0 & \frac{\partial u}{\partial y}-\frac{\partial v}{\partial x}\\ \frac{\partial v}{\partial x}-\frac{\partial u}{\partial y} & 0\end{pmatrix}\end{aligned}$$

代入式(7-28)得

$$\boldsymbol{W}=\boldsymbol{\Omega}+\frac{1}{2}\{\boldsymbol{R}[\dot{\boldsymbol{U}}\boldsymbol{U}^{-1}-(\dot{\boldsymbol{U}}\boldsymbol{U}^{-1})^{\mathrm{T}}]\boldsymbol{R}^{\mathrm{T}}\}=\boldsymbol{\Omega}+\boldsymbol{R}[\operatorname{asym}(\dot{\boldsymbol{U}}\boldsymbol{U}^{-1})]\boldsymbol{R}^{\mathrm{T}} \tag{7-29}$$

可见,连续体转动包括两部分:第一项 $\boldsymbol{\Omega}$ 称为角速度张量,它只取决于整体刚体的转动及其变化率,与拉伸(即纯变形)无关,或者说属于整体刚性转动;而第二项就是变形引起的转动。如果变形很小,乃至可以忽略不计,我们只需考虑由刚体转动组成的变形,那么式(7-29)就可简化为

$$\boldsymbol{W}=\boldsymbol{\Omega}=\dot{\boldsymbol{R}}\boldsymbol{R}^{\mathrm{T}}$$

展开有

$$\boldsymbol{\Omega}=\dot{\boldsymbol{R}}\boldsymbol{R}^{\mathrm{T}}=\dot{\theta}\begin{pmatrix}-\sin\theta & \cos\theta\\ -\cos\theta & -\sin\theta\end{pmatrix}\begin{pmatrix}\cos\theta & -\sin\theta\\ \sin\theta & \cos\theta\end{pmatrix}=\dot{\theta}\begin{pmatrix}0 & 1\\ -1 & 0\end{pmatrix}$$

可见,上式正是式(7-26)表示的无变形时的整体刚体旋转。

下面以单向拉伸为例,对式(7-29)进行检验。

在上一章研究了杆的单轴拉伸(参见图 6-3),并得到变形梯度矩阵:

$$\boldsymbol{F}=\begin{pmatrix}\left(\frac{l}{l_0}\right)^{-\frac{1}{2}} & & \\ & \frac{l}{l_0} & \\ & & \left(\frac{l}{l_0}\right)^{-\frac{1}{2}}\end{pmatrix}$$

容易验证

$$\boldsymbol{F}=\boldsymbol{F}^{-1}$$

现在考察单轴情况下的连续体转动。先求出 $\dot{\boldsymbol{F}}$:

$$\dot{\boldsymbol{F}}=\begin{pmatrix}-\frac{1}{2}\left(\frac{l}{l_0}\right)^{-\frac{3}{2}}\frac{i}{l_0} & & \\ & \frac{i}{l_0} & \\ & & -\frac{1}{2}\left(\frac{l}{l_0}\right)^{-\frac{3}{2}}\frac{i}{l_0}\end{pmatrix}$$

进而求出

$$\boldsymbol{L}=\dot{\boldsymbol{F}}\boldsymbol{F}^{-1}=\begin{pmatrix}-\frac{1}{2}\left(\frac{l}{l_0}\right)^{-\frac{3}{2}}\frac{i}{l_0} & & \\ & \frac{i}{l_0} & \\ & & -\frac{1}{2}\left(\frac{l}{l_0}\right)^{-\frac{3}{2}}\frac{i}{l_0}\end{pmatrix}\begin{pmatrix}\left(\frac{l}{l_0}\right)^{-\frac{1}{2}} & & \\ & \frac{l}{l_0} & \\ & & \left(\frac{l}{l_0}\right)^{-\frac{1}{2}}\end{pmatrix}$$

即

$$\boldsymbol{L}=\frac{l}{l_0}\begin{pmatrix}-\frac{1}{2} & & \\ & 1 & \\ & & -\frac{1}{2}\end{pmatrix}$$

这是一个对称张量,可分别求出其对称部分和反对称部分:

$$\boldsymbol{D}=\frac{1}{2}(\boldsymbol{L}+\boldsymbol{L}^{\mathrm{T}})=\frac{\dot{l}}{l_0}\begin{pmatrix}-\frac{1}{2} & & \\ & 1 & \\ & & -\frac{1}{2}\end{pmatrix} \tag{7-30}$$

$$\boldsymbol{W}=\frac{1}{2}(\boldsymbol{L}-\boldsymbol{L}^{\mathrm{T}})=0$$

所以在单向拉伸情况下,连续的整体转动为零,但存在拉伸变形,线变形速率不为零。不过由于不存在剪切,$\frac{1}{2}(\boldsymbol{L}-\boldsymbol{L}^{\mathrm{T}})$[即纯剪引起的转动,见式(7-22)]为零。

下面让我们来看下单轴情况下的变形速率。在 y 方向上的单轴拉伸,其真实塑性应变为

$$\dot{\varepsilon}_{yy}=\frac{\dot{l}}{l},\quad \dot{\varepsilon}_{xx}=\dot{\varepsilon}_{zz}=-\frac{\dot{l}}{2l},\quad \dot{\varepsilon}_{xy}=\dot{\varepsilon}_{yz}=\dot{\varepsilon}_{zx}=0$$

代入式(7-30),有

$$\boldsymbol{D}=\begin{pmatrix}\dot{\varepsilon}_{xx} & & \\ & \dot{\varepsilon}_{yy} & \\ & & \dot{\varepsilon}_{zz}\end{pmatrix}$$

因此,对于单轴拉伸,在没有刚体转动的情况下,可以认为变形速率就是真的应变率。

参 考 文 献

[1] YEH J W, CHEN S K, LIN S J, et al. Nanostructured high-entropy alloys with multiple principal elements: Novel alloy design concepts and outcomes[J]. Advanced Engineering Materials, 2004, 6(5): 299-303.

[2] SENKOV O N, WILKS G B, MIRACLE D B, et al. Refractory high-entropy alloys[J]. Intermetallics, 2010, 18(9): 1758-1765.

[3] SENKOV O N, SENKOVA S V, MIRACLE D B, et al. Mechanical properties of low-density, refractory multi-principal element alloys of the Cr-Nb-Ti-V-Zr system[J]. Materials Science and Engineering: A, 2013, 565: 51-62.

[4] NAGASE T, ANADA S, RACK P D, et al. MeV electron-irradiation-induced structural change in the bcc phase of Zr-Hf-Nb alloy with an approximately equiatomic ratio[J]. Intermetallics, 2013, 38: 70-79.

[5] PRADEEP K G, TASAN C C, YAO M J, et al. Non-equiatomic high entropy alloys: Approach towards rapid alloy screening and property-oriented design[J]. Materials Science and Engineering: A, 2015, 648: 183-192.

第 8 章　弹塑性变形耦合

8.1　弹塑性变形耦合原理

如图 8-1 所示,在材料坐标系中,有一块未变形的物体,它包含一个微分线元 d$\boldsymbol{X}$。变形后,线元 d$\boldsymbol{X}$ 将发生变化,在变形坐标系下成为 d$\boldsymbol{x}$,二者通过变形梯度 $\boldsymbol{F}$ 相联系。

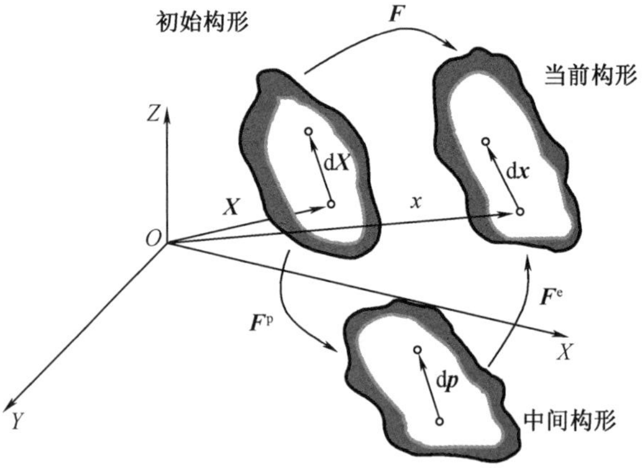

图 8-1　弹性变形和塑性变形的耦合

现在,考虑一种中间构形 d$\boldsymbol{p}$。引入 d$\boldsymbol{p}$ 是基于以下事实:材料变形包括弹性变形和塑性变形,以前讨论时并没有进行这种区分。现在将整个变形过程分解为弹性和塑性两部分,塑性过程由 d$\boldsymbol{X}$→d$\boldsymbol{p}$ 表示,弹性过程由 d$\boldsymbol{p}$→d$\boldsymbol{x}$ 表示(实际上,以单向拉伸为例,应该先发生弹性变形,待应力增大到屈服极限时,才开始塑性变形。不过由于假设两种变形互不影响,因此可以变换次序)。这样一来,变形梯度 $\boldsymbol{F}$ 就要分开考虑。塑性过程变形梯度为

$$\mathrm{d}\boldsymbol{p}=\boldsymbol{F}^{\mathrm{p}}\mathrm{d}\boldsymbol{X} \tag{8-1}$$

$$\boldsymbol{F}^{\mathrm{p}}=\frac{\partial \boldsymbol{p}}{\partial \boldsymbol{X}} \tag{8-2}$$

弹性过程变形梯度为

$$\mathrm{d}\boldsymbol{x}=\boldsymbol{F}^{\mathrm{e}}\mathrm{d}\boldsymbol{p} \tag{8-3}$$

$$\boldsymbol{F}^{\mathrm{e}}=\frac{\partial \boldsymbol{x}}{\partial \boldsymbol{p}} \tag{8-4}$$

因此总的变形梯度为

$$\mathrm{d}\boldsymbol{x}=\boldsymbol{F}^{\mathrm{e}}\boldsymbol{F}^{\mathrm{p}}\mathrm{d}\boldsymbol{X} \tag{8-5}$$

$$\boldsymbol{F}=\boldsymbol{F}^{\mathrm{e}}\boldsymbol{F}^{\mathrm{p}} \tag{8-6}$$

根据变形梯度的定义，将$\boldsymbol{F}^{\mathrm{e}}$和$\boldsymbol{F}^{\mathrm{p}}$展开：

$$\boldsymbol{F}^{\mathrm{e}}=\begin{pmatrix}\frac{\partial x}{\partial p_x} & \frac{\partial x}{\partial p_y} & \frac{\partial x}{\partial p_z}\\ \frac{\partial y}{\partial p_x} & \frac{\partial y}{\partial p_y} & \frac{\partial y}{\partial p_z}\\ \frac{\partial z}{\partial p_x} & \frac{\partial z}{\partial p_y} & \frac{\partial z}{\partial p_z}\end{pmatrix},\quad \boldsymbol{F}^{\mathrm{p}}=\begin{pmatrix}\frac{\partial p_x}{\partial X} & \frac{\partial p_x}{\partial Y} & \frac{\partial p_x}{\partial Z}\\ \frac{\partial p_y}{\partial X} & \frac{\partial p_y}{\partial Y} & \frac{\partial p_y}{\partial Z}\\ \frac{\partial p_z}{\partial X} & \frac{\partial p_z}{\partial Y} & \frac{\partial p_z}{\partial Z}\end{pmatrix} \tag{8-7}$$

其意义与式(6-4)相似，可类比理解。

现将式(8-7)代入式(8-5)并展开，有

$$\begin{pmatrix}\mathrm{d}x\\ \mathrm{d}y\\ \mathrm{d}z\end{pmatrix}=\begin{pmatrix}\frac{\partial x}{\partial p_x}\frac{\partial p_x}{\partial X}+\frac{\partial x}{\partial p_y}\frac{\partial p_y}{\partial X}+\frac{\partial x}{\partial p_z}\frac{\partial p_z}{\partial X} & \frac{\partial x}{\partial p_x}\frac{\partial p_x}{\partial Y}+\frac{\partial x}{\partial p_y}\frac{\partial p_y}{\partial Y}+\frac{\partial x}{\partial p_z}\frac{\partial p_z}{\partial Y} & \frac{\partial x}{\partial p_x}\frac{\partial p_x}{\partial Z}+\frac{\partial x}{\partial p_y}\frac{\partial p_y}{\partial Z}+\frac{\partial x}{\partial p_z}\frac{\partial p_z}{\partial Z}\\ \frac{\partial y}{\partial p_x}\frac{\partial p_x}{\partial X}+\frac{\partial y}{\partial p_y}\frac{\partial p_y}{\partial X}+\frac{\partial y}{\partial p_z}\frac{\partial p_z}{\partial X} & \frac{\partial y}{\partial p_x}\frac{\partial p_x}{\partial Y}+\frac{\partial y}{\partial p_y}\frac{\partial p_y}{\partial Y}+\frac{\partial y}{\partial p_z}\frac{\partial p_z}{\partial Y} & \frac{\partial y}{\partial p_x}\frac{\partial p_x}{\partial Z}+\frac{\partial y}{\partial p_y}\frac{\partial p_y}{\partial Z}+\frac{\partial y}{\partial p_z}\frac{\partial p_z}{\partial Z}\\ \frac{\partial z}{\partial p_x}\frac{\partial p_x}{\partial X}+\frac{\partial z}{\partial p_y}\frac{\partial p_y}{\partial X}+\frac{\partial z}{\partial p_z}\frac{\partial p_z}{\partial X} & \frac{\partial z}{\partial p_x}\frac{\partial p_x}{\partial Y}+\frac{\partial z}{\partial p_y}\frac{\partial p_y}{\partial Y}+\frac{\partial z}{\partial p_z}\frac{\partial p_z}{\partial Y} & \frac{\partial z}{\partial p_x}\frac{\partial p_x}{\partial Z}+\frac{\partial z}{\partial p_y}\frac{\partial p_y}{\partial Z}+\frac{\partial z}{\partial p_z}\frac{\partial p_z}{\partial Z}\end{pmatrix}\begin{pmatrix}\mathrm{d}X\\ \mathrm{d}Y\\ \mathrm{d}Z\end{pmatrix} \tag{8-8}$$

下面对其物理意义进行简单的解释，以 $\mathrm{d}x$ 为例：

$$\begin{aligned}\mathrm{d}x=&\left(\frac{\partial x}{\partial p_x}\frac{\partial p_x}{\partial X}+\frac{\partial x}{\partial p_y}\frac{\partial p_y}{\partial X}+\frac{\partial x}{\partial p_z}\frac{\partial p_z}{\partial X}\right)\mathrm{d}X+\\ &\left(\frac{\partial x}{\partial p_x}\frac{\partial p_x}{\partial Y}+\frac{\partial x}{\partial p_y}\frac{\partial p_y}{\partial Y}+\frac{\partial x}{\partial p_z}\frac{\partial p_z}{\partial Y}\right)\mathrm{d}Y+\\ &\left(\frac{\partial x}{\partial p_x}\frac{\partial p_x}{\partial Z}+\frac{\partial x}{\partial p_y}\frac{\partial p_y}{\partial Z}+\frac{\partial x}{\partial p_z}\frac{\partial p_z}{\partial Z}\right)\mathrm{d}Z\end{aligned} \tag{8-9}$$

这一线元长度由三部分构成，以式(8-9)中第一行为例。假设初始线元只有一个分量 $\mathrm{d}X$，如图 8-2 所示。

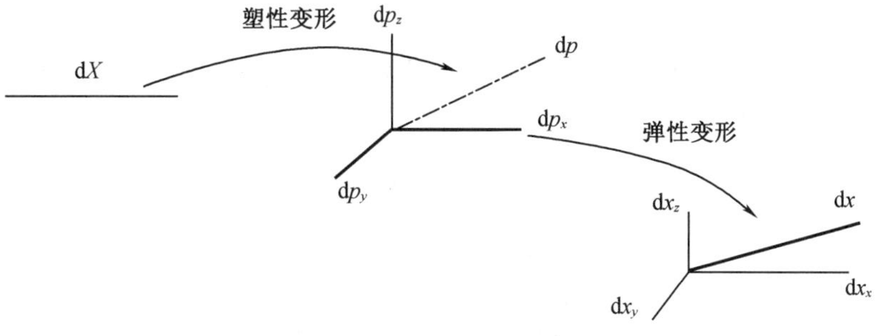

图 8-2　弹塑性变形耦合示意图

$\mathrm{d}X$ 首先经过塑性变形后，成为线元 $\mathrm{d}p$，它包含三个分量（$\mathrm{d}p_x$、$\mathrm{d}p_y$、$\mathrm{d}p_z$），$\mathrm{d}X$ 与这三个分量之间的量化关系为$\frac{\partial p_x}{\partial X}\mathrm{d}X$、$\frac{\partial p_y}{\partial X}\mathrm{d}X$、$\frac{\partial p_z}{\partial X}\mathrm{d}X$。这三个分量中的每一个，在后续的弹性变形中，

又会导致三个线元的产生。以 dp_x 为例,它经过弹性变形后,变为 dx,dx 包含三个分量 $(dx_x、dx_y、dx_z)_{p_x}$,其中 dx_x 的大小为$\left(\frac{\partial p_x}{\partial X}dX\right)\frac{\partial x_x}{\partial p_x}$。同理,$dp_y$、$dp_z$ 也会产生类似的结果(图中未画出):$(dx_x, dx_y, dx_z)_{p_y}$、$(dx_x, dx_y, dx_z)_{p_z}$,其各自在 x 方向的分量大小分别为$\left(\frac{\partial p_y}{\partial X}dX\right)\frac{\partial x_x}{\partial p_y}$、$\left(\frac{\partial p_z}{\partial X}dX\right)\frac{\partial x_x}{\partial p_z}$。这样总的大小为三者相加:

$$\left(\frac{\partial p_x}{\partial X}dX\right)\frac{\partial x_x}{\partial p_x}+\left(\frac{\partial p_y}{\partial X}dX\right)\frac{\partial x_x}{\partial p_y}+\left(\frac{\partial p_z}{\partial X}dX\right)\frac{\partial x_x}{\partial p_z}$$

即为式(8-9)的第一行。而这只是由 dX 引起的。同理,dY、dZ 也会对 x 方向的线元伸长有贡献,分别对应式(8-9)的第二、三行,这样三者加起来,就得到了一个与 dX、dY、dZ 三个分量有关的最终线元的 x 方向分量,即式(8-9)。对 dy 和 dz 做类似分析,会得到式(8-8)的第二、三行。

这是经典的变形梯度分解成弹性和塑性部分的方法。不过请注意,dp 所描述的中间构形通常不是唯一确定的,因为可以对其施加任意刚体旋转,而对应力分布无影响,因此方程(8-6)的弹性和塑性变形梯度都可能包含拉伸和刚体旋转。为了克服唯一性问题,按照惯例,将所有刚体转动都集中到塑性变形梯度 $\boldsymbol{F}^{p}$ 中,使得弹性变形梯度 $\boldsymbol{F}^{e}$ 只包括拉伸(没有刚体转动),因此,$\boldsymbol{F}^{e}$ 被写成

$$\boldsymbol{F}^{e}=\boldsymbol{V}^{e} \tag{8-10}$$

而塑性变形梯度被写成

$$\boldsymbol{F}^{p}=\boldsymbol{V}^{p}R \tag{8-11}$$

式中,$\boldsymbol{R}$ 为等效的刚体转动。现在按照这个约定,让我们再来研究速度梯度,并讨论弹塑性变形速率的分解。

8.2 速度梯度与弹塑性变形速率

我们根据式(8-10)、式(8-11)给出的弹性和塑性变形梯度,来确定速度梯度。由式(7-14)可知,总的速度梯度可以写作:

$$\begin{aligned}\boldsymbol{L}&=\dot{\boldsymbol{F}}\boldsymbol{F}^{-1}\\&=\frac{\partial}{\partial t}(\boldsymbol{F}^{e}\boldsymbol{F}^{p})(\boldsymbol{F}^{e}\boldsymbol{F}^{p})^{-1}\\&=(\boldsymbol{F}^{e}\dot{\boldsymbol{F}}^{p}+\dot{\boldsymbol{F}}^{e}\boldsymbol{F}^{p})(\boldsymbol{F}^{p})^{-1}(\boldsymbol{F}^{e})^{-1}\\&=\dot{\boldsymbol{F}}^{e}(\boldsymbol{F}^{e})^{-1}+\boldsymbol{F}^{e}\dot{\boldsymbol{F}}^{p}(\boldsymbol{F}^{p})^{-1}(\boldsymbol{F}^{e})^{-1}\\&=\dot{\boldsymbol{V}}^{e}(\boldsymbol{V}^{e})^{-1}+\boldsymbol{V}^{e}\dot{\boldsymbol{F}}^{p}(\boldsymbol{F}^{p})^{-1}(\boldsymbol{V}^{e})^{-1}\end{aligned} \tag{8-12}$$

现令

$$\boldsymbol{L}^{\mathrm{e}}=\dot{\boldsymbol{V}}^{\mathrm{e}}(\boldsymbol{V}^{\mathrm{e}})^{-1}=\boldsymbol{D}^{\mathrm{e}}+\boldsymbol{W}^{\mathrm{e}}$$

$$\boldsymbol{L}^{\mathrm{p}}=\dot{\boldsymbol{V}}^{\mathrm{p}}(\boldsymbol{V}^{\mathrm{p}})^{-1}=\boldsymbol{D}^{\mathrm{p}}+\boldsymbol{W}^{\mathrm{p}} \tag{8-13}$$

因此

$$\boldsymbol{L}=\boldsymbol{L}^{\mathrm{e}}+\boldsymbol{V}^{\mathrm{e}}\boldsymbol{L}^{\mathrm{p}}(\boldsymbol{V}^{\mathrm{e}})^{-1}=\boldsymbol{D}^{\mathrm{e}}+\boldsymbol{W}^{\mathrm{e}}+\boldsymbol{V}^{\mathrm{e}}\boldsymbol{D}^{\mathrm{p}}(\boldsymbol{V}^{\mathrm{e}})^{-1}+\boldsymbol{V}^{\mathrm{e}}\boldsymbol{W}^{\mathrm{p}}(\boldsymbol{V}^{\mathrm{e}})^{-1} \tag{8-14}$$

可以看出 $\boldsymbol{L}\neq\boldsymbol{L}^{\mathrm{e}}+\boldsymbol{L}^{\mathrm{p}}$，后面将对此进行解释。

再令

$$\boldsymbol{W}=\mathrm{asym}(\boldsymbol{L})$$

$$\boldsymbol{D}=\mathrm{sym}(\boldsymbol{L})$$

因此

$$\boldsymbol{D}=\boldsymbol{D}^{\mathrm{e}}+\mathrm{sym}[\boldsymbol{V}^{\mathrm{e}}\boldsymbol{D}^{\mathrm{p}}(\boldsymbol{V}^{\mathrm{e}})^{-1}]+\mathrm{sym}[\boldsymbol{V}^{\mathrm{e}}\boldsymbol{W}^{\mathrm{p}}(\boldsymbol{V}^{\mathrm{e}})^{-1}] \tag{8-15}$$

$$\boldsymbol{W}=\boldsymbol{W}^{\mathrm{e}}+\mathrm{asym}[\boldsymbol{V}^{\mathrm{e}}\boldsymbol{D}^{\mathrm{p}}(\boldsymbol{V}^{\mathrm{e}})^{-1}]+\mathrm{asym}[\boldsymbol{V}^{\mathrm{e}}\boldsymbol{W}^{\mathrm{p}}(\boldsymbol{V}^{\mathrm{e}})^{-1}] \tag{8-16}$$

因此，一般而言，我们从式(8-12)中可以看出，弹性和塑性变形速率没有可加性，即

$$\boldsymbol{D}\neq\boldsymbol{D}^{\mathrm{e}}+\boldsymbol{D}^{\mathrm{p}} \tag{8-17}$$

不过，在小变形情况下，有如下假设成立：

$$\boldsymbol{V}^{\mathrm{e}}=(\boldsymbol{V}^{\mathrm{e}})^{-1}\approx\boldsymbol{I} \tag{8-18}$$

这样式(8-15)、式(8-16)可简化为

$$\boldsymbol{D}=\boldsymbol{D}^{\mathrm{e}}+\boldsymbol{D}^{\mathrm{p}} \tag{8-19}$$

$$\boldsymbol{W}=\boldsymbol{W}^{\mathrm{e}}+\boldsymbol{W}^{\mathrm{p}} \tag{8-20}$$

塑性变形速率 $\boldsymbol{D}^{\mathrm{p}}$ 与小应变理论中的塑性应变速率一样，由本构关系确定。如果总变形速率 $\boldsymbol{D}$ 已知，则可通过式(8-19)来确定 $\boldsymbol{D}^{\mathrm{e}}$，从而可使用虎克公式确定应力速率，一旦知道应力速率，即可通过对时间积分确定应力。

下面解释一下 $\boldsymbol{L}\neq\boldsymbol{L}^{\mathrm{e}}+\boldsymbol{L}^{\mathrm{p}}$。

将 $\boldsymbol{L}^{\mathrm{p}}$、$\boldsymbol{L}^{\mathrm{e}}$、$\boldsymbol{F}^{\mathrm{p}}$、$\boldsymbol{F}^{\mathrm{e}}$ 展开得

$$\boldsymbol{L}^{\mathrm{p}}=\begin{pmatrix}\dfrac{\partial u^{\mathrm{p}}}{\partial p_x} & \dfrac{\partial u^{\mathrm{p}}}{\partial p_y} & \dfrac{\partial u^{\mathrm{p}}}{\partial p_z}\\ \dfrac{\partial v^{\mathrm{p}}}{\partial p_x} & \dfrac{\partial v^{\mathrm{p}}}{\partial p_y} & \dfrac{\partial v^{\mathrm{p}}}{\partial p_z}\\ \dfrac{\partial w^{\mathrm{p}}}{\partial p_x} & \dfrac{\partial w^{\mathrm{p}}}{\partial p_y} & \dfrac{\partial w^{\mathrm{p}}}{\partial p_z}\end{pmatrix} \tag{8-21}$$

$$\boldsymbol{L}^{\mathrm{e}}=\begin{pmatrix}\dfrac{\partial u^{\mathrm{e}}}{\partial \mathrm{x}} & \dfrac{\partial u^{\mathrm{e}}}{\partial y} & \dfrac{\partial u^{\mathrm{e}}}{\partial z}\\ \dfrac{\partial v^{\mathrm{e}}}{\partial x} & \dfrac{\partial v^{\mathrm{e}}}{\partial y} & \dfrac{\partial v^{\mathrm{e}}}{\partial z}\\ \dfrac{\partial w^{\mathrm{e}}}{\partial x} & \dfrac{\partial w^{\mathrm{e}}}{\partial y} & \dfrac{\partial w^{\mathrm{e}}}{\partial z}\end{pmatrix} \tag{8-22}$$

为简单起见，以一维为例。如图 8-3 所示，在 XYZ 坐标系下有一线元 $\mathrm{d}X$。$\mathrm{d}X$ 首先发生塑性变形，变为 $\mathrm{d}p(\mathrm{d}X\to\mathrm{d}p)$，然后再进行弹性变形，变为 $\mathrm{d}x(\mathrm{d}p\to\mathrm{d}x)$。为了简单起见，假

设各阶段线元仅有 x 向分量，于是整体以及塑性、弹性速度梯度分别为

$$\boldsymbol{L}=\frac{\partial \boldsymbol{u}}{\partial \boldsymbol{x}},\quad \boldsymbol{L}^{\mathrm{p}}=\frac{\partial \boldsymbol{u}^{\mathrm{p}}}{\partial \boldsymbol{p}_x},\quad \boldsymbol{L}^{\mathrm{e}}=\frac{\partial \boldsymbol{u}^{\mathrm{e}}}{\partial \boldsymbol{x}} \tag{8-23}$$

根据上面的假设，线元只在 X 方向伸缩，因此总位移为塑性和弹性的叠加：

$$\boldsymbol{u}=\boldsymbol{u}^{\mathrm{p}}+\boldsymbol{u}^{\mathrm{e}}$$

代入式(8-23)的第一项，有

$$\boldsymbol{L}=\frac{\partial \boldsymbol{u}}{\partial \boldsymbol{x}}=\frac{\partial(\boldsymbol{u}^{\mathrm{p}}+\boldsymbol{u}^{\mathrm{e}})}{\partial \boldsymbol{x}}=\frac{\partial u^{\mathrm{p}}}{\partial x}+\frac{\partial u^{\mathrm{e}}}{\partial x}$$

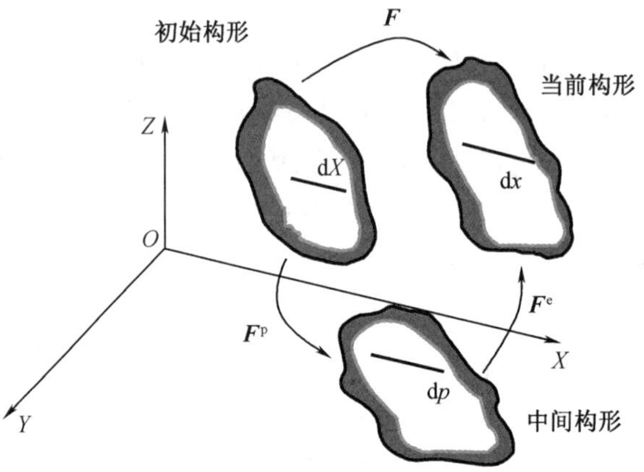

图 8-3　速度梯度合成

显然$\frac{\partial u^{\mathrm{p}}}{\partial p_x}\neq\frac{\partial u^{\mathrm{p}}}{\partial x}$，即 $\boldsymbol{L}\neq\boldsymbol{L}^{\mathrm{e}}+\boldsymbol{L}^{\mathrm{p}}$。究其原因是偏导数的自变量不同。如果将$\frac{\partial u^{\mathrm{p}}}{\partial p_x}$进行处理，即如式(8-14)等号右侧第二项，则可以实现加和，即

$$\frac{\partial x}{\partial p_x}\ \frac{\partial u^{\mathrm{p}}}{\partial p_x}\ \frac{\partial X}{\partial p_x}\ \frac{\partial p_x}{\partial x}$$

式中，$\frac{\partial X}{\partial p_x}$为逆矩阵塑性变形梯度的逆矩阵。

根据链式求导法则，上式可变为

$$\frac{\partial x}{\partial p_x}\ \frac{\partial u^{\mathrm{p}}}{\partial x}\ \frac{\partial X}{\partial p_x}\ \frac{\partial p_x}{\partial p_x}$$

即

$$\frac{\partial x}{\partial p_x}\ \frac{\partial u^{\mathrm{p}}}{\partial x}\ \frac{\partial X}{\partial p_x}=k_1k_2\ \frac{\partial u^{\mathrm{p}}}{\partial x}$$

经过处理后，偏导数的自变量变为 x，与原来的 p_x 不一样，不过通过系数 k_1、k_2 的调节，可保持数值不变，这样就具有了可加性。

参考文献

[1] UCHIC M D,DIMIDUK D M,FLORANDO J N,et al. Sample dimensions influence strength and crystal plasticity[J]. Science,2004,305(5686):986-989.

[2] GREER J R,NIX W D. Nanoscale gold Pillars strengthened through dislocation starvation [J]. Physical Review B,2006,73(24):245410.

[3] LEE JUNG-A,SEOK M Y,ZHAO Y K,et al. Statistical analysis of the size-and rate-dependence of yield and plastic flow in nanocrystalline copper Pillars[J]. Acta Materialia, 2017,127:332-340.

[4] SPARKS G,PHANI P S,HANGEN U,et al. Spatiotemporal slip dynamics during deformation of gold micro-crystals[J]. Acta Materialia,2017,122:109-119.

第 9 章　客观应力率

9.1　客观应力率的概念

在实际生产中,材料经过塑性变形后,形状会发生很大改变。为了达到这一效果,材料必须产生剧烈的塑性流动。然而,即使在加热状态下,固体金属要产生剧烈流动,所需的变形力仍然是很大的。在这种情况下,为了得到最终形状,材料常常产生刚体转动,以弥补塑性流动的不足,因此刚体转动在材料大变形中是必不可少的变形机制。本章首先对这一机制进行研究,然后引出客观应力概念。

如图 9-1 所示,一个截面积为 A 的试样棒,受到轴向拉伸力 P 的作用。与此同时,试样沿着垂直于纸面且过试样中心的 Z 轴旋转。在转动中,外力 P 始终不变。此时,为研究方便,特建立两个坐标系:一个是材料坐标系 XYZ,固定不动,称为固定坐标系;另一个是坐标系 xyz,镶嵌在转动的物体上,称为旋转坐标系。这两个坐标系与前面章节所用的坐标系本质相同,只不过原点不重合,且坐标轴也不重合。研究的时候,可以在两个坐标系中分别截取单元:一个沿着固定坐标系的 a′单元(固定单元);另一个沿着旋转坐标系的 a 单元。显然 a 单元不断随试样转动,也称为随动单元。

在旋转过程中,由于试样受力不变,因此随动单元 a 的应力状态始终不发生变化,而固定单元的应力显然随试样的转动而不断变化。

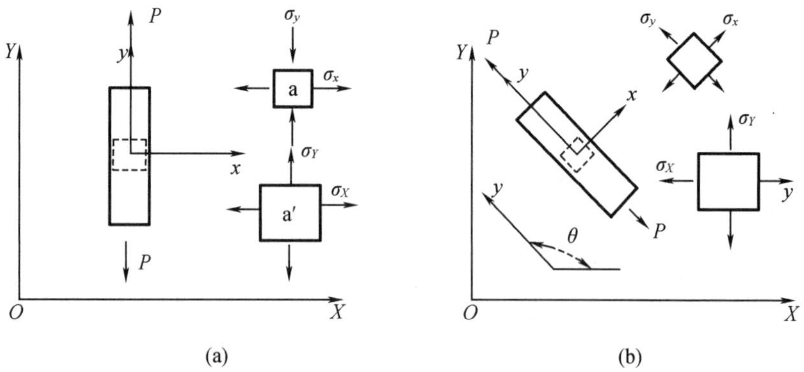

图 9-1　客观应力概念解析

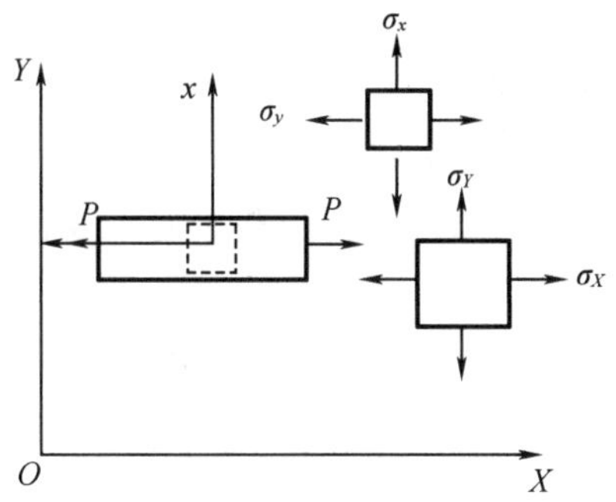

(c)

图 9-1(续)

若以固定单元 a′为研究对象,则尽管此时外力不变,但由于刚体不断转动,致使固定单元的应力不断变化,显然这种变化是具有迷惑性的,因为它的变化不是由外力变化引起的,而仅仅是由刚体转动引起的,因此不能反映外力是否变化。反观,在 xyz 坐标系中,由于随动单元和坐标方向保持一致,因此,当外力发生变化时,应力也随之发生变化,因此随动单元的应力能真实反映外力的变化,因此被称为客观应力,其变化的速度称为客观应力率。

设某时刻 t,随动单元的应力状态为

$$\boldsymbol{\sigma}_t'=\begin{pmatrix}\sigma_x & 0\\ 0 & \sigma_y\end{pmatrix}$$

式中,$\sigma_x=0$;$\sigma_y=\dfrac{P}{A}$。因为随动单元与坐标轴一直同步旋转,方向一致,因此,只要外力 P 不变,则此应力状态也保持不变,所以任意时刻都是一样的。

与此同时,设固定单元的应力(状态)为

$$\boldsymbol{\sigma}_t=\begin{pmatrix}\sigma_X & \tau_{XY}\\ \tau_{YX} & \sigma_Y\end{pmatrix}$$

对于固定单元来说,外力方向始终在改变,因此即使外力大小不变,其应力也在不断改变。

这两个单元是为了研究方便分别截取的,但二者的应力状态却是有关联的。不妨回忆一下第 2 章的应力分析部分任意两个坐标系中应力的关系,可知旋转单元的某一面,相对于固定单元(坐标系)来说是斜面,因此可用式(2-9)将 σ_t 与 σ_t'联系起来。而利用式(2-10)可以得到 σ_y 与 σ_X、σ_Y 以及 τ_{XY} 的关系:

$$\sigma_y=l^2\sigma_X+m^2\sigma_Y+2lm\tau_{XY} \tag{9-1}$$

式中 l、m 为 σ_y 所在面在旋转过程中,其法线与 X、Y 轴所成夹角的方向余弦,如图 9-1 所示,分别为 $\cos\theta$、$\sin\theta$, 因此式(9-1)又可写作

$$\boldsymbol{\sigma}_y=\begin{pmatrix}\cos\theta & -\sin\theta\\ \sin\theta & \cos\theta\end{pmatrix}\begin{pmatrix}\sigma_X & \tau_{XY}\\ \tau_{YX} & \sigma_Y\end{pmatrix}\begin{pmatrix}\cos\theta & \sin\theta\\ -\sin\theta & \cos\theta\end{pmatrix} \tag{9-2}$$

或者写成矩阵的形式:

$$\boldsymbol{\sigma}_t'=\boldsymbol{R}\boldsymbol{\sigma}_t\boldsymbol{R}^{\mathrm{T}} \tag{9-3}$$

式中,$\boldsymbol{R}$ 为刚体旋转矩阵。

根据式(5-5)可以得到速率形式的弹性本构关系:

$$\dot{\boldsymbol{\sigma}}=2G\dot{\varepsilon}^{e}+\lambda \operatorname{tr}(\dot{\varepsilon}^{e})\boldsymbol{I} \tag{9-4}$$

式中,G 为剪切模量。假设经过 Δt 时间后,外载荷发生变化(ΔP),则随动单元的应力状态也将随之发生变化,变为

$$\boldsymbol{\sigma}'_{t+\Delta t}=\begin{pmatrix}\sigma_x & 0\\ 0 & \sigma_y+\Delta\sigma\end{pmatrix} \tag{9-5}$$

$$\Delta\sigma=\dot{\sigma}\Delta t=[2G\dot{\varepsilon}^{e}+\lambda \operatorname{tr}(\dot{\varepsilon}^{e})\boldsymbol{I}]\Delta t=[2G\boldsymbol{D}^{e}+\lambda \operatorname{tr}(\boldsymbol{D}^{e})\boldsymbol{I}]\Delta t \tag{9-6}$$

式中,$\boldsymbol{D}^{e}$ 是用位移(速率)表达的 $\dot{\varepsilon}^{e}$,参见式(3-45)。

如果设初始应力为零,则经过任意时间 Δt 后,在随动坐标系下,应力-应变关系可表示为

$$\sigma_y=[2G\boldsymbol{D}^{e}+\lambda \operatorname{tr}(\boldsymbol{D}^{e})\boldsymbol{I}]\Delta t \tag{9-7}$$

下面我们推导固定单元的应力应变关系。

根据式(9-3)可知,在某时刻 t,随动单元的应力状态为 $\boldsymbol{\sigma}'_t$,而固定单元的应力状态为 $\boldsymbol{\sigma}_t$。经过 Δt 时间后,随动单元应力变为

$$\boldsymbol{\sigma}'_{t+\Delta t}=\boldsymbol{\sigma}'_{\Delta t}+\Delta\boldsymbol{\sigma} \tag{9-8}$$

将式(9-3)和式(9-6)代入式(9-8)得

$$\boldsymbol{\sigma}'_{t+\Delta t}=\boldsymbol{R}\boldsymbol{\sigma}_t\boldsymbol{R}^{T}+[2G\boldsymbol{D}^{e}+\lambda \operatorname{tr}(\boldsymbol{D}^{e})\boldsymbol{I}]\Delta t \tag{9-9}$$

此时式子中只包含 t 时刻的固定单元的应力 $\boldsymbol{\sigma}_t$。而现在需要求 $t+\Delta t$ 时刻固定单元的 $\boldsymbol{\sigma}_{t+\Delta t}$,为此我们考虑这样的时刻,即经过 Δt 时间的旋转,两个坐标轴再度重合,则此时有 $\boldsymbol{\sigma}'_{t+\Delta t}=\boldsymbol{\sigma}_{t+\Delta t}$,于是立刻得到

$$\boldsymbol{\sigma}_{t+\Delta t}=\boldsymbol{R}\boldsymbol{\sigma}_t\boldsymbol{R}^{T}+[2G\boldsymbol{D}^{e}+\lambda \operatorname{tr}(\boldsymbol{D}^{e})\boldsymbol{I}]\Delta t \tag{9-10}$$

为了进一步研究式(9-10),让我们考虑刚体转动 $\boldsymbol{R}$ 为很小的情况:

$$\boldsymbol{R}=\begin{pmatrix}\cos\theta & \sin\theta\\ -\sin\theta & \cos\theta\end{pmatrix} \tag{9-11}$$

当 $\boldsymbol{R}$ 很小时,即 θ 也很小,$\cos\theta\approx 1$,$\sin\theta\approx\theta$,于是,旋转矩阵简化为

$$\boldsymbol{R}\approx\begin{pmatrix}1 & \theta\\ -\theta & 1\end{pmatrix}=\begin{pmatrix}1 & 0\\ 0 & 1\end{pmatrix}+\begin{pmatrix}0 & \theta\\ -\theta & 0\end{pmatrix} \tag{9-12}$$

设刚体转动角速度为 ω,则在 Δt 时间内,旋转矩阵角度为

$$\boldsymbol{W}\Delta t=\begin{pmatrix}0 & \theta\\ -\theta & 0\end{pmatrix}=\begin{pmatrix}0 & \omega\Delta t\\ -\omega\Delta t & 0\end{pmatrix} \tag{9-13}$$

将式(9-12)、式(9-13)代入式(9-10),得

$$\boldsymbol{\sigma}_{t+\Delta t}=(\boldsymbol{I}+\boldsymbol{W}\Delta t)\boldsymbol{\sigma}_t(\boldsymbol{I}+\boldsymbol{W}\Delta t)^{T}+[2G\boldsymbol{D}^{e}+\lambda \operatorname{tr}(\boldsymbol{D}^{e})\boldsymbol{I}]\Delta t$$

展开,有

$$\boldsymbol{\sigma}_{t+\Delta t}=\boldsymbol{\sigma}_t+\boldsymbol{\sigma}_t\boldsymbol{W}^{T}\Delta t+\boldsymbol{W}\boldsymbol{\sigma}_t\Delta t+\boldsymbol{W}\boldsymbol{\sigma}_t\boldsymbol{W}^{T}\Delta t^2+[2G\boldsymbol{D}^{e}+\lambda \operatorname{tr}(\boldsymbol{D}^{e})\boldsymbol{I}]\Delta t \tag{9-14}$$

于是由式(9-14)得

$$\frac{\boldsymbol{\sigma}_{t+\Delta t}-\boldsymbol{\sigma}_t}{\Delta t}=\boldsymbol{\sigma}_t\boldsymbol{W}^{T}+\boldsymbol{W}\boldsymbol{\sigma}_t+\boldsymbol{W}\boldsymbol{\sigma}_t\boldsymbol{W}^{T}\Delta t+[2G\boldsymbol{D}^{e}+\lambda \operatorname{tr}(\boldsymbol{D}^{e})\boldsymbol{I}] \tag{9-15}$$

取极限，令 $\Delta t \to 0$，得

$$\dot{\boldsymbol{\sigma}}=\boldsymbol{\sigma}_t\boldsymbol{W}^{\mathrm{T}}+\boldsymbol{W}\boldsymbol{\sigma}_t+[2G\boldsymbol{D}^{\mathrm{e}}+\lambda\,\mathrm{tr}(\boldsymbol{D}^{\mathrm{e}})\boldsymbol{I}] \tag{9-16}$$

因为 $\boldsymbol{W}$ 是反对称的，$\boldsymbol{W}=-\boldsymbol{W}^{\mathrm{T}}$，因此上式又可写成

$$\dot{\boldsymbol{\sigma}}=\boldsymbol{W}\boldsymbol{\sigma}_t-\boldsymbol{\sigma}_t\boldsymbol{W}+[2G\boldsymbol{D}^{\mathrm{e}}+\lambda\,\mathrm{tr}(\boldsymbol{D}^{\mathrm{e}})\boldsymbol{I}] \tag{9-17}$$

或

$$\dot{\boldsymbol{\sigma}}=\hat{\boldsymbol{\sigma}}+\boldsymbol{W}\boldsymbol{\sigma}_t-\boldsymbol{\sigma}_t\boldsymbol{W} \tag{9-18}$$

其中

$$\hat{\boldsymbol{\sigma}}=2G\boldsymbol{D}^{\mathrm{e}}+\lambda\,\mathrm{tr}(\boldsymbol{D}^{\mathrm{e}})\boldsymbol{I} \tag{9-19}$$

$\hat{\boldsymbol{\sigma}}$ 称为 Jaumann 客观应力速率，它是随动单元单位时间应力的变化，纯粹由材料的受力变化引起，并由本构响应决定，真实地反映了外力的变化；$\dot{\boldsymbol{\sigma}}$ 称为材料应力或应力率，又称为相对于材料参考系的柯西应力速率，它是固定单元应力在单位时间内的变化，既依赖刚体转动，也依赖外力。

在第2章的单向拉伸试验中，材料受到拉伸，最初产生弹性变形，其应力可由弹性本构关系确定。这一拉应力，在滑移系产生切分应力，切分应力达到临界值时，材料发生滑移，滑移过程中发生刚体转动(类似于上述的刚体转动)。第10章的晶体本构关系就与我们上面讨论的内容有类似之处，可以采用上述公式。

9.2　客观应力率举例

下面以一个简单的例子来说明客观应力率。这个例子是在恒定的单轴压力下旋转的杆件，如图9-1(b)所示。图中显示了旋转杆在与轴成角度 θ 的瞬间，承受一个恒定的单轴应力 P/A，此时随动坐标系下的应力状态为

$$\boldsymbol{\sigma}'=\begin{pmatrix}\sigma_x & \sigma_{xy}\\ \sigma_{yx} & \sigma_y\end{pmatrix}=\begin{pmatrix}0 & 0\\ 0 & \dfrac{P}{A}\end{pmatrix} \tag{9-20}$$

然而，与材料轴(X、Y)有关的应力(σ_X、σ_Y 等)会随着旋转而变化，现在将确定杆在旋转时相对于材料轴的应力。

下面通过两个步骤实现这一点：首先，以应力率的形式表示应力，并积分以获得应力；其次，使用式(9-18)进行转换。

首先根据式(9-20)求出随动单元的应力率，即客观应力率：

$$\hat{\boldsymbol{\sigma}}=\frac{\partial\boldsymbol{\sigma}'}{\partial t}=\frac{\partial}{\partial t}\begin{pmatrix}0 & 0\\ 0 & \dfrac{P}{A}\end{pmatrix}=0 \tag{9-21}$$

相对于材料坐标的应力速率 $\dot{\boldsymbol{\sigma}}$，可通过式(9-18)给出：

$$\dot{\boldsymbol{\sigma}}=\hat{\boldsymbol{\sigma}}+\boldsymbol{W}\boldsymbol{\sigma}_t-\boldsymbol{\sigma}_t\boldsymbol{W}$$

接下来推导 $\boldsymbol{W}$。根据式(7-3)可得

$$\boldsymbol{W}=\dot{\theta}\begin{pmatrix}0 & -1\\ 1 & 0\end{pmatrix} \tag{9-22}$$

而关于材料轴的应力可以写为

$$\boldsymbol{\sigma}_t=\begin{pmatrix}\sigma_X & \sigma_{XY}\\ \sigma_{YX} & \sigma_Y\end{pmatrix} \tag{9-23}$$

将式(9-21)、式(9-22)代入式(9-18),得

$$\dot{\boldsymbol{\sigma}}=\dot{\theta}\begin{pmatrix}-2\sigma_{ZY} & \sigma_X-\sigma_{XY}\\ \sigma_X-\sigma_{XY} & 2\sigma_{ZY}\end{pmatrix}$$

展开:

$$\frac{\mathrm{d}\sigma_X}{\mathrm{d}t}=-2\dot{\theta}\sigma_{ZY}=-\frac{\mathrm{d}\sigma_Y}{\mathrm{d}t} \tag{9-24}$$

$$\frac{\mathrm{d}\sigma_{XY}}{\mathrm{d}t}=\dot{\theta}(\sigma_X-\sigma_Y) \tag{9-25}$$

式(9-24)表明,$\sigma_X=-\sigma_Y+k$,其中 k 为常数。

式(9-24)的初始条件为 $\sigma_X(0)=0,\sigma_Y(0)=P/A,\sigma_{XY}(0)=0$,因此 $k=P/A$。对式(9-24)进行如下处理:

$$\begin{aligned}\frac{\mathrm{d}^2\sigma_Z}{\mathrm{d}t^2}&=-2\dot{\theta}\frac{\mathrm{d}\sigma_{ZY}}{\mathrm{d}t}\\ &=-2\dot{\theta}[\dot{\theta}(\sigma_Z-\sigma_Y)]\\ &=-2\dot{\theta}^2[\sigma_Z-(k-\sigma_Z)]\\ &=-4\dot{\theta}^2\sigma_Z+2\dot{\theta}^2k\end{aligned}$$

即

$$\frac{\mathrm{d}^2\sigma_Z}{\mathrm{d}t^2}+4\dot{\theta}^2\sigma_Z=2\dot{\theta}^2\frac{P}{A}$$

该方程的通解为

$$\sigma_X=A\sin 2\theta+B\cos 2\theta+\frac{P}{2A}$$

式中,$\theta=\dot{\theta}t$,所以在以上的初始条件下,完全解是

$$\sigma_X=\frac{P}{A}\sin^2\theta,\quad \sigma_Y=\frac{P}{A}\cos^2\theta,\quad \sigma_{XY}=\frac{P}{A}\sin\theta\cos\theta$$

因此,我们看到,关于材料参考系的应力随着角度 θ 而变化。例如,当 $\theta=0$ 时,$\sigma_X=0$,$\sigma_Y=P/A,\sigma_{XY}=0$;当 $\theta=\pi/2$ 时,$\sigma_X=P/A,\sigma_Y=0,\sigma_{XY}=0$。

参考文献

[1] BELYTSCHKO T, LIU W L, Moran B. Non-linear Finite Elements for Continua and Structures[M]. NewYork: John Wiley & Sons Inc, 2000.

[2] KHAN A, HUANG S Q. Continuum theory of plasticity[M]. New York: JohnWiley & Sons Inc, 1995.

[3] LUBARDA V A. Elastoplasticity Theory[M]. Florida: CRC Press, 2001.

[4] SIMO J C, HUGHEs T J R. Computational Inelasticity [M]. Berlin: Springer-Verlag, 1997.

第 10 章　晶体塑性本构关系

10.1　晶体塑性力学

前面章节所讲述的内容,全部是基于经典牛顿力学的连续介质假设,并以弹性力学为基础,推导了固体变形时的应力和应变场及其他理论。这里忽略了材料的微观层次的细节,如晶粒、晶界、位错等。实际上,从微观层次看,材料(主要指金属材料)是由大量取向不同的晶粒组成的,不同取向的晶粒之间形成晶界。材料在外力作用下,宏观上表现为变形(包括弹性和塑性);微观上则是晶格原子距离变大(小),乃至位错开动、滑移、晶粒转动以及晶界阻碍等机制在起作用。随着探测技术的进步,科研人员可以直接"观察"到它们,这为晶体塑性力学的建立提供了良好的条件。

晶体塑性力学是指从微观尺度来研究晶体材料的塑性变形机制的学科。其主要目的是建立材料微观结构与力学性能之间的定量关系。晶体塑性理论起源于 20 世纪 20 年代,其中研究晶体学的欧洲学者 Taylor 和 Elam 的工作具有代表性,即对单晶铝塑性变形进行了研究,并发现其变形是发生在不连续的滑移系上。1934 年,Taylor 和 Orowan 分别提出了位错理论,认为位错运动导致了晶体滑移,并用其解释了塑性变形。而 Schmid 则认为当滑移系上的分解剪切应力达到启动临界值时,晶体将启动滑移系。1938 年,Taylor 又描述了单晶体塑性变形,并提出了变形方程和本构之间的关系。至此,Taylor、Polanyi、Orowan 和 Schmid 四人的工作为晶体塑性理论的深入研究奠定了基础。

Hill 等在 Taylor 成果的基础上描述了晶体塑性几何学和运动学,获得了与 Taylor 模型率无关的变形分析。Rice、Asaro 和 Peirce 等对晶体塑性理论进一步严格地论述,并且描述了在同一滑移系和相同滑移系中位错的相互影响。至此,晶体塑性理论已趋于完美。

相比于宏观连续介质力学,晶体塑性力学具有更大的优势。例如:宏观的应力-应变本构方程式的建立必须利用大量实验所获得,是对相关实验现象的一般性经验总结,虽然能够解释某些材料变形行为,但对变形行为的微观机理解释不足,在实验条件改变后往往不再适用;而微观塑性力学则从晶体材料的塑性变形物理本质出发,根据材料变形时的位错运动现象,考虑材料塑性变形的微观机制,进而描述材料变形的宏观力学和组织演化。相对于传统的本构理论,晶体塑性理论更接近于晶体材料塑性变形的物理本质。

10.2　单晶体塑性力学本构理论基础

与基于宏观材料行为或有效材料行为的现象学理论(如流动理论)相比,晶体塑性理论被认为是一种基于物理机制的理论,因为它是基于材料的细观结构和细观变形行为建立起来的。晶体材料在室温条件下的塑性变形主要是通过位错沿晶体滑移系的滑动来实现的。晶体塑性理论引入塑性剪切应变来描述滑移系上的位错运动,运用统计学思想将不连续的位错运动视为连续的塑性变形过程,从而与宏观的连续介质力学和运动学联系在一起。因此,它建立了晶体材料的细观变形机制与宏观变形响应之间的联系。

10.2.1　金属滑移几何和运动学

金属是由很多取向不同的晶粒构成的,变形包括单个晶粒的变形和晶粒之间转动的协调,因此我们首先介绍单晶变形的金属滑移几何和运动学。

晶体塑性理论将单晶体的受力变形归为晶格的弹性畸变和塑性变形两部分。对于晶格畸变,可采用弹性力学的方法进行处理。塑性变形是由位错在特定晶面的特定晶向上滑移引起的,这样的晶面和晶向称为滑移面和滑移方向,一个滑移面与一个滑移方向的组合称为一个滑移系。对于位错滑移这类塑性变形问题,需要进行合理的假设,假定晶粒内部滑移从宏观上看是均匀变形的,则可以借助连续介质力学中的变形梯度场变量的理论知识进行研究。

为了对这种假设进行全面的数学描述,假设晶体受力变形分为两个阶段:首先从初始构形经塑性变形变为中间构形;然后从中间构形经过弹性变形变为最终构形(或当前构形),如图 10-1 所示。

在第一阶段,塑性滑移不会改变晶格矢量$\boldsymbol{s}^{\alpha}$、$\boldsymbol{m}^{\alpha}$(上角标 α 表示第 α 个滑移系,$\boldsymbol{s}^{\alpha}$代表滑移面法向, $\boldsymbol{m}^{\alpha}$ 代表滑移方向)。之后的弹性变形,晶格发生畸变和刚性转动,晶格矢量发生伸长与转动,变为$\boldsymbol{s}^{*\alpha}$、$\boldsymbol{m}^{*\alpha}$,如图 10-1 所示。$\boldsymbol{s}^{*\alpha}$、$\boldsymbol{m}^{*\alpha}$ 仍代表滑移方向和滑移面法向,并且仍正交:

$$\boldsymbol{s}^{\alpha}\cdot\boldsymbol{m}^{\alpha}=\boldsymbol{s}^{*\alpha}\cdot\boldsymbol{m}^{*\alpha}=0$$

利用 6.2 节介绍的变形梯度概念,可以建立$\boldsymbol{s}^{\alpha}$、$\boldsymbol{m}^{\alpha}$ 和$\boldsymbol{s}^{*\alpha}$、$\boldsymbol{m}^{*\alpha}$ 之间的联系。设塑性变形阶段变形梯度矩阵为$\boldsymbol{F}^{\mathrm{p}}$,弹性阶段为$\boldsymbol{F}^{\mathrm{e}}$,则$\boldsymbol{s}^{*\alpha}$、$\boldsymbol{m}^{*\alpha}$可表示为

$$\boldsymbol{s}^{*\alpha}=\boldsymbol{s}^{\alpha}(\boldsymbol{F}^{\mathrm{e}})^{-1} \tag{10-1}$$

$$\boldsymbol{m}^{*\alpha}=\boldsymbol{F}^{\mathrm{e}}\boldsymbol{m}^{\alpha} \tag{10-2}$$

而塑性变形阶段的变形梯度$\boldsymbol{F}^{\mathrm{p}}$ 可以借助 8.1 节中纯剪变形得到的结论:

$$\boldsymbol{F}^{\mathrm{p}}=\begin{pmatrix}1 & \delta\\0 & 1\end{pmatrix}=\begin{pmatrix}1 & 0\\0 & 1\end{pmatrix}+\begin{pmatrix}0 & \delta\\0 & 0\end{pmatrix} \tag{10-3}$$

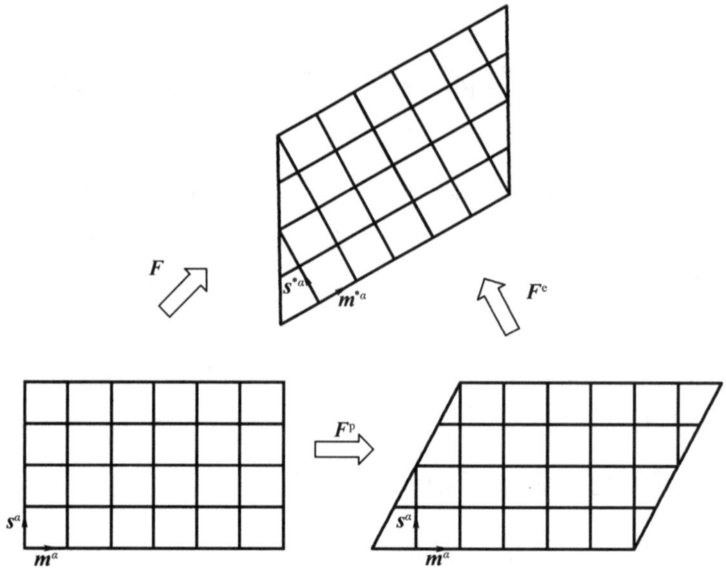

图 10-1　晶体弹塑性变形过程示意图

而式(10-3)中的第二项可以用晶格常数表达：

$$\begin{pmatrix} 0 & \delta \\ 0 & 0 \end{pmatrix} = \delta \boldsymbol{m}^{\alpha} \otimes \boldsymbol{s}^{\alpha}$$

或以率的形式表达：

$$\begin{pmatrix} 0 & \dot{\delta} \\ 0 & 0 \end{pmatrix} = \dot{\delta} \boldsymbol{m}^{\alpha} \otimes \boldsymbol{s}^{\alpha}$$

式中，$\boldsymbol{s}^{\alpha} = (0 \quad 1)$，$\boldsymbol{m}^{\alpha} = \begin{pmatrix} 1 \\ 0 \end{pmatrix}$；$\otimes$为直积符号，其运算规则可以查看相应文献。

借鉴宏观连续介质力学中速度梯度的概念，晶体当前构形下的速度梯度张量 $\boldsymbol{L}$ 可以分解为

$$\boldsymbol{L} = \dot{\boldsymbol{F}} \cdot \boldsymbol{F}^{-1} = \boldsymbol{L}^{e} + \boldsymbol{L}^{p} \tag{10-4}$$

$$\boldsymbol{L}^{e} = \dot{\boldsymbol{F}}^{e} \cdot (\boldsymbol{F}^{e})^{-1} \tag{10-5}$$

$$\boldsymbol{L}^{p} = \boldsymbol{F}^{e} \dot{\boldsymbol{F}}^{p} (\boldsymbol{F}^{p})^{-1} (\boldsymbol{F}^{e})^{-1} \tag{10-6}$$

Rice 构建了剪切滑移率 $\dot{\delta}$ 与塑性应变梯度的关系：

$$\boldsymbol{L}^{p} = \sum_{\alpha=1}^{N} \dot{\delta} \boldsymbol{m}^{*\alpha} \otimes \boldsymbol{s}^{*\alpha} \tag{10-7}$$

式中，N 为滑移系数目。

同理，类似于宏观连续介质，速度梯度张量又可分解为对称变形率张量和反对称旋率张量：

$$\boldsymbol{L} = \boldsymbol{D} + \boldsymbol{W} \tag{10-8}$$

变形率张量 $\boldsymbol{D}$ 和反对称旋率张量 $\boldsymbol{W}$ 又可以进一步分解为弹性变形部分$\boldsymbol{D}^{e}$、$\boldsymbol{W}^{e}$和塑性部分

$\boldsymbol{D}^{\mathrm{p}}$、$\boldsymbol{W}^{\mathrm{p}}$：

$$\boldsymbol{D}=\frac{1}{2}(\boldsymbol{L}+\boldsymbol{L}^{\mathrm{T}})=\boldsymbol{D}^{\mathrm{e}}+\boldsymbol{D}^{\mathrm{p}} \tag{10-9}$$

$$\boldsymbol{W}=\frac{1}{2}(\boldsymbol{L}-\boldsymbol{L}^{\mathrm{T}})=\boldsymbol{W}^{\mathrm{e}}+\boldsymbol{W}^{\mathrm{p}} \tag{10-10}$$

式(10-9)中的$\boldsymbol{D}^{\mathrm{p}}$可以进一步写作

$$\boldsymbol{D}^{\mathrm{p}}=\frac{1}{2}[\boldsymbol{L}^{\mathrm{p}}+(\boldsymbol{L}^{\mathrm{p}})^{\mathrm{T}}] \tag{10-11}$$

将式(10-7)代入式(10-11)，得

$$\boldsymbol{D}^{\mathrm{p}}=\frac{1}{2}\left(\sum_{\alpha=1}^{N}\dot{\delta}\boldsymbol{m}^{*\alpha}\otimes\boldsymbol{s}^{*\alpha}+\sum_{\alpha=1}^{N}\dot{\delta}\boldsymbol{s}^{*\alpha}\otimes\boldsymbol{m}^{*\alpha}\right)=\sum_{\alpha=1}^{N}\mu^{\alpha}\dot{\delta} \tag{10-12}$$

式中，$\mu^{\mathrm{p}}=\frac{1}{2}(\boldsymbol{m}^{*\alpha}\otimes\boldsymbol{s}^{*\alpha}+\boldsymbol{s}^{*\alpha}\otimes\boldsymbol{m}^{*\alpha})$，$\boldsymbol{s}^{*\alpha}\otimes\boldsymbol{m}^{*\alpha}$ 称作 Schmid 因子张量，其含义与第 2 章中介绍的相同。

同理，将式(10-7)代入式(10-10)，可得到

$$\boldsymbol{W}^{\mathrm{p}}=\frac{1}{2}\left(\sum_{\alpha=1}^{N}\dot{\delta}\boldsymbol{m}^{*\alpha}\otimes\boldsymbol{s}^{*\alpha}-\sum_{\alpha=1}^{N}\dot{\delta}\boldsymbol{s}^{*\alpha}\otimes\boldsymbol{m}^{*\alpha}\right)=\sum_{\alpha=1}^{N}\omega^{\alpha}\dot{\delta} \tag{10-13}$$

式中，$\omega^{\alpha}=\frac{1}{2}(\boldsymbol{m}^{*\alpha}\otimes\boldsymbol{s}^{*\alpha}-\boldsymbol{s}^{*\alpha}\otimes\boldsymbol{m}^{*\alpha})$

上面讨论中涉及的对称与反对称张量，与前面章节所介绍的意义相同。

10.2.2　几种应力的定义

1. Cauchy 应力

在此之前讨论的所有应力，均是 Cauchy 应力，即作用于真实构形上的应力，这里不再赘述。

2. 第一皮奥拉-柯奇霍夫(Piola-Kirchhoff)应力张量

在实际研究中，为了方便，人们又定义了几种应力，这些应力往往不是真实作用于构形上的力，而是名义上的力。

如图 10-2 所示，一物体在初始构形的表面 Γ 中一点 P 作用有面力$\bar{\boldsymbol{t}}$，令两个线性无关的无穷小线矢量 $\mathrm{d}\boldsymbol{p}_1$ 和 $\mathrm{d}\boldsymbol{p}_2$ 经过该点与表面 Γ 相切，该点的单位法线矢量为 $\boldsymbol{m}$，$\mathrm{d}a_0$ 为 $\mathrm{d}\boldsymbol{p}_1$ 和 $\mathrm{d}\boldsymbol{p}_2$ 所围区域的面积。经过变形后，在当前构形中，P 点运动到 P' 点，无穷小线矢量 $\mathrm{d}\boldsymbol{p}_1$ 和 $\mathrm{d}\boldsymbol{p}_2$ 变换为 $\boldsymbol{F}\mathrm{d}\boldsymbol{p}_1$ 和 $\boldsymbol{F}\mathrm{d}\boldsymbol{p}_2$，以及 $\boldsymbol{F}\mathrm{d}\boldsymbol{p}_1$ 和 $\boldsymbol{F}\mathrm{d}\boldsymbol{p}_2$，所围成的面积为 $\mathrm{d}a$，单位法线矢量 $\boldsymbol{m}$ 变为单位法线矢量 $\boldsymbol{n}$，与面力$\bar{\boldsymbol{t}}$ 对应的面力为 t，则有

$$\bar{\boldsymbol{t}}=\frac{\mathrm{d}a}{\mathrm{d}a_0}\boldsymbol{t}=\frac{\mathrm{d}a}{\mathrm{d}a_0}\boldsymbol{\sigma n} \tag{10-14}$$

式中，$\boldsymbol{t}=\boldsymbol{\sigma n}$ 就是式(3-9)的矢量形式。

由于

$$\boldsymbol{m}\mathrm{d}a_0=\mathrm{d}\boldsymbol{p}_1\times\mathrm{d}\boldsymbol{p}_2 \tag{10-15}$$

$$\boldsymbol{n}\mathrm{d}a=\boldsymbol{F}\mathrm{d}\boldsymbol{p}_1\times\boldsymbol{F}\mathrm{d}\boldsymbol{p}_2 \tag{10-16}$$

将式(10-16)两边乘以 $\boldsymbol{F}^{\mathrm{T}}$,得

$$\boldsymbol{F}^{\mathrm{T}}\boldsymbol{n}\mathrm{d}a=J\mathrm{d}\boldsymbol{p}_1\times\mathrm{d}\boldsymbol{p}_2=J\boldsymbol{m}\mathrm{d}a_0 \tag{10-17}$$

式中,$J\equiv\det\boldsymbol{F}$。将式(10-17)进行简单变换,则有

$$\frac{\mathrm{d}a}{\mathrm{d}a_0}\boldsymbol{n}=J(\boldsymbol{F}^{-1})^{\mathrm{T}}\boldsymbol{m} \tag{10-18}$$

将式(10-18)代入式(10-14), 则有

$$\bar{\boldsymbol{t}}=J\boldsymbol{\sigma}(\boldsymbol{F}^{-1})^{\mathrm{T}}\boldsymbol{m} \tag{10-19}$$

通过式(10-19), 定义一个新的张量,即

$$\boldsymbol{P}=J\boldsymbol{\sigma}(\boldsymbol{F}^{-1})^{\mathrm{T}} \tag{10-20}$$

$\boldsymbol{P}$ 就称为第一 Piola-Kirchhoff 应力张量,也称为名义应力(nominal stress)。

这一应力是真实外力作用于初始构形面积上的, 因此不是真实应力,在小变形情况下,变形后的构形和初始构形的形状变化不大,图中的面积也差不多,则第一 Piola-Kirchhoff 应力就等于 Cauchy 应力。

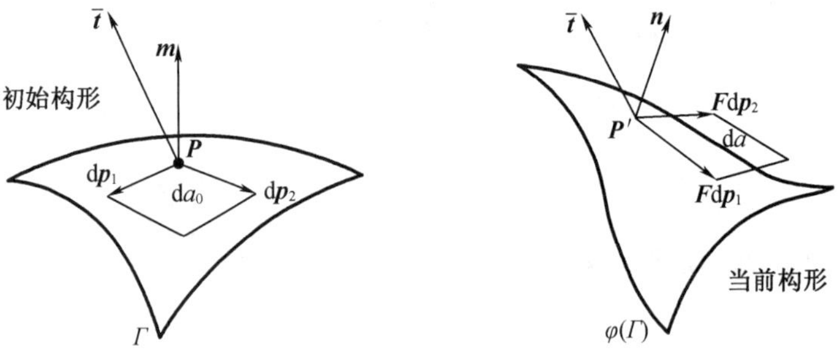

图 10-2　第一 Piola-Kirchhoff 应力张量

3. 第二 Piola-Kirchhoff 应力张量

根据前面公式的推导,对式(10-20)引入一个新的张量 $\boldsymbol{S}$,则有

$$\boldsymbol{S}=J\boldsymbol{F}^{-1}\boldsymbol{\sigma}(\boldsymbol{F}^{-1})^{\mathrm{T}} \tag{10-21}$$

该张量 $\boldsymbol{S}$ 称为第二 Piola-Kirchhoff 应力张量,由式(10-21)可知

$$\boldsymbol{S}^{\mathrm{T}}=J\boldsymbol{F}^{-1}\boldsymbol{\sigma}^{\mathrm{T}}(\boldsymbol{F}^{-1})^{\mathrm{T}} \tag{10-22}$$

由于 Cauchy 应力张量是对称的,则可知第二 Piola-Kirchhoff 应力张量是对称的。

4. Kirchhoff 应力张量

另一个重要的应力张量是 Kirchhoff 应力张量 $\boldsymbol{\tau}$,其定义式为

$$\boldsymbol{\tau}\equiv J\boldsymbol{\sigma} \tag{10-23}$$

由于 Cauchy 应力张量是对称的,故可知 Kirchhoff 应力张量也是对称的。

10.2.3　单晶体塑性本构方程

由 8.1 节内容可知,整个变形过程被分解为从参考构形到中间构形的塑性变形和从中间构形到当前构形的弹性变形。由变形过程可知,从初始构形到最终构形,中间经历了两

个旋转:第一个旋转是塑性变形引起的旋转 Ω^p。在 3.1.2 节曾提到,纯剪时,为了研究方便,要变形体旋转一下,使得剪切应变相等,Ω^p 就是指这一旋转;第二个旋转来自弹性变形,记为 Ω^e。

研究本构关系时,在尚未变形的初始构形中选择一个单元 A,在当前构形中选择一个单元 B,如图 10-3 所示。用 τ_0 表示 t 时刻参考构形中 A 单元上的 Kirchhoff 应力,用 $\dot{\tau}_0$ 表示 Kirchhoff 应力率,那么在$(t+\Delta t)$时刻,单元 A 的 Kirchhoff 应力变为$(\tau_0+\Delta t\dot{\tau}_0)$。根据客观应力率的定义,当前构形中 B 单元的 Kirchhoff 应力 τ 为

$$\tau=\boldsymbol{R}(\tau_0+\Delta t\dot{\tau}_0)\boldsymbol{R}^{\mathrm{T}} \tag{10-24}$$

式中,$\boldsymbol{R}$ 为总的旋转矩阵。

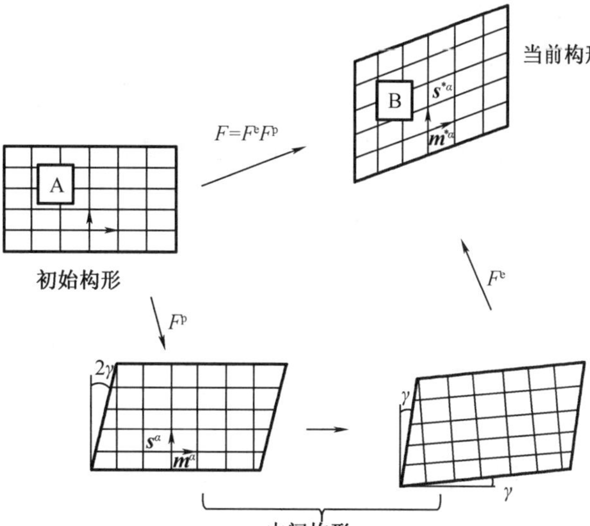

图 10-3　晶体变形构形图

对式(10-24)两边求导可得

$$\begin{aligned}\dot{\tau}&=\dot{\boldsymbol{R}}(\tau_0+\Delta t\dot{\tau}_0)\boldsymbol{R}^{\mathrm{T}}+\boldsymbol{R}(\tau_0+\Delta t\dot{\tau}_0)\dot{\boldsymbol{R}}^{\mathrm{T}}+\boldsymbol{R}(\dot{\tau}_0+\Delta t\dot{\tau}_0)\boldsymbol{R}^{\mathrm{T}}\\&=\boldsymbol{R}\dot{\tau}_0\boldsymbol{R}^{\mathrm{T}}+\dot{\boldsymbol{R}}\tau\boldsymbol{R}^{\mathrm{T}}+\dot{\boldsymbol{R}}\tau\dot{\boldsymbol{R}}^{\mathrm{T}}\end{aligned} \tag{10-25}$$

对于刚体转动来说,旋转矩阵具有如下性质:

$$\dot{\boldsymbol{R}}\boldsymbol{R}^T+\boldsymbol{R}\dot{\boldsymbol{R}}^T=0$$

令 $\dot{\boldsymbol{R}}\boldsymbol{R}^{\mathrm{T}}=\Omega$,$\Omega=\Omega^p+\Omega^e$,则式(10-25)变为

$$\dot{\tau}=\boldsymbol{R}\dot{\tau}_0\boldsymbol{R}^{\mathrm{T}}+\Omega\tau-\tau\Omega \tag{10-26}$$

式(10-26)表明,当前构形中单元 B 的应力率来自两方面:一是参考构形中单元 A 本身应力率经过转换的部分 $\boldsymbol{R}\dot{\tau}_0\boldsymbol{R}^{\mathrm{T}}$;二是构形旋转引起的增加部分$(\Omega\tau-\tau\Omega)$。

$(\Omega\tau-\tau\Omega)$是由构形旋转引起的,并不是真正由应力增加引起的,因此 $\boldsymbol{R}\dot{\tau}_0\boldsymbol{R}^{\mathrm{T}}$ 才是当前构形中单元 B 的真实应力率,记为 $\hat{\tau}=\boldsymbol{R}\dot{\tau}_0\boldsymbol{R}^{\mathrm{T}}$,这样式(10-26)变为

$$\dot{\tau}=\hat{\tau}+\Omega\tau-\tau\Omega \tag{10-27}$$

或

$$\hat{\tau}=\dot{\tau}-(\Omega\tau-\tau\Omega) \tag{10-28}$$

如果将初始构形换成中间构形，则从中间构形到当前构形只经过弹性变形，只包含弹性旋转，这样式(10-28)就变为

$$\hat{\tau}^{e}=\dot{\tau}-(\Omega^{e}\tau-\tau\Omega^{e}) \tag{10-29}$$

式中，$\hat{\tau}^{e}$ 为当前构形去除弹性旋转后的应力率（引起弹性变形的应力率）；$\dot{\tau}$ 仍为当前构形的应力率，但里面包含刚体旋转（弹性和塑性）引起的部分，没有如实反映应力的变化。

由于从中间构形到当前构形是通过弹性变形完成的，因此，除去由弹性旋转引起的“虚假”应力率后，可以列出 Hill 和 Rice 于 1972 年提出的弹性变形本构方程：

$$\hat{\tau}^{e}=\boldsymbol{C}:\boldsymbol{D}^{e} \tag{10-30}$$

式中，$\boldsymbol{C}$ 为弹模量矩阵；$\boldsymbol{D}^{e}$ 为弹性应变速率矩阵。

将式(10-27)减去式(10-29)得

$$\hat{\tau}^{e}=\hat{\tau}+(\Omega^{p}\tau-\tau\Omega^{p}) \tag{10-31}$$

式中，Ω^{p} 是塑性变形引起的刚体旋转，根据式(10-13)可知

$$\Omega^{p}=\Omega-\Omega^{e}=W^{p}=\frac{1}{2}\left(\sum_{\alpha=1}^{N}\dot{\delta}\boldsymbol{m}^{*\alpha}\otimes\boldsymbol{s}^{*\alpha}-\sum_{\alpha=1}^{N}\dot{\delta}\boldsymbol{s}^{*\alpha}\otimes\boldsymbol{m}^{*\alpha}\right)=\dot{\delta}\sum_{\alpha=1}^{N}\omega^{\alpha}$$

式中

$$\omega^{\alpha}=\frac{1}{2}(\boldsymbol{m}^{*\alpha}\otimes\boldsymbol{s}^{*\alpha}-\boldsymbol{s}^{*\alpha}\otimes\boldsymbol{m}^{*\alpha})$$

将 Ω^{p} 代入式(10-31)得

$$\hat{\tau}=\hat{\tau}^{e}-\dot{\delta}\sum_{\alpha=1}^{N}(\omega^{\alpha}\tau-\tau\omega^{\alpha})=\boldsymbol{C}:\boldsymbol{D}^{e}-\dot{\delta}\sum_{\alpha=1}^{N}(\omega^{\alpha}\tau-\tau\omega^{\alpha}) \tag{10-32}$$

弹性应变速率等于总应变速率减去塑性应变速率，即

$$D^{e}=D-D^{p} \tag{10-33}$$

将式(10-12)、式(10-33)代入式(10-32)，有

$$\hat{\tau}=C:D-\dot{\delta}\sum_{\alpha=1}^{N}[C:\mu^{\alpha}+(\omega^{\alpha}\tau-\tau\omega^{\alpha})] \tag{10-34}$$

式中

$$\mu^{\alpha}=\frac{1}{2}(\boldsymbol{m}^{*\alpha}\otimes\boldsymbol{s}^{*\alpha}+\boldsymbol{s}^{*\alpha}\otimes\boldsymbol{m}^{*\alpha})$$

对于有限变形，塑性变形是滑移的结果，定义 τ^{α} 为导致第 α 个滑移系滑移的分解剪切应力，则 τ^{α} 在当前构形中可表示为

$$\tau^{\alpha}=\tau:\mu^{\alpha} \tag{10-35}$$

式中，μ^{α} 为 Schmid 因子张量。式(10-35)的含义是将 τ 投影到滑面的滑移方向上。

由于应力均是以率的形式给出，因此对式(10-35)求物质导数得

$$\dot{\tau}^{\alpha}=\dot{\tau}:\mu^{\alpha}+\tau:\dot{\mu}^{\alpha} \tag{10-36}$$

$$\dot{\mu}^{\alpha}=\frac{1}{2}(\dot{\boldsymbol{m}}^{*\alpha}\otimes\boldsymbol{s}^{*\alpha}+\boldsymbol{m}^{*\alpha}\otimes\dot{\boldsymbol{s}}^{*\alpha}+\dot{\boldsymbol{s}}^{*\alpha}\otimes\boldsymbol{m}^{*\alpha}+\boldsymbol{s}^{*\alpha}\otimes\dot{\boldsymbol{m}}^{*\alpha})$$

根据式(10-1)、式(10-2)可知

$$\boldsymbol{m}^{*\alpha}=F^{e}\boldsymbol{m}^{\alpha}$$

$$\boldsymbol{s}^{*\alpha}=s^{\alpha}(F^{e})^{-1}$$

因此

$$\dot{\boldsymbol{m}}^{*\alpha}=\dot{F}^{e}\boldsymbol{m}^{\alpha}=L^{e}F^{e}\boldsymbol{m}^{\alpha}=L^{e}\boldsymbol{m}^{*\alpha} \tag{10-37}$$

由于

$$F^{e}(F^{e})^{-1}=\dot{I}=\dot{F}^{e}(F^{e})^{-1}+F^{e}(\dot{F}^{e})^{-1}=0 \tag{10-38}$$

于是

$$F^{e}(\dot{F}^{e})^{-1}=-\dot{F}^{e}(F^{e})^{-1} \tag{10-39}$$

即

$$(\dot{F}^{e})^{-1}=-(F^{e})^{-1}\dot{F}^{e}(F^{e})^{-1} \tag{10-40}$$

将式(10-40)代入

$$\dot{\boldsymbol{s}}^{*\alpha}=\boldsymbol{s}^{\alpha}(\dot{F}^{e})^{-1}$$

得

$$\dot{\boldsymbol{s}}^{*\alpha}=-\boldsymbol{s}^{\alpha}(F^{e})^{-1}\dot{F}^{e}(F^{e})^{-1}=-\dot{\boldsymbol{s}}^{*\alpha}L^{e} \tag{10-41}$$

将以上结果代入 $\dot{\mu}^{\alpha}$ 得

$$\dot{\mu}^{\alpha}=\frac{1}{2}(L^{e}\dot{\boldsymbol{m}}^{*\alpha}\otimes\boldsymbol{s}^{*\alpha}-\boldsymbol{m}^{*\alpha}\otimes\dot{\boldsymbol{s}}^{*\alpha}L^{e}-\dot{\boldsymbol{s}}^{*\alpha}L^{e}\otimes\boldsymbol{m}^{*\alpha}+\boldsymbol{s}^{*\alpha}\otimes L^{e}\dot{\boldsymbol{m}}^{*\alpha}) \tag{10-42}$$

将式(10-42)代入式(10-36)得

$$\dot{\tau}^{\alpha}=(C:\mu^{\alpha}+\beta^{\alpha}):\left(D-\sum_{\eta=1}^{N}\mu^{\eta}\dot{\delta}^{\eta}\right) \tag{10-43}$$

式中

$$\beta^{\alpha}=\omega^{\alpha}\tau-\tau\omega^{\alpha}$$

至此,已经求出分解剪切应力,接下来找出应力和剪切应变的关系,即得到本构方程。

不过,此时的应力均为 Kirchhoff 应力,还不是真实应力(Cauchy),因此需要将 Kirchhoff 应力转换为 Cauchy 应力。Cauchy 应力是作用在当前构形(B 单元)上的真实应力;而 Kirchhoff 应力则是同样的力作用在初始构形(A)上得到的应力,并不是真实的。二者的关系如下:

$$\tau\equiv J\sigma \tag{10-44}$$

式中,J 为雅可比矩阵行列的值,$J=\frac{1}{|\boldsymbol{F}|}$,其中 $\boldsymbol{F}$ 为变形梯度。

对式(10-44)求导,有

$$\dot{\tau}\equiv\dot{J}\sigma+J\dot{\sigma}=J\mathrm{tr}(D)\sigma+J\dot{\sigma} \tag{10-45}$$

将式(10-45)代入式(10-43)得

$$\dot{\tau}^{\alpha}=(C:\mu^{\alpha}+\beta_{I}^{\alpha}):\left(D-\sum_{\eta=1}^{N}\mu^{\eta}\dot{\delta}^{\eta}\right) \tag{10-46}$$

式中

$$\beta_I^\alpha=(\omega^\alpha\sigma-\sigma\omega^\alpha)$$

而将式(10-44)、式(10-45)代入式(10-34)得

$$\hat{\sigma} = C:D - \dot{\delta}\sum_{\alpha=1}^{N}(C:\mu^\alpha + \beta_I^\alpha) \tag{10-47}$$

10.2.4 唯象单晶体塑性本构方程

1. 率相关滑移模型

在率相关晶体塑性模型中,滑移系剪切滑移率由指数型法则直接与瞬时分解应力相联系:

$$\dot{\gamma}^\alpha=\dot{\gamma}_0^\alpha \mathrm{sgn}(\tau^\alpha)\left|\frac{\tau^\alpha}{\tau_c^\alpha}\right|^{1/m} \tag{10-48}$$

式中,m 为率敏感系数;τ_c^α 为滑移系与变形历史相关的滑移抗力,即临界分解剪应力;$\dot{\gamma}_0^\alpha$ 为滑移系的参考滑移率。每个滑移系的剪切滑移率 $\dot{\gamma}^\alpha$ 由式(10-48)唯一确定,只要 α 滑移系上的分解剪应力不为零,式(10-48)就不会消失。临界分解剪应力 τ_c^α 是随着变形的进行而增大的,这是加工硬化的作用。当有多个滑移系开动时,每个滑移系的硬化是所有开动滑移系的函数。定义临界分解剪应力 τ_c^α 按下式演化:

$$\tau_c^\alpha = \sum_\beta h^{\alpha\beta}|\dot{\gamma}^\beta| \tag{10-49}$$

式中,$h^{\alpha\beta}$ 为滑移系的瞬间硬化模量。

2. 滑移系硬化模型

在当前晶体塑性建模研究中,最难捉摸的部分在于滑移系变形抗力的演化。由于滑移系之间复杂的位错交互作用,瞬间硬化模量的确定都是基于经验的,并且能够描述的微观变形特征很少。在20世纪早期,学者们就提出了几种硬化法则来描述晶体变形过程。基于对金属铝的试验研究,提出了各向同性的硬化法则,认为变形中所有滑移系的硬化是相同的,即

$$h^{\alpha\beta}=h(\gamma_T) \tag{10-50}$$

式中,γ_T 为所有滑移系的剪应变之和。该模型不能预测试验观测到的不活动滑移系或潜在滑移系的硬化行为。

Hvaner 和 Shalaby 提出了一个硬化法则。该法则在面心立方晶体拉伸测试中考虑了超过对称线存在的单滑移。Hvaner 和他的同事把这个理论应用于晶粒有限扭曲硬化,来研究面心立方和体心立方晶体拉压成形中的潜在硬化行为。

Hutchinson 假定硬化矩阵的主对角元与非对角元值不同,以此考虑潜在硬化的影响。Asaro 运用相同的概念到单晶本构模型中,给出了如下硬化模量方程,即所谓的二参数理论:

$$h^{\alpha\beta}=h(\gamma)[q+(1-q)\boldsymbol{\delta}_{\alpha\beta}] \tag{10-51}$$

式中,参数 h 称为硬化系数,是单滑移中临界分解剪应力随剪切应变的变化率;参数 q 是潜在硬化率,是潜在或不活动滑移系的硬化与活动滑移系的硬化之比值;在这个模型中,假定

h 是所有滑移系总剪切应变 γ_T 的函数，即 $h=h(\gamma_T)$。单滑移的硬化曲线和硬化系数曲线用如下方程表达：

$$\tau_c(\gamma)=\tau_0+(\tau_s-\tau_0)\tanh\left(\frac{h_0\gamma}{\tau_s-\tau_c}\right) \tag{10-52}$$

$$h(\gamma)=\frac{d\tau_c}{d\gamma}=h_0\mathrm{sech}^2\left(\frac{h_0\gamma}{\tau_s-\tau_c}\right) \tag{10-53}$$

以上两式中，h_0、τ_0 和 τ_s 为材料常数，分别表示初始硬化率、滑移系变形抗力的初始值和饱和值；

$$\gamma = \sum_\alpha |\dot{\gamma}^\alpha|$$

潜在硬化率可以间接地通过测量单拉伸试验中拉伸轴在立体三角形区域投影的对称边界上的过盈角来估计。如果主滑移系和共轭滑移系具有等同的硬化，则拉伸轴在对称边界上就停止旋转。另外一种测量潜在硬化率的方法是，首先沿单滑移取向加载，然后，改变加载方向来激活先前不活动的滑移系，并测量该潜在滑移系的临界分解剪应力。通过比较先前开动的滑移系的临界分解剪应力与后来激活的滑移系的临界分解剪应力来求得潜在硬化率。

Kocks 和 Brown 设计了一种铝单晶的潜在硬化试验，通过比较主滑移系与次滑移系的临界分解剪应力来获得潜在硬化率。研究发现，同一平面上的滑移系具有相似的临界分解剪应力，不同平面上的滑移系比开动滑移系的临界分解剪应力高出 30%。Jackson 和 Basinski 设计了单晶铜的试验并得到了相似的结果。Asaro 研究了铁单晶的潜在硬化，同样发现潜在硬化率大于自硬化率。

很多学者研究了面心立方晶体滑移系的交互作用，从微观上看，单晶体变形的硬化可以认为是滑移系间位错交互作用的结果。内部位错密度和短程交互位错强度被认为是单晶体硬化分析的主要参数。

Frabciosi 和 Zaoui 将临界分解剪应力表达为位错交互系数矩阵和位错密度的函数。位错交互系数矩阵的元素根据滑移系间滑移交互以及滑移交互导致的位错结合来分类。Wang 提出了通过考虑两个滑移系的滑移方向和滑移面法向间角度来确定晶体不同的滑移系间潜在硬化率的关系。该关系能够描述各向同性硬化、动态硬化、强潜在硬化和包辛格效应。晶体所有潜在滑移系间的潜在硬化率矩阵表达为

$$\boldsymbol{g}_{ij}=\alpha_1+(1-\alpha_1)\cos\theta_i\cos\varphi_i+(\alpha_2\sin\theta_i+\alpha_3\sin\varphi_i) \tag{10-54}$$

式中，θ_{ij} 为第 i 个与第 j 个滑移系滑移方向间的夹角；φ_{ij} 为第 i 个与第 j 个滑移系滑移面法向的夹角；α_1 为加工硬化的各向同性程度；α_2 为共面滑移系潜在硬化的各向异性部分；α_3 为交叉面上滑移系的附加部分。

Bassani 等人研究了面心立方晶体在多滑移条件下的硬化准则。基于对单晶铜对称和不对称加载下滑移系潜在硬化的试验研究，他们认为次滑移系的硬化可能小于活动滑移系的硬化，并认为先前研究者发现的次滑移系临界分解剪应力明显高于开动滑移系的情况，是由于在此滑移系被激活时已经有很高的初始硬化率。这个观点先前也曾由 Weng 提出。基于这些发现，Bassani 和 Wu 提出了一个现象学的硬化法则：

$$h_{\alpha\alpha}=F(\gamma_\alpha)G(\gamma_\beta) \tag{10-55}$$

$$\boldsymbol{h}_{\alpha\beta}=qh_{\alpha\alpha} \tag{10-56}$$

式中，$\boldsymbol{h}_{\alpha\beta}$ 为瞬时硬化系数矩阵；$h_{\alpha\alpha}$ 为硬化矩阵的对角元；

$$F(\gamma_\alpha)=(h_0-h_\infty)\operatorname{sech}^2\left[\frac{(h_0-h_\infty)\gamma^\alpha}{\tau_I-\tau_0}\right]+h_\infty \tag{10-57}$$

$$G(\gamma_\beta)=1+\sum_{\beta=1,\beta\neq\alpha}^{n}f_{\alpha\beta}\tanh(\gamma_\beta\gamma_0) \tag{10-58}$$

其中，$F(\gamma_\alpha)$为滑移系单滑移的瞬时硬化模量；G 函数代表交互潜在硬化，是除了滑移系之外所有滑移系剪切变形的函数。G 函数通过确保由于其他滑移系的滑移而产生的滑移系硬化来描述潜在硬化。潜在硬化量由因子 $f_{\alpha\beta}$ 来决定，该因子的值依赖于滑移系和刃位错缠结类型。

10.3　基于位错密度本构模型

以上本构模型属于唯象的本构模型。除此之外，研究者还根据变形后会产生位错这一微观现象出发，提出了基于位错密度的本构模型，这里做以简单介绍。

根据位错对晶体滑移及晶体连续性的贡献，可以将位错分为统计存储位错(statistically stored dislocation, SSD)和几何必需位错(geometrically necessary dislocatoin, GND)。统计存储位错通常在一定的晶面上沿着一定的晶向滑移，对塑性应变起着主导作用。几何必需位错是为了适应金属材料不均匀塑性变形、保证晶体的连续性而存在的，对塑性应变没有贡献，但可以充当阻碍位错运动的障碍，因而对金属材料的加工硬化有贡献。基于统计存储位错和几何必需位错的基本思想，位错还可以分为可动位错(mobile dislocation)、平行位错(prallel dislocation)和林位错(forest dslocatin)，如图 10-4 所示。其中，平行位错和林位错对可动位错起到阻碍作用。根据以上位错的定义，位错密度可以分为统计存储位错密度、几何必需位错密度、平行位错密度和林位错密度等，它们在基于位错密度的晶体塑性本构模型中扮演着重要的角色。

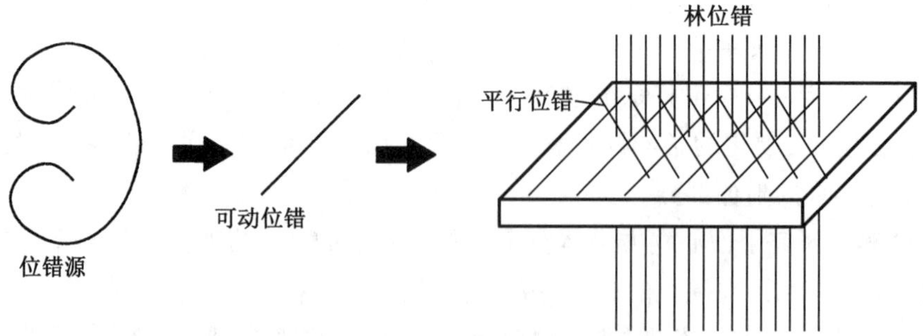

图 10-4　晶体结构中各种位错对晶体滑移作用示意图

内应力通常是指去掉全部外力之后在弹性体内残留的应力。很明显，如果位移在晶体中的任何一点都是连续可微的，则晶体内就不会产生内应力。根据前面的位错力学知识可知，位错是内应力的起源，因为位错引起了位移的不连续。反之，如果晶体内存在一定的内应力，则其任何内应力状态都可以在形式上表述为位错线的一种分布。在连续介质中，这可以看作强度无限小的位错连续分布。即使相距 d$\boldsymbol{r}$ 的相邻两点 M 和 N 的相对位移 d$\boldsymbol{u}$ 不是一个全微分，也可以定义一个位移张量 $\boldsymbol{\beta}$，使

$$\mathrm{d}\boldsymbol{u}=\boldsymbol{\beta}\cdot\mathrm{d}\boldsymbol{r} \tag{10-59}$$

反对称部分 $\boldsymbol{\omega}=\frac{1}{2}(\boldsymbol{\beta}-\boldsymbol{\beta}^{\mathrm{T}})=-\boldsymbol{\omega}^{\mathrm{T}}$ 总是代表一个纯转动。而其余部分

$$\boldsymbol{e}=-\frac{1}{2}(\boldsymbol{\beta}+\boldsymbol{\beta}^{\mathrm{T}})=\boldsymbol{e}^{\mathrm{T}} \tag{10-60}$$

是畸变张量，由它可以计算出内应力。

把产生一给定内应力状态的位移张量 $\boldsymbol{\beta}$ 与一定的位错分布联系起来。设 d$\boldsymbol{b}$ 是被一个无限小 Burgers 回路 dC 所包围的 Burgers 矢量，则有

$$\mathrm{d}\boldsymbol{\beta}=\oint_{\mathrm{d}C}\mathrm{d}\boldsymbol{u}=\oint_{\mathrm{d}C}\boldsymbol{\beta}\cdot\mathrm{d}\boldsymbol{r} \tag{10-61}$$

在被 dC 所包围的无限小面积 dS 上应用 Stokes 定理，则有

$$\mathrm{d}\boldsymbol{b}=\boldsymbol{\alpha}\cdot\mathrm{d}S \tag{10-62}$$

式中

$$\boldsymbol{\alpha}=\mathrm{rot}\,\boldsymbol{\beta}=\nabla\times\boldsymbol{\beta} \tag{10-63}$$

则 $\boldsymbol{\alpha}$ 就是所定义的位错密度张量(dislocation density tensor)，它反映了位错的分布情况。

由 $\boldsymbol{\alpha}$ 的定义可以看到，它满足条件：

$$\mathrm{div}\,\boldsymbol{\alpha}=\nabla\cdot\boldsymbol{\alpha}=0 \tag{10-64}$$

上式表示位错线不能自由地终止在弹性体内。

根据 Nix、Gaol 以及 Han 等提出的应变梯度塑性理论，总位错密度 ρ 可以分解为统计存储位错密度 ρ_{SSD} 和几何必需位错密度 ρ_{GND}。统计存储位错密度 ρ_{SSD} 与塑性应变有关，而几何必需位错密度 ρ_{GND} 与塑性应变梯度有关。则 Taylor 公式关于位错密度的硬化本构模型可以表示为

$$\tau=cGb\sqrt{\rho_{\mathrm{GND}}+\rho_{\mathrm{SSD}}} \tag{10-65}$$

式中，c 为经验系数，取值范围为 0～1；G 为材料的剪切模量；b 为 Burgers 矢量的大小。

Nye 位错密度张量建立了几何必需位错和应变梯度之间的联系：

$$\boldsymbol{\Lambda}=-\frac{1}{b}\mathrm{rot}(\boldsymbol{F}^{\mathrm{p}})^{\mathrm{T}}\boldsymbol{x}=-\frac{1}{b}[\nabla\times(\boldsymbol{F}^{\mathrm{p}})^{\mathrm{T}}]^{\mathrm{T}} \tag{10-66}$$

式中，位错密度张量 $\boldsymbol{\Lambda}$ 是非对称的，具有 9 个独立分量。对式(10-66)取物质时间导数，并且结合 $\dot{\boldsymbol{F}}^{\mathrm{p}}=L^{\mathrm{p}}\dot{\boldsymbol{F}}^{\mathrm{p}}$，则位错密度张量 $\boldsymbol{\Lambda}$ 可以分解为所有单个滑移系的贡献：

$$\dot{\boldsymbol{\Lambda}}=-\frac{1}{b}[\nabla\times(\dot{\boldsymbol{F}}^{\mathrm{p}})^{\mathrm{T}}]^{\mathrm{T}}=-\frac{1}{b}[\nabla\times(\boldsymbol{F}^{\mathrm{p}})^{\mathrm{T}}(L^{\mathrm{p}})^{\mathrm{T}}]^{\mathrm{T}}=\sum_{\boldsymbol{\alpha}=1}^{N}\dot{\boldsymbol{\Lambda}}^{\boldsymbol{\alpha}} \tag{10-67}$$

结合式(10-6)、式(10-67)可得

$$\dot{\boldsymbol{\Lambda}}=-\frac{1}{b}[\nabla\times(\dot{\boldsymbol{\gamma}}^{\alpha}(\dot{\boldsymbol{F}}^{\mathrm{p}})^{\mathrm{T}}\boldsymbol{n}^{\alpha}\otimes\boldsymbol{m}^{\alpha}]^{\mathrm{T}}=-\frac{1}{b}\boldsymbol{m}^{\alpha}\otimes[\nabla\times(\dot{\boldsymbol{\gamma}}^{\alpha}(\dot{\boldsymbol{F}}^{\mathrm{p}})^{\mathrm{T}}\boldsymbol{n}^{\alpha}]^{\mathrm{T}} \tag{10-68}$$

由于$\dot{\boldsymbol{\gamma}}^{\alpha}$ 和$\boldsymbol{F}^{P}$ 都可能存在梯度，故将旋度算子 rot 展开，则式(10-68)变为

$$\dot{\boldsymbol{\Lambda}}=-\frac{1}{b}\{\nabla\boldsymbol{\gamma}^{\dot{\alpha}}\times(\boldsymbol{F}^{\mathrm{p}})^{\mathrm{T}}+\boldsymbol{\gamma}^{\dot{\alpha}}[\nabla\times(\boldsymbol{F}^{\mathrm{p}})^{\mathrm{T}}\boldsymbol{n}^{\alpha}]\} \tag{10-69}$$

事实上，式(10-69)定义了几何必需位错密度的变化率，即

$$\dot{\rho}^{\alpha}_{\mathrm{GND}}=\frac{1}{b}\|\nabla\times\{\nabla\times[\dot{\boldsymbol{\gamma}}^{\alpha}(\boldsymbol{F}^{\mathrm{p}})^{\mathrm{T}}\boldsymbol{n}^{\alpha}]\}\| \tag{10-70}$$

把几何必需位错密度引入一个晶体本构模型，其实质问题就是将几何必需位错投影成林位错和平行位错(图 10-5)。然而，几何必需位错投影成林位错和平行位错并不是很方便，因为几何必需位错的切向量不是常数。通常在晶体塑性本构模型中，统计存储位错可以假定为只是刃型位错，然而几何必需位错必须包含刃型位错和螺型位错才能保证晶体点阵的连续性。因此，$\dot{\Lambda}^{\alpha}$ 可以分解为三部分，即具有与滑移方向$\boldsymbol{m}^{\alpha}$ 平行的切向量的螺型位错部分 $\dot{\Lambda}^{\alpha}_{\mathrm{s}}$，具有与$\boldsymbol{n}^{\alpha}$ 平行的切向量的刃型位错部分 $\dot{\Lambda}^{\alpha}_{\mathrm{en}}$，以及具有与$\boldsymbol{t}^{\alpha}=\boldsymbol{n}^{\alpha}\otimes\boldsymbol{m}^{\alpha}$平行的切向量的刃型位错部分 $\dot{\Lambda}^{\alpha}_{\mathrm{et}}$，则有

$$\dot{\Lambda}^{\alpha}=\dot{\Lambda}^{\alpha}_{\mathrm{s}}+\dot{\Lambda}^{\alpha}_{\mathrm{en}}+\dot{\Lambda}^{\alpha}_{\mathrm{et}} \tag{10-71}$$

式中，相应的位错密度张量分别为

$$\dot{\boldsymbol{\Lambda}}^{\alpha}_{\mathrm{s}}=-\dot{\rho}^{\alpha}_{\mathrm{GND}}\boldsymbol{m}^{\alpha}\otimes\boldsymbol{m}^{\alpha} \tag{10-72}$$

$$\dot{\boldsymbol{\Lambda}}^{\alpha}_{\mathrm{en}}=-\dot{\rho}^{\alpha}_{\mathrm{GND}}\boldsymbol{m}^{\alpha}\otimes\boldsymbol{n}^{\alpha} \tag{10-73}$$

$$\dot{\boldsymbol{\Lambda}}^{\alpha}_{\mathrm{et}}=-\dot{\rho}^{\alpha}_{\mathrm{GND}}\boldsymbol{m}^{\alpha}\otimes\boldsymbol{t}^{\alpha} \tag{10-74}$$

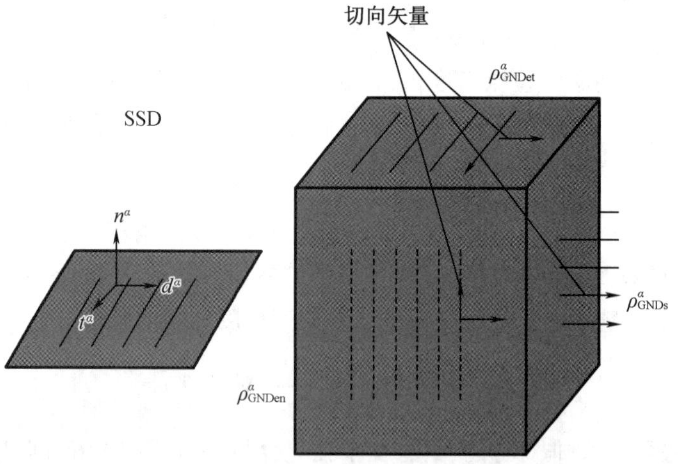

图 10-5 统计存储位错密度和几何必需位错密度的几何构形示意图

则对应的几何必需位错密度的标量值分别为

$$\dot{\rho}^{\alpha}_{\mathrm{GND}}=\frac{1}{b}\{\nabla\times[\dot{\gamma}^{\alpha}(\boldsymbol{F}^{\mathrm{p}})^{\mathrm{T}}\boldsymbol{n}^{\alpha}]\}\cdot\boldsymbol{m}^{\alpha} \tag{10-75}$$

$$\dot{\rho}_{\mathrm{GNDen}}^{\alpha}=\frac{1}{b}\{\nabla\times[\dot{\gamma}^{\alpha}(\boldsymbol{F}^{\mathrm{p}})^{\mathrm{T}}\boldsymbol{n}^{\alpha}]\}\cdot\boldsymbol{n}^{\alpha} \tag{10-76}$$

$$\dot{\rho}_{\mathrm{GNDet}}^{\alpha}=\frac{1}{b}\{\nabla\times[\dot{\gamma}^{\alpha}(\boldsymbol{F}^{\mathrm{p}})^{\mathrm{T}}\boldsymbol{n}^{\alpha}]\}\cdot\boldsymbol{t}^{\alpha} \tag{10-77}$$

它们满足如下关系式：

$$(\dot{\rho}_{\mathrm{GND}}^{\alpha})^{2}=(\dot{\rho}_{\mathrm{GNDs}}^{\alpha})^{2}+(\dot{\rho}_{\mathrm{GNDen}}^{\alpha})^{2}+(\dot{\rho}_{\mathrm{GNDet}}^{\alpha})^{2} \tag{10-78}$$

$\rho_{\mathrm{F}}^{\alpha}$ 为滑移系 α 扫过的林位错密度，$\rho_{\mathrm{P}}^{\alpha}$ 为滑移系 α 扫过的平行位错密度，则 $\rho_{\mathrm{F}}^{\alpha}$ 和 $\rho_{\mathrm{P}}^{\alpha}$ 的表达式分别为

$$\begin{aligned}\rho_{\mathrm{F}}^{\alpha}=\sum_{\beta=1}^{N}\chi^{\alpha\beta}[&\rho_{\mathrm{SSD}}^{\beta}|\cos(\boldsymbol{n}^{\alpha},\boldsymbol{t}^{\beta})|+\rho_{\mathrm{GNDs}}^{\beta}|\cos(\boldsymbol{n}^{\alpha},\boldsymbol{m}^{\beta})|+\rho_{\mathrm{GEDen}}^{\beta}|\cos(\boldsymbol{n}^{\alpha},\boldsymbol{n}^{\beta})|+\\&\rho_{\mathrm{GNDet}}^{\beta}|\cos(\boldsymbol{n}^{\alpha},\boldsymbol{t}^{\beta})|]\end{aligned} \tag{10-79}$$

$$\begin{aligned}\rho_{\mathrm{P}}^{\alpha}=\sum_{\beta=1}^{N}\chi^{\alpha\beta}[&\rho_{\mathrm{SSD}}^{\beta}|\sin(\boldsymbol{n}^{\alpha},\boldsymbol{t}^{\beta})|+\rho_{\mathrm{GNDs}}^{\beta}|\sin(\boldsymbol{n}^{\alpha},\boldsymbol{m}^{\beta})|+\rho_{\mathrm{GEDen}}^{\beta}|\cos(\boldsymbol{n}^{\alpha},\boldsymbol{n}^{\beta})|+\\&\rho_{\mathrm{GNDet}}^{\beta}|\sin(\boldsymbol{n}^{\alpha},\boldsymbol{t}^{\beta})|]\end{aligned} \tag{10-80}$$

式中，$\chi^{\alpha\beta}$ 为滑移系 α 和滑移系 β 之间的作用系数。

另外，晶体塑性变形时滑移系的塑性剪切应变速率为

$$\dot{\gamma}^{\alpha}=\dot{\gamma}_{0}\sinh\left[-\frac{E_{\mathrm{slip}}}{k_{B}T}\left(1-\frac{|\tau^{\alpha}|-\tau_{\mathrm{pass}}^{\alpha}}{\tau_{\mathrm{cut}}^{\alpha}}\right)\right]\mathrm{sgn}(\tau^{\alpha}) \tag{10-81}$$

式中，$\dot{\gamma}^{\alpha}$ 为滑移系 α 的塑性剪切应变速率；E_{slip} 为位错滑移激活能；k_{B} 为 Bolztmann 常数；T 为材料的温度；τ^{α} 为滑移系 α 的分切应力；$\dot{\gamma}_{0}$ 为参考塑性剪切应变速率；$\tau_{\mathrm{pass}}^{\alpha}$ 为滑移系 α 经过平行位错时受到的滑移阻力；$\tau_{\mathrm{cut}}^{\alpha}$ 为滑移系 α 经过林位错时受到的滑移阻力。$\dot{\gamma}_{0}$、$\tau_{\mathrm{pass}}^{\alpha}$、$\tau_{\mathrm{cut}}^{\alpha}$ 的表达式分别为

$$\dot{\gamma}_{0}=\frac{k_{\mathrm{B}}T\nu_{0}}{c_{1}c_{2}Gb^{2}}\sqrt{\rho_{P}^{\alpha}} \tag{10-82}$$

$$\tau_{\mathrm{pass}}^{\alpha}=c_{1}Gb\sqrt{\rho_{P}^{\alpha}} \tag{10-83}$$

$$\tau_{\mathrm{cut}}^{\alpha}=\frac{E_{\mathrm{slip}}}{c_{2}c_{3}b_{1}^{2}}\sqrt{\rho_{F}^{\alpha}} \tag{10-84}$$

式中，c_1、c_2 和 c_3 为材料常数；G 为剪切模量；ν_0 为滑移系激活频率。

10.4　基于形变孪生的本构模型

形变孪生是金属塑性变形的另一种方式，因而建立基于形变孪生的本构模型是晶体塑性有限元模拟必不可少的环节。在金属塑性变形时，形变孪生经常是伴随着位错滑移进行的。对于一个单晶而言，当一个孪生系统 ξ 被激活时，单晶母相中将会有 f^{ξ} 孪晶分数通过转动矩阵 $\boldsymbol{Q}^{\zeta}$ 重新取向。在该孪生系统的作用下，全局变形梯度将发生分解，如图 10-6 所示。考虑到位错滑移与形变孪生的相似性，引入孪生剪切 γ_{twin} 的贡献，则速度梯度 $\boldsymbol{L}^{\mathrm{p}}$ 的表

达式可以推广如下：

$$\boldsymbol{L}^{\mathrm{p}}=\left(1-\sum_{\xi=1}^{N_{\mathrm{twin}}} f^{\xi}\right) \sum_{\alpha=1}^{N_{\mathrm{slip}}} \dot{\gamma}^{\alpha} \boldsymbol{m}^{\alpha} \otimes \boldsymbol{n}^{\alpha}+\sum_{\xi=1}^{N_{\mathrm{twin}}} \gamma_{\mathrm{twin}} \boldsymbol{m}_{\mathrm{twin}}^{\xi} \otimes \boldsymbol{n}_{\mathrm{twin}}^{\xi} \tag{10-85}$$

式中，N_{slip} 为滑移系的数量；N_{twin} 为孪生系统的数量；$\boldsymbol{m}_{\mathrm{twin}}^{\xi}$ 为孪生系统 ξ 孪生面法向单位矢量；$\boldsymbol{n}_{\mathrm{twin}}^{\xi}$ 为孪生系统 ξ 孪生方向单位矢量。

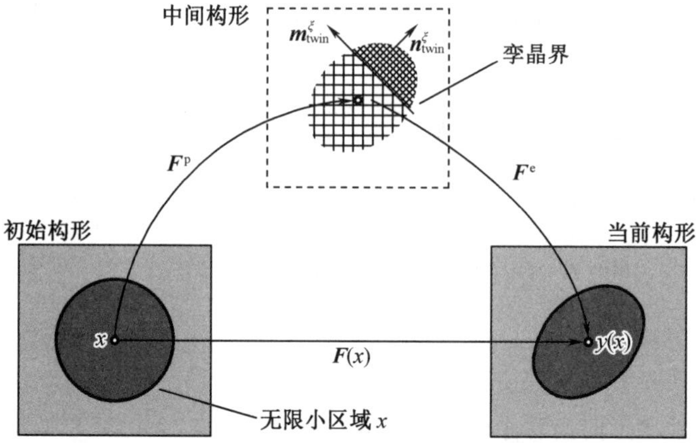

图 10-6 涉及形变孪生的变形梯度 F 的弹塑性分解

从该式可以看出，该表达式并没有考虑形变孪晶的形貌特征和拓扑结构。一个孪晶区域只是由孪晶体积分数和边界条件所规定，在孪晶区域也没有规定明显的塑性变形梯度。这种基体加孪晶复合结构的 Cauchy 应力$\bar{\sigma}$ 只与所有组分上应力的体积平均值有关，即

$$\bar{\sigma}=\frac{\boldsymbol{F}^{\mathrm{e}}}{J^{\mathrm{e}}}\left[\left(1-\sum_{\xi=1}^{N_{\mathrm{twin}}} f^{\xi}\right) C+\sum_{\alpha=1}^{N_{\mathrm{slip}}} f^{\xi} C^{\xi}\right] E^{\mathrm{e}}\left(\boldsymbol{F}^{\mathrm{e}}\right)^{\mathrm{T}} \tag{10-86}$$

式中，$\boldsymbol{Q}_{ijkl}^{\xi}=\boldsymbol{Q}_{im}^{\xi}\boldsymbol{Q}_{jn}^{\xi}\boldsymbol{Q}_{ijkl}^{\xi}\boldsymbol{Q}_{ko}^{\xi}\boldsymbol{Q}_{lp}^{\xi}\boldsymbol{C}_{mnop}$ 为基体转变为孪晶取向的弹性张量 $\boldsymbol{C}^{\beta}$ 的分量；E^{e} 为从弹性应变梯度获得的 Green-Lagrangian 应变张量。

式（10-85）中关于 D 的表达式并没有考虑孪晶中后续发生的位错滑移。该表达式一般适合极薄的面心立方晶体和体心立方晶体中的孪晶。然而，试验结果表明，当孪晶片层非常厚时，在形变孪晶中会发生位错滑移。如果考虑形变孪晶中发生位错滑移，则塑性变形速度梯度可以修正为

$$\boldsymbol{L}^{\mathrm{p}}=\left(1-\sum_{\xi=1}^{N_{\mathrm{twin}}} f^{\xi}\right) \sum_{\alpha=1}^{N_{\mathrm{slip}}} \dot{\gamma}^{\alpha} \boldsymbol{m}^{\alpha} \otimes \boldsymbol{n}^{\alpha}+\sum_{\beta=1}^{N_{\mathrm{twin}}} \gamma_{\mathrm{twin}} \dot{f}^{\xi} \boldsymbol{m}_{\mathrm{twin}}^{\xi} \otimes \boldsymbol{n}_{\mathrm{twin}}^{\xi}+\sum_{\xi=1}^{N_{\mathrm{twin}}} \sum_{\alpha=1}^{N_{\mathrm{slip}}} f^{\xi} \dot{\gamma}^{\alpha} \boldsymbol{Q}^{\xi} \boldsymbol{m}^{\alpha} \otimes \dot{\boldsymbol{n}}^{\alpha} \boldsymbol{Q}^{\xi} \tag{10-87}$$

一个孪生系统的孪晶体积分数的演化遵循唯象幂律关系，即

$$\dot{f}^{\beta}=\begin{cases}\dot{f}_{0}\left(\dfrac{\tau^{\xi}}{\tau_{\mathrm{c}}^{\xi}}\right)^{\frac{1}{m_{\mathrm{t}}}}, \tau^{\xi}>0 \\ 0, \tau^{\xi} \leqslant 0\end{cases} \tag{10-88}$$

式中，m_{t} 为孪晶敏感指数。

式（10-88）给出的流动规则需要知道每个孪生系统的临界孪生切应力 τ_{c}^{ξ}。然而，试验

结果表明,形变孪生对金属材料的全局硬化具有双重影响。

一方面,孪晶体积分数的增大会导致滑移系硬化效应的增加,这主要是由于孪晶界会充当位错运动的障碍。

另一方面,新孪晶的长大会受到已有孪晶的阻碍。根据第一种思想,唯象滑移硬化准则可以修订为

$$\dot{\tau}_c^{\alpha}=\boldsymbol{h}_{\alpha\tilde{\alpha}}|\dot{\gamma}^{\tilde{\alpha}}| \tag{10-89}$$

式中,硬化矩阵$\boldsymbol{h}_{\alpha\tilde{\alpha}}$取决于孪晶体积分数和饱和应力值 $\dot{\tau}_s^{\alpha}$,即

$$\boldsymbol{h}_{\alpha\tilde{\alpha}}=q_{\alpha\tilde{\alpha}}\left[h_0\left(1-\frac{\tau_c^{\tilde{\alpha}}}{\tau_s^{\tilde{\alpha}}}\right)\right] \tag{10-90}$$

$$\tau_s^{\tilde{\alpha}}=\tau_0+\tau_t\left(\sum_{\xi=1}f^{\xi}\right) \tag{10-91}$$

其中,孪生系统的孪生面与滑移面不共面。

10.5　多晶体塑性力学本构理论基础

多晶体是由单晶体按一定的分布方式组成的,因此多晶体的变形行为是由组成其的多个单晶体的变形行为共同决定的。Taylor 首先提出了由单晶体力学性能对多晶体塑性行为进行解释的思想。多晶体宏观塑性变形与单晶体塑性变形具有相同的力学性能,适用于同样的硬化方程,因此 Huchingson、Hill 等人从宏观角度认为多晶体塑性变形行为是均匀的。由此可以对多晶体应力、应变进行求解:

$$\bar{\sigma}=\frac{1}{V}\int_v\sigma\,\mathrm{d}v \tag{10-92}$$

$$\bar{\varepsilon}=\frac{1}{V}\int_v\varepsilon\,\mathrm{d}v \tag{10-93}$$

式(10-92)和式(10-93)中的 $\bar{\sigma}$、$\bar{\varepsilon}$、v 分别代表多晶体的应力值、应变值、体积。

组成多晶体的单晶取向是各不相同的,因此要描述多晶体的塑性变形行为,就需要对多个单晶体的塑性变形进行平均化处理,以使各个单晶体间的塑性变形能够协调、连续地进行,获取适合多晶体塑性行为的有效模型。目前,依据多晶体均匀化理论提出的多晶体有限元模型有三种,分别是在 1928 年提出的 Sachs 模型、1938 年提出的 Taylor 模型,及在 1954 年提出的自洽模型。

(1)Sachs 模型认为单晶体应力状态与其组成的多晶体宏观应力状态是相同的,即多晶体材料内部应力状态处处相等:

$$\bar{\sigma}=\sigma \tag{10-94}$$

ε 的值可以通过 σ 进行推导,然后依据式(10-92)求出平均化后的多晶宏观应变值。Sachs 模型在满足晶界处应力平衡条件下可以用于预测多晶体材料内单晶体的塑性行为,但忽视了变形过程中晶间相互作用,因此并不能预测多晶体的塑性变形行为。

(2)Taylor 模型认为单晶体应变状态与其组成的多晶体宏观应变状态是相同的,多晶体材料内部应变状态处处相等:

$$\bar{\varepsilon}=\varepsilon \tag{10-95}$$

σ 的值可以通过式(10-95)的 ε 进行推导,再依据式(10-92)求出平均化后的多晶体宏观应力值。Taylor 模型能够很好地反映晶粒间的相互作用关系,但不能实现晶界应力平衡条件。Taylor 模型相较于 Sachs 模型能够较好地对多晶体材料塑性变形过程中的织构演化及应力-应变关系进行预测,目前也多被用于预测金属材料变形行为。

(3)自洽模型将多晶体的均匀化变形体等价为单晶体,能够同时达到多晶体材料内的应力与应变平衡状态,目前已经被广泛用于预测多晶体材料塑性变形过程的组织变化与织构演变。

参考文献

[1] Taylor G I , Elam C F . Bakerian Lecture. The Distortion of an Aluminium Crystal during a Tensile Test[J]. Proceedings of the Royal Society A, 1923,102(719):643-667.

[2] Taylor G I. The Mechanism of Plastic Deformation of Crystals. Part I. Theoretical[J]. Proceedings of the Royal Society of London, 1934,145(855):362-387.

[3] E. Orowan. Zur Kristallplastizität. II[J]. Zeitschrift für Physik A Hadrons and Nuclei, 1934, 89(9):614-633.

[4] Hill R. Generalized constitutive relations for incremental deformation of metal crystals by multislip[J]. Journal of the Mechanics and Physics of Solids, 1966,14(2):95-102.

[5] Hill R , Rice J R . Constitutive analysis of elastic-plastic crystals at arbitrary strain[J]. Journal of the Mechanics and Physics of Solids, 1972,20(6):401-413.

[6] Rice J R. Inelastic constitutive relations for solids: An internal-variable theory and itsapplication to metal plasticity[J]. Journal of the Mechanics & Physics of Solids, 1971, 19(6):433-455.

[7] Peirce D, Asaro R J, Needleman A. An analysis of nonuniform and localized deformation in ductile single crystals[J]. Acta Metallurgica, 1982,30(6):1087-1119.

[8] R. Hill, J. R. Rice. Constitutive analysis of elastic-plastic crystal at arbitrary strain. J. Mech. Phys. Solids, 1972, 20(5): 401~413.

附　录　A

A.1　位错的基本概念

位错是金属晶体中的一种线缺陷，它是由理想晶体中的原子面发生了局部错排引起的。较简单、基本的位错主要有刃型位错和螺型位错两种。

在规则排列的晶体中间错排了半列多余的原子面，犹如用锋利的钢刀将晶体上半部分切开，沿切口加塞了一额外半原子面一样，将刃口处的原子列称为刃型位错，如图 A-1 所示，其中额外原子面的边界即为位错线。

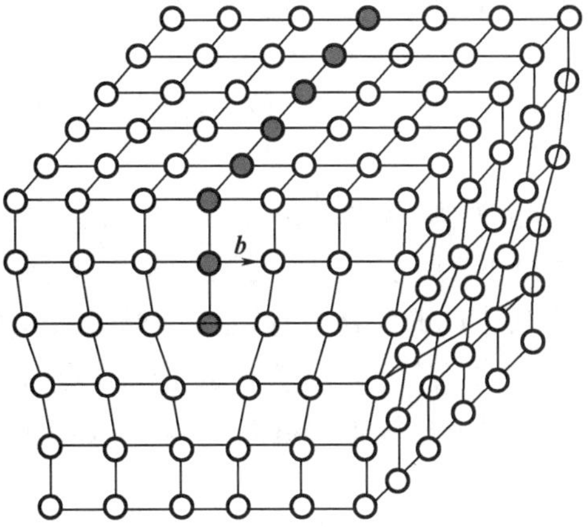

图 A-1　刃型位错示意图

晶体上下两部分的原子在某些区域相互吻合的排列次序发生了错动，即上下两层相邻原子间出现了错排和不对齐的现象，使不吻合区域的原子被扭曲成螺旋形，位错线附近的原子是按螺旋形排列的，因此这种位错称为螺型位错，如图 A-2 所示。实际晶体中的位错是由上述各种位错组成的混合位错，这些位错在材料的塑性变形中起着重要的作用。

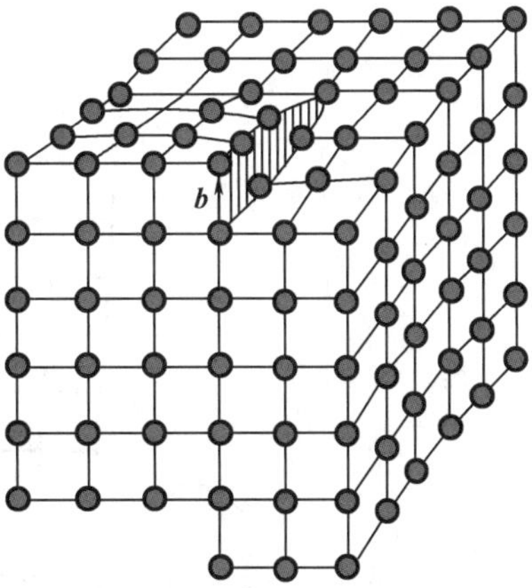

图 A-2　螺型位错示意图

A.2 位错的几何描述

A.2.1 Burgers 回路与 Burgers 矢量

Burgers 回路与 Burgers 矢量在几何上揭示了位错的本质，下面对两者的基本概念进行简要介绍。

由金属晶体学知识可知，在金属晶体中取三个基矢 $\boldsymbol{a}_x$、$\boldsymbol{a}_y$、$\boldsymbol{a}_z$，其方向与 x、y、z 三个坐标轴的正方向一致，将这三个基矢作成平行六面体，在 $\boldsymbol{a}_x$、$\boldsymbol{a}_y$、$\boldsymbol{a}_z$ 三个方向顺次堆积原子，便得到整个金属晶体。从金属晶体的某一点出发，以一个基矢大小为一个步长，沿着基矢方向逐步走去，最后回到出发点，从而形成一个闭合回路，该闭合回路即为 Burgers 回路。设沿着 Burgers 回路在 $\boldsymbol{a}_x$ 方向走了 n_x 步，在 $\boldsymbol{a}_y$ 方向上走了 n_y，步，在 $\boldsymbol{a}_z$ 方向走了 n_z 步。若 Burgers 回路本身未包含位错线，在各基矢方向所走的步长大小相同，且 n_x、n_y 和 n_z 都为整数，则下面的关系式成立：

$$n_x\boldsymbol{a}_x+n_y\boldsymbol{a}_y+n_z\boldsymbol{a}_z=0 \tag{A-1}$$

若 Burgers 回路本身包含了位错线，则下面的关系式成立：

$$n_x\boldsymbol{a}_x+n_y\boldsymbol{a}_y+n_z\boldsymbol{a}_z=\boldsymbol{b} \tag{A-2}$$

式中，矢量 $\boldsymbol{b}$ 的大小必须是晶体在某个方向上两原子间的距离或其整数倍，该矢量 $\boldsymbol{b}$ 即为 Burgers 矢量。

以图 A-3 所示的刃型位错为例，从左上角 A 点出发，做逆时针方向的 Burgers 回路，设沿 x、y、z 三个坐标轴方向上相邻两原子的间距分别为基矢 $\boldsymbol{a}_x$、$\boldsymbol{a}_y$、$\boldsymbol{a}_z$ 的大小，显然沿着 x 坐标轴方向上的步数为零。当从 A 点走到 B 点时，沿 z 坐标轴的负方向走了 5 步；当从 B 点走到 C 点时，沿 y 坐标轴的正方向走了 5 步；当从 C 点走到 D 点时，沿 z 坐标轴的正方向走了 5 步；当从 D 点又回到 A 点时，沿 y 坐标轴的负方向走了 6 步。则将相应步数代入式(A-2)可得

$$-5\boldsymbol{a}_z+5\boldsymbol{a}_y+5\boldsymbol{a}_z-6\boldsymbol{a}_y=\boldsymbol{b} \tag{A-3}$$

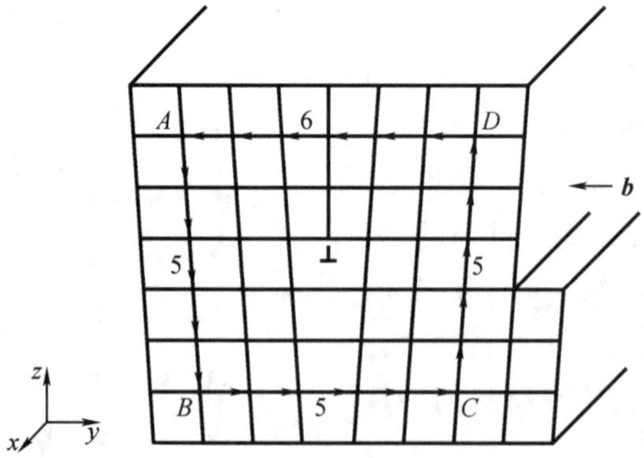

图 A-3 环绕刃型位错的 Burgers 回路

由式(A-3)可得 Burgers 矢量 $\boldsymbol{b}=-\boldsymbol{a}_y$,即此时 Burgers 矢量 $\boldsymbol{b}$ 的方向与 y 坐标轴的负方向一致,其大小为一个原子间距。

以图 A-4 所示螺型位错为例,也从左上角处 A 点出发,做逆时针的 Burgers 回路。当从 A 点走到 B 点时,沿 z 坐标轴的负方向走了 7 步;当从 B 点走到 C 点时,沿 y 坐标轴的正方向走了 9 步;当从 C 点走到 D 点时,沿 z 坐标轴的正方向走了 4 步;当从 D 点走到 E 点时,沿 x 坐标轴的负方向走了 1 步;当从 E 点走到 F 点时,沿 z 坐标轴的正方向走了 3 步;当从 F 点又回到 A 点时,沿 y 轴的负方向走了 9 步。则将相应步数代入式(A-2)得

$$-7\boldsymbol{a}_z+9\boldsymbol{a}_y+4\boldsymbol{a}_z-\boldsymbol{a}_x+3\boldsymbol{a}_z-9\boldsymbol{a}_y=\boldsymbol{b} \tag{A-4}$$

由式(A-4)可得 $\boldsymbol{b}=-\boldsymbol{a}_x$,即此时 Burgers 矢量 $\boldsymbol{b}$ 的方向与 x 坐标轴的负方向一致,其大小为一个原子间距。

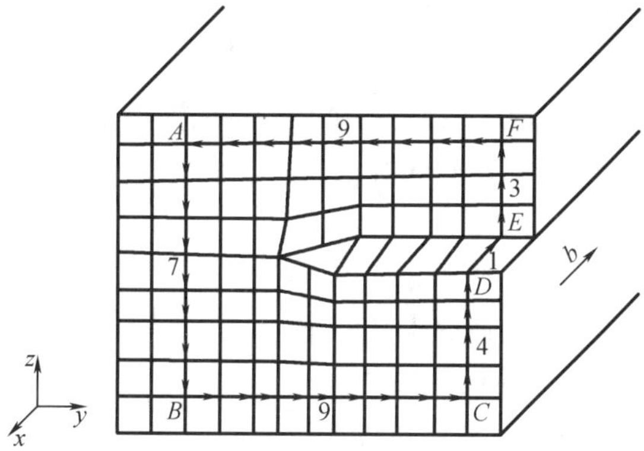

图 A-4　环绕螺型位错的 Burgers 回路

实际上,位错的存在破坏了金属晶体的无畸变点阵排列结构,因为在位错的中心,原子间发生了很大的畸变,即使在离位错中心比较远的地方,这些畸变也是存在的。Burgers 回路就是把这些在位错中心四周原子间的畸变累积起来并最终由 Burgers 矢量表达出来,这就是 Burgers 矢量的物理意义。

只要 Burgers 回路所包含的位错没有改变,则无论所选择的 Burgers 回路的大小如何,最终得出的 Burgers 矢量是不变的。因此,可以从 Burgers 回路的角度来定义位错,即一个 Burgers 回路绕着一个晶体缺陷做一个闭合回路,如果在各个方向所走步数的矢量和不为零,则这个晶体缺陷叫作位错,该矢量和即为 Burgers 矢量。

A.2.2　Burgers 矢量的守恒性

Burgers 矢量是一个表示位错环最基本性质的物理量。一个位错环的 Burgers 矢量具有守恒性,其主要表现在以下几个方面。

(1)设有一位错线,在其中途发生了分叉,生成了两根位错线,则位错线 Burgers 矢量保持守恒。如图 A-5 中的位错线 1 所示,其分叉为 2 和 3 两根位错线,位错线 1 的 Burgers 矢量为 $\boldsymbol{b}_1$,位错线 2 和 3 的 Burgers 矢量分别为 $\boldsymbol{b}_2$ 和 $\boldsymbol{b}_3$,则有 $\boldsymbol{b}_1=\boldsymbol{b}_2+\boldsymbol{b}_3$。

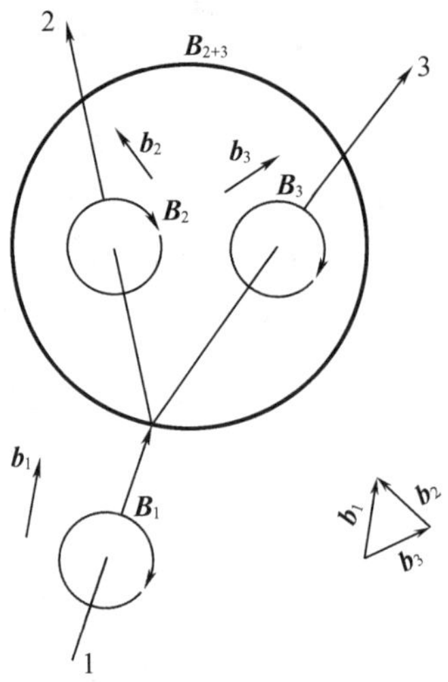

图 A-5　分叉位错的 Burgers 矢量守恒

(2)根据位错 Burgers 矢量守恒性,一个位错环只有一个 Burgers 矢量。如图 A-6 所示,假设位错环 *PQRS* 有两个不同的 Burgers 矢量,即 *PQR* 的 Burgers 矢量为 $\boldsymbol{b}_1$,*PSR* 的 Burgers 矢量为 $\boldsymbol{b}_2$。则按照位错的基本性质,*PQR* 与 *PSR* 两区域的变形就该有所不同,即在两区域之间一定有一位错线将它们区分开来。假定该位错线为 *PR*,则 *PR* 线的 Burgers 矢量应为 $\boldsymbol{b}_3=\pm(\boldsymbol{b}_1-\boldsymbol{b}_2)$。如果消除 *PR* 位错线,则必有 $\boldsymbol{b}_3=0$, 结果 $\boldsymbol{b}_1=\boldsymbol{b}_2$,与假设有两个不同的 Burgers 矢量相矛盾,所以 *PQRS* 位错环只有一个 Burgers 矢量。

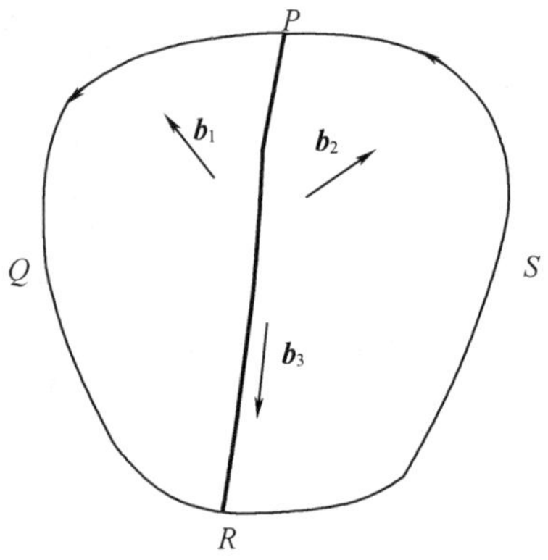

图 A-6　证明位错环只有一个 Burgers 矢量

(3)根据位错 Burgers 矢量守恒性,几个位错线相遇于一个结点, 如果这些位错线都向着或背着结点,则这些位错线的 Burgers 矢量和恒为零。在金属晶体的位错网络中,个别位错线必须成一环形,或相遇于一个结点, 或终止在晶体外表面上,或终止在晶界上。如果组成结点的位错线方向都指向结点,如图 A-7 所示。由前面的知识可知,原来位错线的 Burgers 矢量和应等于位错线方向离开结点位错的 Burgers 矢量和。现在位错线的方向都是向着或全部离开结点,那么这些位错线的 Burgers 矢量和必为 $\sum \boldsymbol{b}_i=0$。

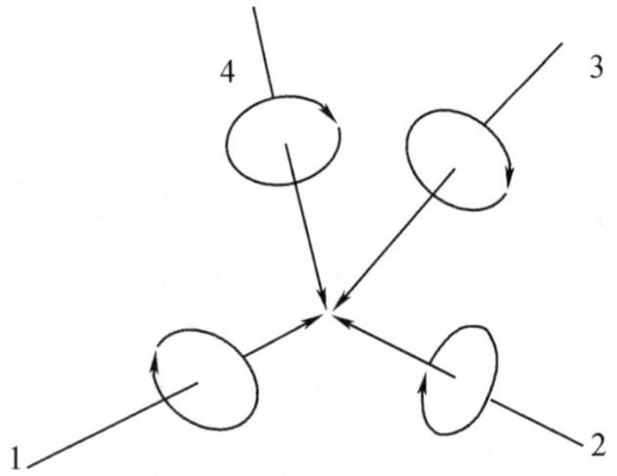

图 A-7　4 条位错线的方向指向结点

A.2.3　刃型位错

刃型位错的位错线与它的 Burgers 矢量相垂直。刃型位错有正负之分,如图 A-8 所示。若额外半原子面位于晶体的上半部分,则此处的位错线称为正刃型位错,以符号"⊥"表示。反之,若额外半原子面位于晶体的下半部分,则此处的位错线称为负刃型位错,以符号"⊤"表示。正刃型位错的上半部分晶体位错线临近区域受压应力,下半部分晶体位错线临近区域受拉应力,而负刃型位错的上半部分晶体位错线临近区域受拉应力,下半部分晶体位错线临近区域受压应力。设正负两种刃型位错的位错线的方向相同,例如都是从纸背指向纸面,则可以看出,这两种符号位错的 Burgers 矢量的方向恰好相反。

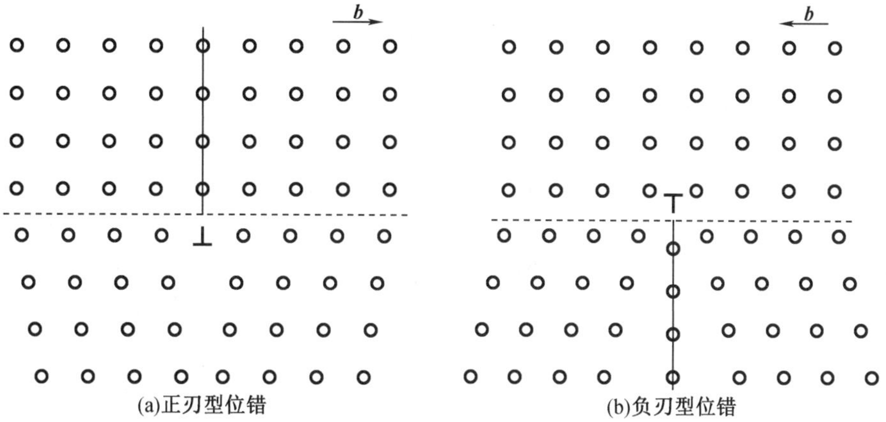

图 A-8　刃型位错的符号表示

刃型位错的位错线方向是根据位错的正负号和 Burgers 矢量的方向而定的。刃型位错的正负号、位错线方向和 Burgers 矢量方向三者之间的关系可以用右手坐标系或右手的拇指、食指和中指的关系来表明,如图 A-9 所示。

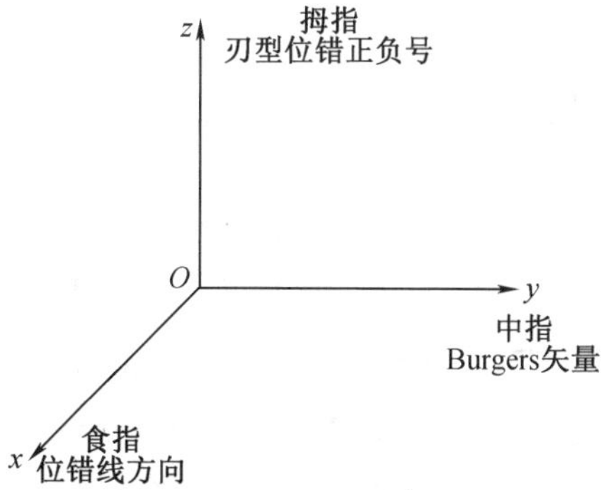

图 A-9　刃型位错的正负号 Burgers 矢量与位错线方向之间的右手关系图

刃型位错不一定是直线,可以是一个平面上任何形状的曲线。例如,图 A-10 中的刃型位错是 *EFHG* 平面的周边,这个位错是由于在晶体中多了一个 *EFHG* 平面的原子层而形成的,也可以是由于在平行于 *EFHG* 平面的四周插入四片原子平面获得 *EFHG* 的周界而形成的,此时 *EFHG* 实际上就是一片原子空位。所以,*EFHG* 可以看作晶体中多出的一个原子层或是一片原子层空位,其也为棱柱位错。

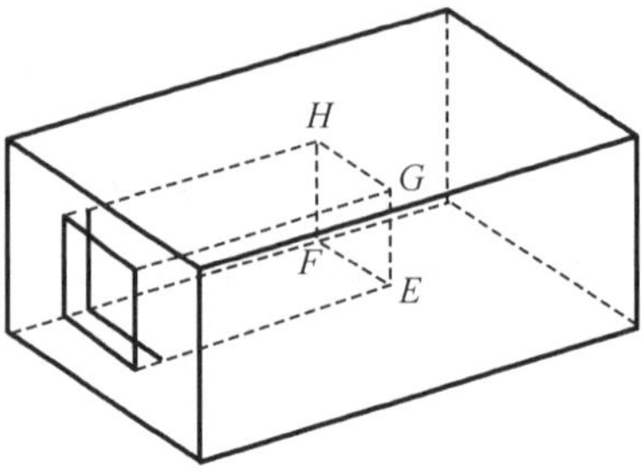

图 A-10　晶体中的纯刃型位错环

A.2.4　螺型位错

螺型位错线与其 Burgers 矢量相平行。根据位错线附近原子呈螺旋形排列的旋转方向不同,可将螺型位错分为左螺型位错和右螺型位错两种。如图 A-11 所示,从晶体的上面俯视,在紧靠位错线 *BC* 上下两层原子的位置,• 代表位错线下面一层原子,∘ 代表位错线上面一层原子。实际上,该螺型位错是将右上半个晶体的原子向前移动半个原子间距,即 0.5$\boldsymbol{b}$,而将右下半个晶体的原子向后移动半个原子间距而成。换言之,该螺型位错是由右半个晶体中上下两部分原子前后相对移动一个原子间距形成的。图 A-11 的螺旋为右手螺旋,故该图中的位错为右螺型位错;反之,若在左半个晶体上将上半个晶体的原子向前移动半个原子间距,而将下半个晶体的原子向后移动半个原子间距,则形成左螺型位错。右螺型位错的 Burgers 矢量与位错线的方向相同;反之,左螺型位错的 Burgers 矢量与位错线的方向相反。图 A-12 给出了一个含有螺型位错的三维晶体模型。图中 *BC* 为螺型位错,其贯穿于晶体的上下表面,在晶体表面成台阶 *AB*。

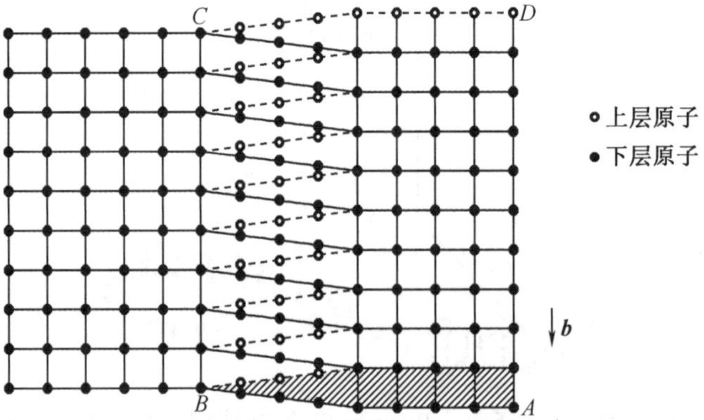

图 A-11　位错线方向与 Burgers 矢量方向相同的右螺型位错

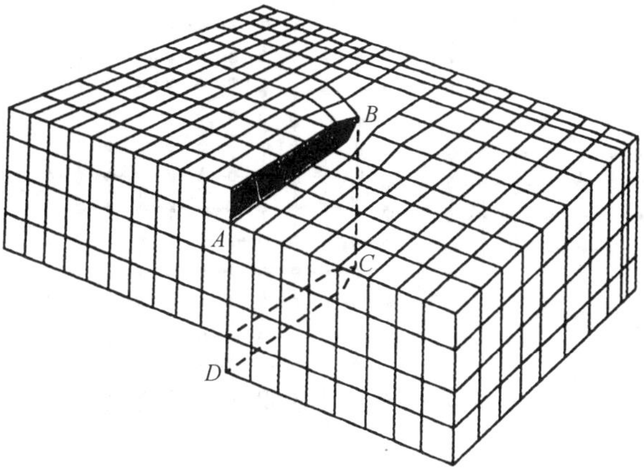

图 A-12　含有螺型位错的三维晶体模型

A.2.5　混合位错

混合位错是指同时具有刃型位错和螺型位错基本特征的位错。很容易从 Burgers 矢量的角度来分析一个混合位错。假设有一混合位错 AB(图 A-13),该位错线的方向为从 A 到 B,已知它的 Burgers 矢量为 $\boldsymbol{b}$,该位错线和 Burgers 矢量 $\boldsymbol{b}$ 的夹角为 θ。将 Burgers 矢量 $\boldsymbol{b}$ 分解为两个分量 $\boldsymbol{b}_e$ 和 $\boldsymbol{b}_s$。$\boldsymbol{b}_e$ 垂直于 AB, $\boldsymbol{b}_s$ 平行于 AB,则有

$$\begin{cases} \boldsymbol{b}_e = \boldsymbol{b}\sin\theta \\ \boldsymbol{b}_s = \boldsymbol{b}\cos\theta \end{cases} \tag{A-5}$$

式中,$\boldsymbol{b}_e$ 为位错线 AB 中纯刃型位错部分的 Burgers 矢量;$\boldsymbol{b}_s$ 为位错线 AB 中纯螺型位错部分的 Burgers 矢量。根据前面确定刃型位错正负以及螺型位错左右的相关法则,图中 $\boldsymbol{b}_s$ 与位错线 AB 同向,则其对应于纯右螺型位错;图中 $\boldsymbol{b}_e$ 指向右侧,则其对应于纯负刃型位错。据此可以看出,具有 Burgers 矢量 $\boldsymbol{b}$ 的混合位错线是由 Burgers 矢量为 $\boldsymbol{b}_e$ 的负纯刃型位错与 Burgers 矢量为 $\boldsymbol{b}_s$ 的纯右螺型位错所组成的。图 A-14 给出了弧形的混合位错线 AC,在 A 点是纯右螺型位错,而在 C 点则是纯正刃型位错,A 点和 C 点之间的部分就是两者位错的混合型。图 A-15 示出了这条位错线上各小段的原子组态。

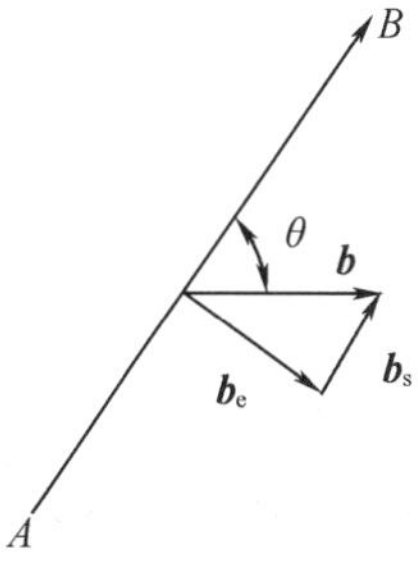

图 A-13　混合位错分解成刃型位错和螺型位错

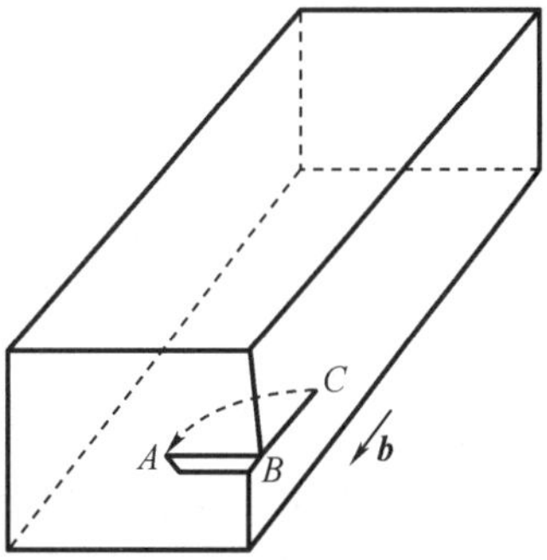

图 A-14　在晶体中的混合位错 AC

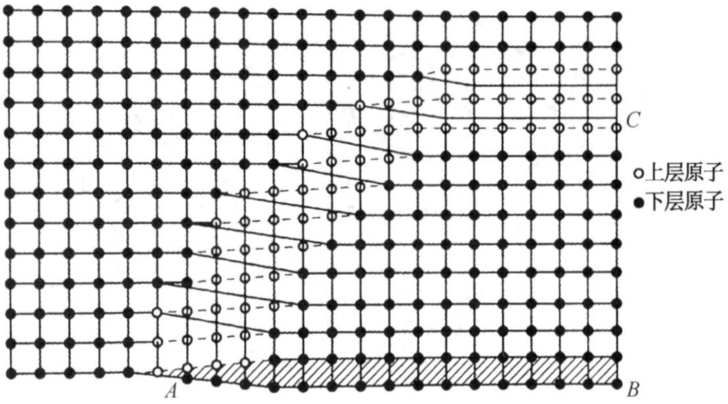

图 A-15　混合位错 *AC* 的原子组态

A.2.6　位错密度

位错密度是指晶体中单位体积所包含的位错线的长度,其表达式为

$$\rho=\frac{S}{V} \tag{A-6}$$

式中,V 为晶体的体积;S 为晶体中位错线的总长度;位错密度 ρ 的量纲为$[\mathrm{L}]^{-2}$,L 代表长度单位。

在许多情况下,位错线可以看作直线,并且是平行地从试样的一面穿到另外一面。因此位错密度可以用与位错线垂直的单位面积中位错线与表面交点的个数来定义,即

$$\rho=\frac{nl}{lS}=\frac{n}{S} \tag{A-7}$$

式中,l 为试样的长度;n 为在面积 S 中所看到的位错线的露头数量。

晶体中的位错密度可以用 X 射线以及其他方法进行测定。测定的结果表明,在经过良好退火的晶体中,位错密度一般为 $10^{8}\sim10^{12}\ \mathrm{m}^{-2}$;在经过剧烈冷塑性变形的金属晶体中,位错密度可增加至 $10^{16}\ \mathrm{m}^{-2}$。

A.3　层　　错

A.3.1　密堆金属晶体结构中的堆垛层次

图 A-16 所示为面心立方晶体的密排面。对于面心立方晶体而言,原子密排面为(111)面;对于密排六方晶体而言,原子密排面为(0001)面。换言之,面心立方晶体与密排六方晶体都可以用这样一个原子密排面堆积而成。在图 A-16 中,字母 *A* 表示第一层原子的位置,字母 *B* 表示第二层原子的位置,字母 *C* 表示第三层原子的位置,可以如此循环堆积下去。另外,堆积的方法还可以使第二层原子落在 *C* 的位置,使第三层原子落在 *B* 的位置或者落在 *A* 的位置。这种按照 *A*、*B*、*C* 原子的位置堆积起来的次序叫作堆垛次序。总之,*A* 上可 *B* 可

C, B 上可 C 可 A, C 上可 A 可 B,但无 AA、BB 和 CC 的堆垛次序。面心立方晶体的堆垛次序为…$ABCABCABC$…,而密排六方晶体的堆垛次序为…$ABABAB$…。

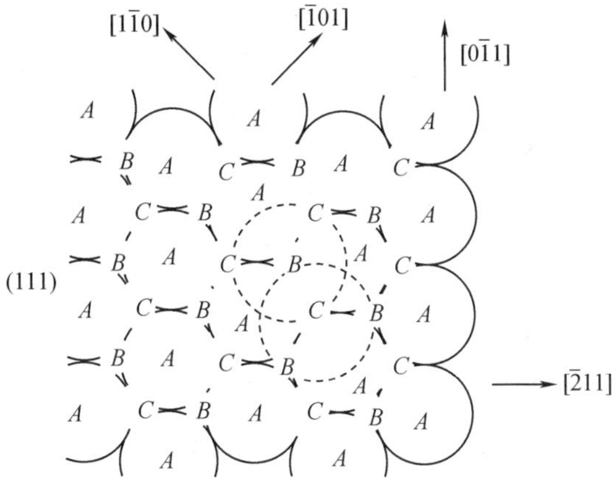

图 A-16　面心立方晶体的密排面

从图 A-17 可以看出,在面心立方晶体中,在堆垛层与层之间,最近邻的原子排成一条直线,即[0$\bar{1}\bar{1}$]与底面(111)成一角度。然而,对于图 A-18 所示的密排六方晶体,在堆垛层与层之间,最邻近的原子并没有排成一条直线,而是排成一条曲折线,每两个原子曲折一次。从而可以看出,这两种晶体的堆垛次序是不同的。

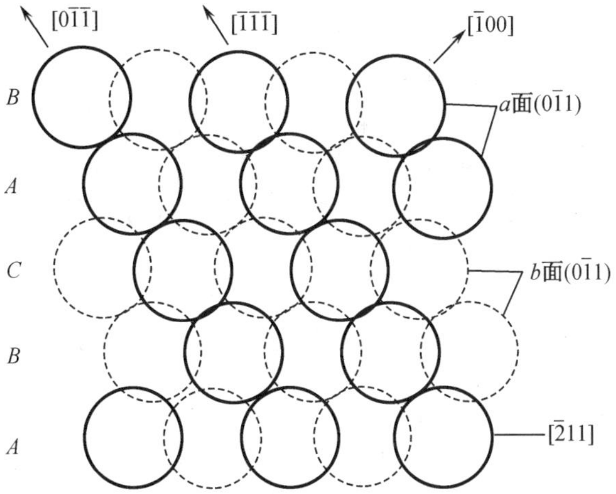

图 A-17　面心立方晶体中原子排列在(011)面上的投影

面心立方晶体的堆垛层次不应该只从(111)面上看。如果从(0$\bar{1}$1)面上看,其特征也是非常明显的。如图 A-19 所示,该图的上半部分是面心立方晶体中(111)面的堆垛层次,图中 ▫、× 和 ▵ 分别代表 A、B 和 C 三层中原子的位置。然后将各层原子在(0$\bar{1}$1)面上进行投影。可以发现,对于(111)面中沿着[$\bar{2}$11]方向上的原子排列,只有相邻两排是不一样的,但第三排与第一排就完全一样了。因此可以知道,对(0$\bar{1}$1)面上投影的原子排列,也只有两个相邻的投影面不同,第三面与第一面就完全相同了。以 ∘ 和 • 分别代表前后不同的两个面上的原子位置,得到图 A-19 所示的下半部的投影。很明显,原子在[011]方向是密排的。将实心球做成模型,并在(0$\bar{1}$1)面上投影,即得图 A-17。

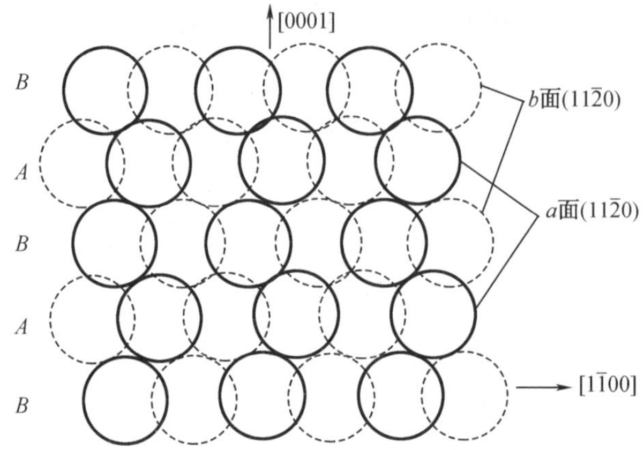

图 A-18　密排六方晶体中原子排列在(11$\bar{2}\bar{1}$0)面上的投影

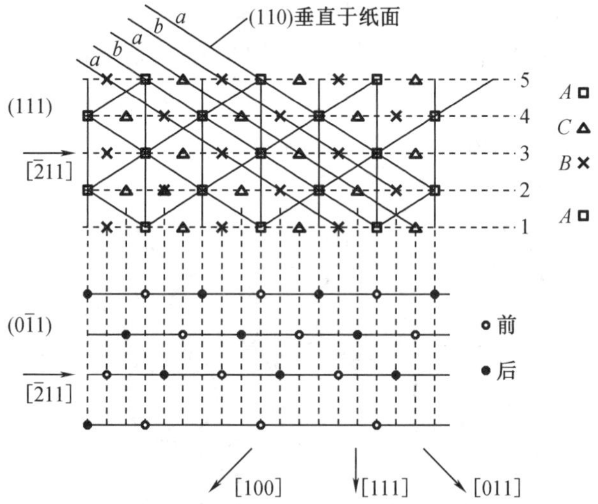

图 A-19　面心立方晶体原子排列在(111)面与(0$\bar{1}$1)面上投影的对比图

如以□表示 *AB*、*BC*、*CA* 的堆垛次序,而以△表示 *BA*、*CB*、*AC* 的堆垛次序,则面心立方晶体的堆垛次序可表示为…□□□□□…或…△△△△△…,而密排六方晶体的堆垛次序为…□△□△□△□△□…。

通过以上分析,可以引出层错的概念,即在原子正常的堆垛次序中发生的错误叫作层错,例如,在面心立方晶体中,正常的堆垛次序应为…□□□□□…,而突然在其中发现了相反的符号△,则会产生一种层错,即

$$A\quad B\quad C\quad A\quad C\quad A\quad B\quad C\quad A$$

$$\uparrow$$

□ □ □ △ □ □ □ □

箭头表示漏掉了一层 *B*,即发生了堆垛错误。在密排六方中产生的一种层错为

$$A\ B\ A\ B\ C\ A\ C\ A\ C$$

↑ ↑

□ △ □ □ □ △ □ △

箭头表示下面层的堆垛次序发生了错误。图 A-20 为正常堆垛及层错的原子模型示意图。

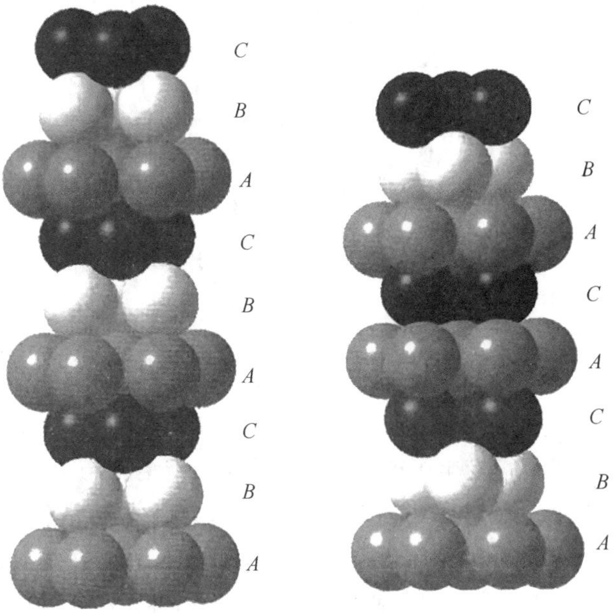

(a)正常堆垛　　(b)层错

图 A-20　正常堆垛及层错的原子模型示意图

层错的存在破坏了晶体内部原子排列的周期性和完整性,并引起能量的升高。通常把产生单位面积层错所需的能量称为层错能。金属的层错能越小,出现层错的概率越大。层错多见于奥氏体不锈钢和 α-黄铜中。

A.3.2　面心立方

晶体中的层错在面心立方晶体中,可以通过三种方法来形成,即原子层之间的滑移、内部抽出一层原子和外部插入一层原子。

在(111)面上将任意层原子(例如原来在 C 位置的第三层原子)向[$\bar{2}11$]方向滑移到 A 位置(图 A-19),然后各层也逐层移过一个位置,即 $A \to B \to C \to A$。换言之,把整个晶体分为上下两部分,将 C 层以上的半个晶体作为一个整体沿着[$\bar{2}11$]方向滑移至 A 位置,各层的位置发生了变化。原始的堆垛次序为 $ABCABCABCABC$,而滑移后的堆垛次序变为

$$A\ B\ C\ A\ B\ A\ B\ C\ A\ B\ C\ A$$

↓

▽ ▽ ▽ ▽ △ ▽ ▽ ▽ ▽ ▽ ▽

箭头表示滑移面所处的位置。原始堆垛次序基本特征可以用图 A-18 来描述,而滑移

后堆垛次序的基本特征则可用图 A-21 来描述。尤其要注意到,层错发生后,不同层中最近邻的原子不再成为一条倾斜的直线,而是发生了曲折。

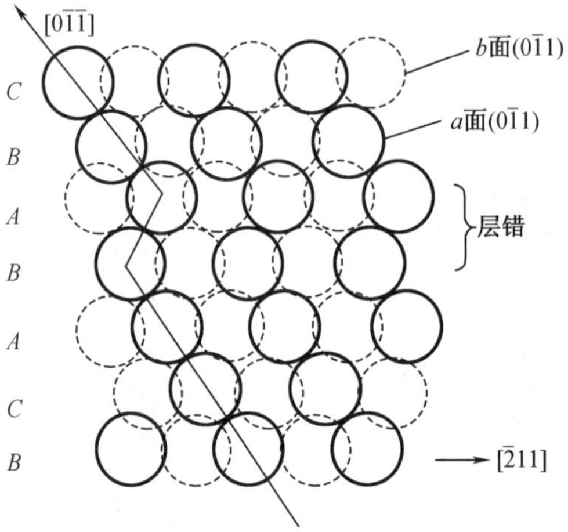

图 A-21　在面心立方晶体中用滑移方法或抽出一层原子的方法形成的层错

当在面心立方晶体的正常堆垛次序中抽出一层 C 原子时,上面各层原子都会落到下层的位置,原子的堆垛次序同样发生了改变,所获得的层错结果与上面滑移所得完全相同。这种通过从晶体内部抽出一层原子获得的层错,称为内禀层错(intrinsic stacking fault, ISF)。也可以用插进两层的办法得到完全相同的结果,例如,在 B 和 C 之间插进 A 和 B 两层,或在 A 和 B 之间插进 B 和 A 两层,或在 C 和 A 之间插进 A 和 B 两层,其结果与上面抽取一层 C 相同。

当在面心立方晶体的正常堆垛次序中任两层之间插进一层原子时,例如在 B 和 C 之间插进一层 A, 其余原子层不变,即

$$
\begin{array}{ccccccccccc}
 & & & & & \downarrow & & & & & \\
A & B & C & A & B & |A| & C & A & B & C & A \\
\multicolumn{11}{c}{\triangledown\ \ \triangledown\ \ \triangledown\ \ \triangledown\ \ \triangle\ \ \ \ \ \triangle\ \ \triangledown\ \ \triangledown\ \ \triangledown\ \ \triangledown}
\end{array}
$$

与使用前两种方法所得的层错不同,这样形成的层错称为外禀层错(axtrinsic stacking fault, ASF),该种层错的结构如图 A-22 所示。可以发现,不同层中最近邻的原子不成一直线,而变成曲折线了,而且与图 A-21 中的折线不同。

A.3.3　密排六方晶体中的层错

在密排六方晶体中,最密排的一个原子面是(0001)面。对于一个完整的密排六方晶体,可以通过(0001)面按照…$ABABAB$…或…△△△…的层次堆垛而成。因此,密排六方晶体的层错就产生在(0001)面上。然而,如果两个相同的面做成近邻面是无法构成层错的,即密排六方晶体中不可能形成 AA 或 BB 层错。因而,要想在密排六方晶体中形成层错,其中必须包含面心立方晶体的堆垛层次,如 ABC 或 CBA。下面给出了密排六方晶体中产生层错的 8 个例子,其中下面加点的符号$\underset{\cdot}{\triangledown}$或$\underset{\cdot}{\triangle}$表示因其插入导致了层错的发生,右侧括号内的符

号与数字表示插入△或▽的个数。

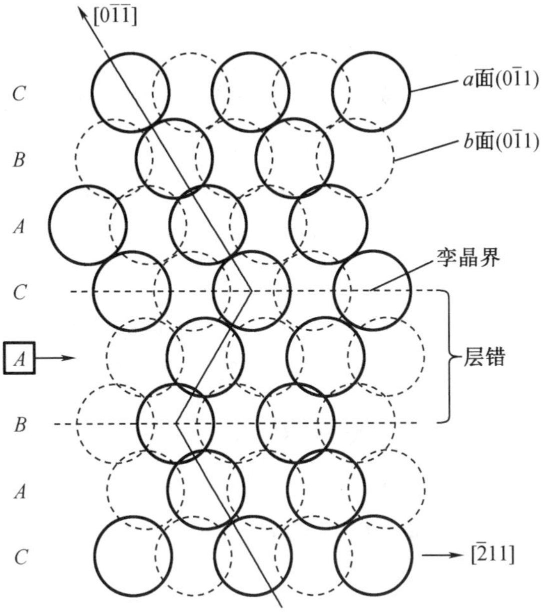

图 A-22　在面心立方晶体中用插进一层原子的方法形成的层错

(1)　… A B A B C B C B C …

… ▽ △ ▽ ▽ △ ▽ △ ▽ …　(1▽)

(2)　… A B A B C A C A C …

… ▽ △ ▽ ▽ ▽ △ ▽ △ …　(2▽)

(3)　… A B A B C A B A B …

… ▽ △ ▽ ▽ ▽ ▽ △ ▽ …　(3▽)

(4)　… A B A B C B A B A …

… ▽ △ ▽ ▽ △ △ ▽ △ …　(▽△)

还可得到另一系列的形式：

(5)　… A B A C A C A C …

… ▽ △ △ ▽ △ ▽ △ …　(1△)

(6)　… A B A C B C B C …

… ▽ △ △ △ ▽ △ ▽ …　(2△)

(7)　… A B A C B A B A …

… ▽ △ △ △ △ ▽ △ …　(3△)

(8)　… A B A C A B A B …

… ▽ △ △ ▽ ▽ ▽ △ …　(▽△)

从层错的结构来看，(5)(6)(7)(8)四种层错和(1)(2)(3)(4)四种层错没有区别，而层错(4)或(8)又可以看作层错(1)和(5)的复合。

如图 A-23 所示，对于完整的密排六方晶体$(11\bar{2}0)$面上的原子排列，两相邻底面上近邻原子的连线是曲折线,而在面心立方体中与此相对应的(110)面上近邻原子的连线则是直线(图 A-19)。因此,密排六方晶体中的层错结构如图 A-24 所示。

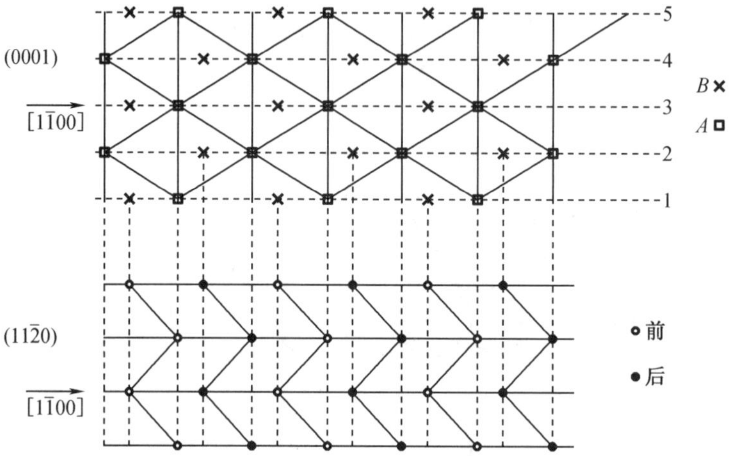

图 A-23　密排六方晶体中的原子排列在(0001)及(11$\bar{2}$0)面上的投影

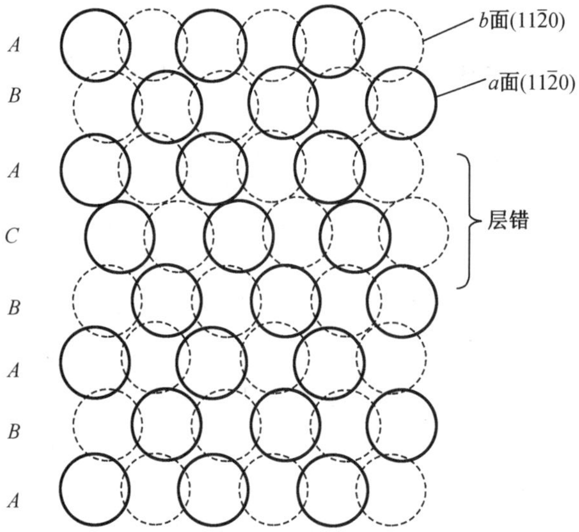

图 A-24　密排六方晶体中在(11$\bar{2}$0)面上所观察到的层错

A.3.4　体心立方晶体中的层错

图 A-25 所示为一个体心立方晶体的单晶胞。从图 A-25 中可以看出,原子最密排方向为[11$\bar{1}$]。

[11$\bar{1}$] 晶向位于(1$\bar{1}$0)面上,并且(1$\bar{1}$0)面垂直于(112)面。图 A-26 是体心立方晶体原子排列在(1$\bar{1}$0)面上的投影图,晶面间距为 $a/\sqrt{2}$。体心立方晶体就是由采用这样两种排列方法的原子交替堆垛而成的。

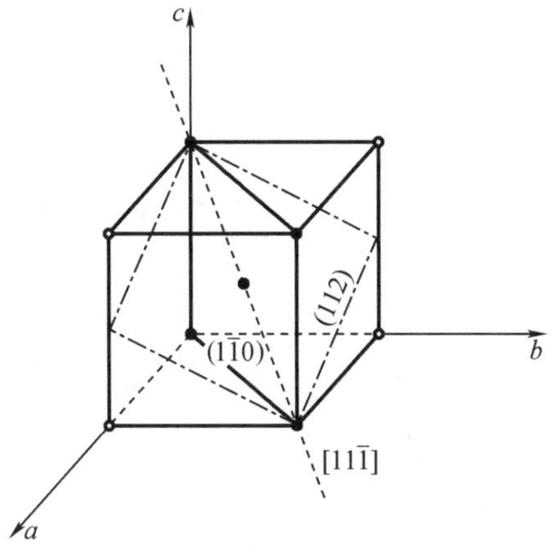

图 A-25　体心立方晶体的单晶胞

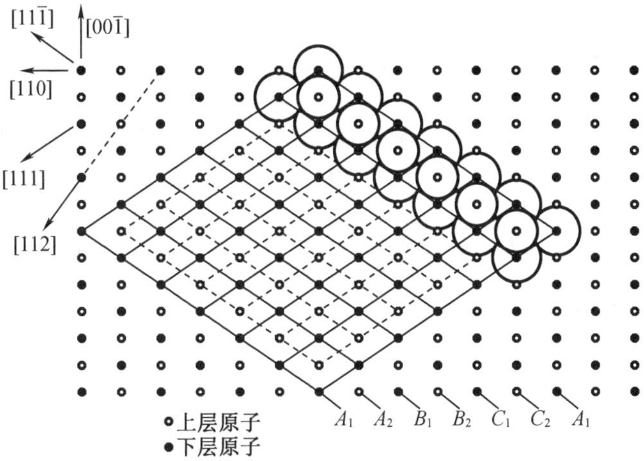

图 A-26　体心立方晶体原子排列在(1$\bar{1}$0)晶面上的投影

下面以体心立方晶体中(112)面的堆垛次序,介绍体心立方晶体中的层错形成情况。图 A-27 为既包含[11$\bar{1}$]方向又垂直于(1$\bar{1}$0)面的(112)面的原子排列方式。设•代表第一层的原子面,称为 A_1 面,∘代表第二层的原子面,称为 A_2 面,第三层的原子面只能画出其中一个原子如 B_1,第四层如 B_2,第五层如 C_1,第六层如 C_2,第七层的原子则恢复到 A 层的原子位置。故(112)面上各原子层的堆垛次序为$\cdots A_1A_2B_1B_2C_1C_2A_1\cdots$。

这种堆垛次序也可以从图 A-26 中看出。两相邻(112)面的间距为$\frac{a}{6}$[112],但相对产生一个位移矢量,该矢量在[11$\bar{1}$]和[1$\bar{1}$0]方向的两个分量可以从图 A-27 中观察到,分别为$\frac{a}{6}$[11$\bar{1}$]和$\frac{a}{2}$[1$\bar{1}$0]。

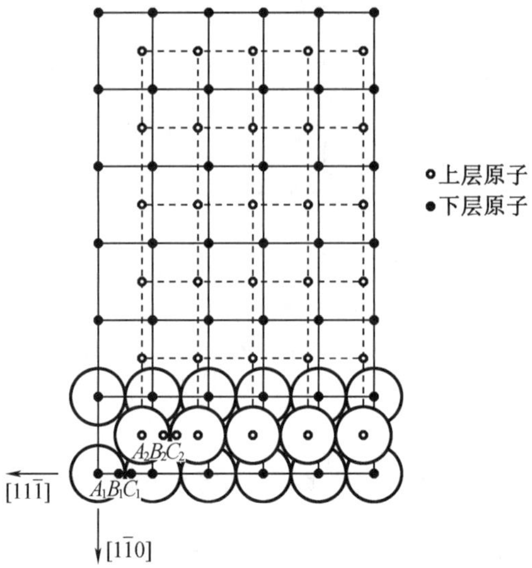

图 A-27　体心立方晶体原子排列在(112)面上的投影

如果(112)面堆垛次序发生差错,就会引起层错。例如在图 A-26 中,让晶体所有部分都保持原状,仅有某一 A 层原子及以上部分相对于它下面的 C_2 层原子产生一个位移矢量 $\frac{a}{6}[11\bar{1}]$或$\frac{a}{3}[\bar{1}\bar{1}1]$,此时所造成的原子排列在(1$\bar{1}$0)面上的投影如图 A-28 所示,很显然产生了层错,该原子层的次序为

$$\cdots A_1\ A_2\ B_1\ B_2\ C_1\ C_2\ C_1\ C_2\ A_1\ A_2\ B_1\ B_2\cdots$$

↑ ↑

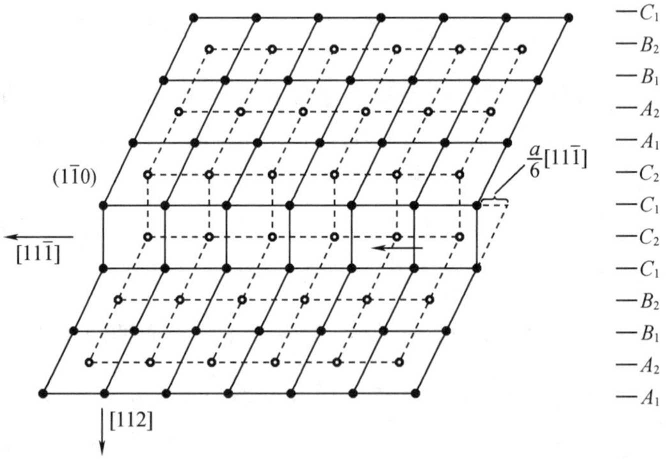

图 A-28　体心立方晶体中形成的层错

A.4 孪　　晶

A.4.1 孪晶的基本定义

孪晶是孪生作用的结果。孪生是指在切应力作用下，其一部分相对于另一部分沿着特定的晶面和晶向发生平移(图 A-29)，发生孪生的部分称为孪晶，未发生孪生的部分称为基体。该特定的晶面和晶向分别称为孪晶面(twinning plan)和孪生方向(twinning dirction)。孪晶和基体具有不同的位向，两者相对于孪生面构成镜面对称关系。所以说，孪生不改变晶体的结构，但会改变晶体的位向。根据形成机制的不同，孪生可以分为相变孪生(transformation twinning)和形变孪生(deformation twinning)两类。相变孪生是指晶体在发生相变时为了协调晶体结构的改变而发生的孪生，而形变孪生是指晶体在机械力的作用下为促进塑性变形的进行而发生的孪生，相变孪生对应的孪晶称为相变孪晶，而形变孪生对应的孪晶称为形变孪晶。尤其重要的是，孪晶的出现必然会伴随着孪晶界(图 A-30)的形成。孪晶界对金属材料的力学性能具有重要的影响。

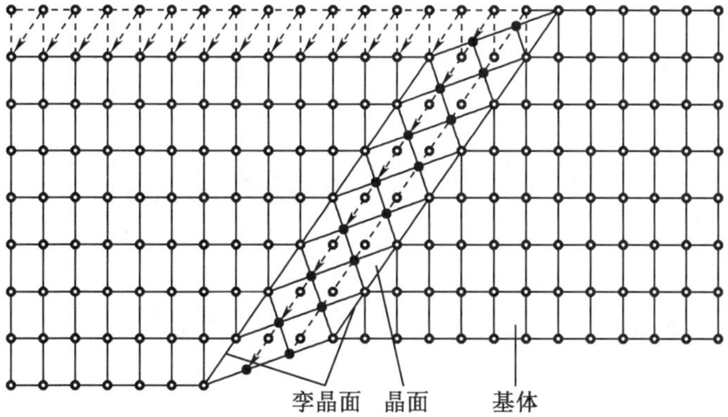

图 A-29　孪晶定义的基本示意图

A.4.2 孪晶的基本要素

如图 A-31 所示，孪生可以用四个要素来描述，即 K_1、K_2、η_1、η_2。要素 K_1 就是孪生面，在孪生过程中该面不发生任何畸变，即面积和形状都不发生变化。要素 K_2 也是一个不发生畸变的平面，它在孪生后恰好变成椭球体与原球体相交的平面。要素 η_1 就是孪生方向，而要素 η_2 就是 K_2 面与切变面的交线。根据孪晶的形成特点，孪生基本要素也可以用孪生的基本要素来描述。

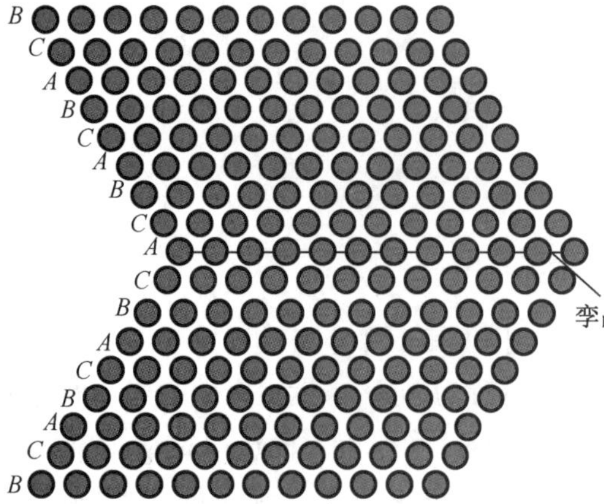

图 A-30　孪晶界结构示意图

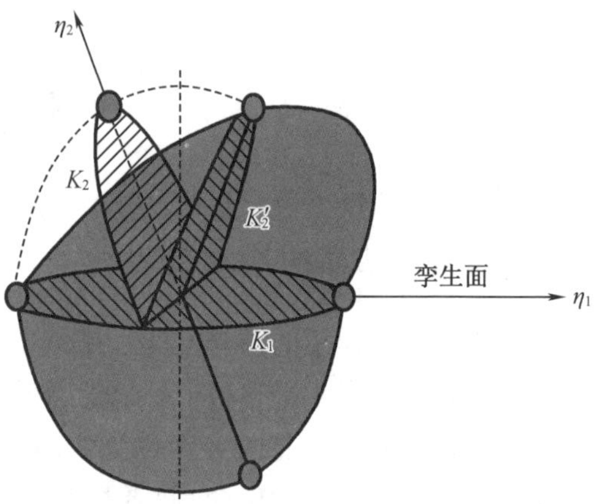

图 A-31　孪生剪切作用示意图

A.4.3　孪晶的基本类型

根据孪生的四要素 K_1、K_2、η_1、η_2 的取值问题，孪晶可以分为Ⅰ型孪晶、Ⅱ型孪晶和复合孪晶。如果 K_1 的晶面指数和 η_2 的晶向指数是有理数，而 K_2 的晶面指数和 η_1 的晶向指数是无理数，则该孪晶称为Ⅰ型孪晶。如果 K_2 的晶面指数和 η_1 的晶向指数是有理数，而 K_1 的晶面指数和 η_2 的晶向指数是无理数，则该孪晶称为Ⅱ型孪晶。如果 K_1 的晶面指数、K_2 的晶向指数、η_1 的晶面指数和 η_2 的晶向指数都是有理数，则该孪晶称为复合孪晶。

A.5　位错与层错的关系

A.5.1　不全位错

1. 基本定义

位错的 Burgers 矢量可以不等于最短平移矢量的整数倍，这种位错称为不全位错或部分位错(partial dislocation)。不全位错沿滑移面扫过之后，滑移面上下层原子不再占有平常的位置，产生了错排，从而形成层错。不全位错通常伴随着层错而出现。

2. 肖克莱(Shockley)不全位错

面心立方晶体与密排六方晶体的最密排面原子排列情况完全相同。如果按…*ABCABC*…顺序堆垛是面心立方，如果按…*ABAB*…顺序堆垛则是密排六方。层错破坏了晶体中正常的周期性，使电子发生额外的散射，从而使能量增加。层错不产生点阵畸变，因此层错能比晶界能低得多。晶体中层错区与正常堆垛区的交界便是不全位错。图 A-32 描述了面心立方晶体中肖克莱(Shockley)不全位错的基本结构。图 A-32(a)给出了面心立方晶体中(111)面的原子堆垛位置，其中纸面即为(111)面。如图 A-32(b)所示，位错线方向 $\boldsymbol{t}=[\bar{1}01]$，位错线是左边正常堆垛区与右边层错区的交界，Burgers 矢量 $\boldsymbol{b}=\frac{a}{6}[\bar{1}2\bar{1}]$，$\boldsymbol{t}$ 与 $\boldsymbol{b}$ 互相垂直，故为刃型位错。位错线左侧正常堆垛区的原子由 B 位置沿 Burgers 矢量 $\boldsymbol{b}$ 滑移至 C 位置,即层错区扩大,不全位错线向左滑移,如图 A-32(c)所示。因为层错区与正常堆垛区交界线可以是各种形状,故 Shockley 不全位错还可以为螺型位错和混合位错。因为 Shockley 不全位错线与 Burgers 矢量所决定的平面是{111}面,是面心立方晶体的原子最密排面,故可以滑移,其滑移相当于层错面的扩大和缩小。

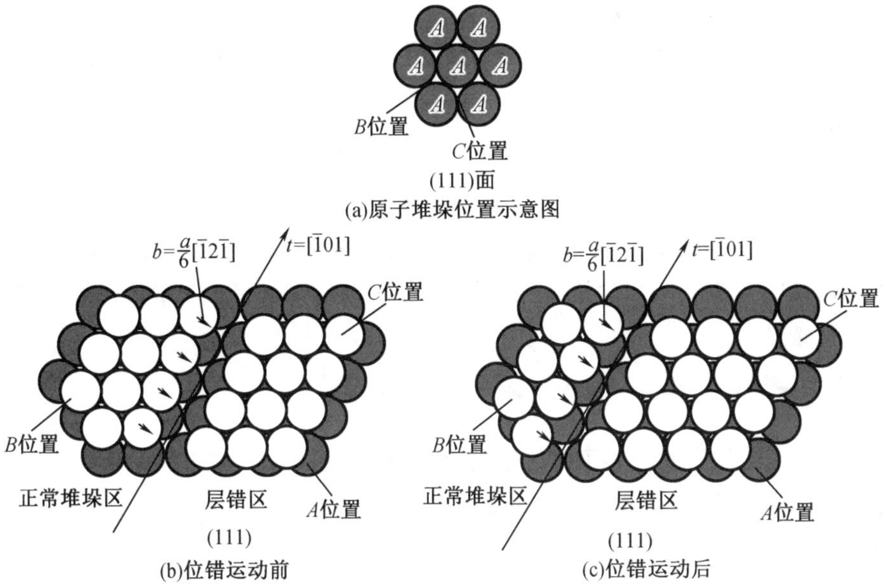

图 A-32 面心立方晶体中 Shockley 不全位错的基本结构

3. 弗兰克(Frank)不全位错

在面心立方晶体中,除局部滑移外,通过抽出或插入部分{111}面也可以形成局部层错,如图 A-33 所示。在图 A-33(a)中,无层错区{111}面的堆垛次序为…*ABCABCABC*…,从中抽出部分{111}面,堆垛次序变为…*ABCABABCABC*…,产生了局部层错。在图 A-33(b)中,正常堆垛次序插入部分{111}面,堆垛次序变为…*ABCABCABCABC*…,也产生了局部层错,层错区与正常堆垛区的交界就是 Frank 不全位错。其中抽出部分{111}面形成的层错就是内禀层错,内禀层错区与正常堆垛区的交界称为负 Frank 不全位错,如图 A-33(a)所示;插入部分{111}面形成的层错就是外禀层错,外禀层错区与正常堆垛区的交界称为正 Frank 不全位错,如图 A-33(b)所示。抽出部分{111}面会引起相邻{111}面的局部塌陷,插入部分{111}面会引起相邻{111}面的局部膨胀,因为{111}面间距为 $\frac{a}{3}<111>$,故 Frank 不全位错的 Burgers 矢量 $\boldsymbol{b}=\frac{a}{3}<111>$,所要说明的是正、负 Frank 不全位错的 Burgers 矢量方向相反。

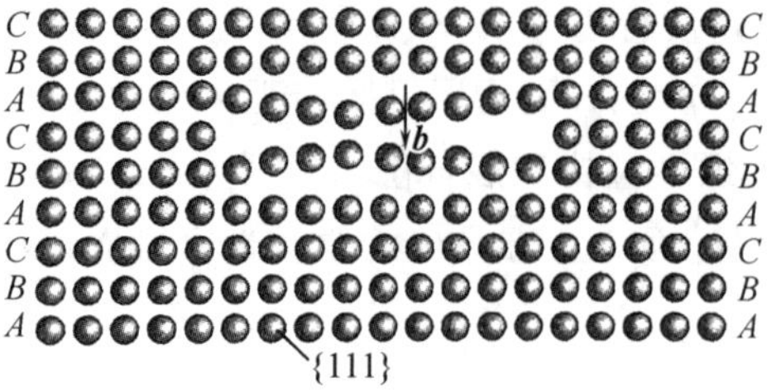

(a)负 Frank 不全位错

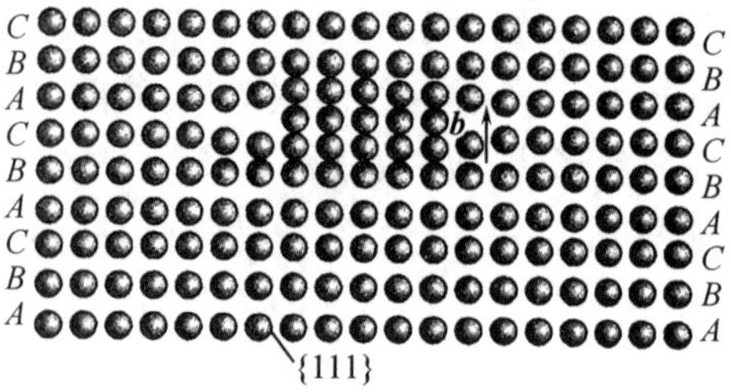

(b)正 Frank 不全位错

图 A-33 面心立方晶体中的 Frank 不全位错

A.5.2 位错反应

1. 位错反应基本条件

如果 m 个 Burgers 矢量分量 $\boldsymbol{b}_1,\boldsymbol{b}_2,\cdots,\boldsymbol{b}_i,\cdots,\boldsymbol{b}_m$ 的位错相遇并自发变成 n 个 Burgers 矢量,为分量 $\boldsymbol{b}'_1,\boldsymbol{b}'_2,\cdots,\boldsymbol{b}'_i,\cdots,\boldsymbol{b}'_{m1}$ 的新位错,那么新旧位错的 Burgers 矢量必须满足以下条件:

(1)几何条件

$$\sum_{j=1}^{n}\boldsymbol{b}'_j=\sum_{i=1}^{m}\boldsymbol{b}_i \tag{A-8}$$

即新位错的 Burgers 矢量和应等于旧位错的 Burgers 矢量和。如果想到 $\boldsymbol{b}$ 是晶体的局部位移矢量,就不难理解,几何条件就是运动叠加原理。

(2)能量条件

$$\sum_{j=1}^{n}\boldsymbol{b}'_j\leqslant\sum_{i=1}^{m}\boldsymbol{b}_i \tag{A-9}$$

即新位错的总能量应该不大于旧位错的总能量。

2. 面心立方晶体中的位错反应

由于在研究面心立方晶体中的位错分布时,(111)面和[110]方向具有基本的重要性,Thompson 在其 1953 年发表的一篇论文里引入了一个基本的参考四面体和一套标记。沿用这一套标记,可以方便地了解面心立方晶体中位错线及 Burgers 矢量所在的晶面和晶向。

考虑图 A-34 所示的面心立方晶体中滑移系所在的四面体,把(001)、(010)及(100)三个面的面心及原点依次标以 A、B、C 和 D,则 A、B、C 和 D 的坐标就分别是(1/2,1/2,0)、(1/2,0,1/2)、(1/2,1/2,0)和(0,0,0)。

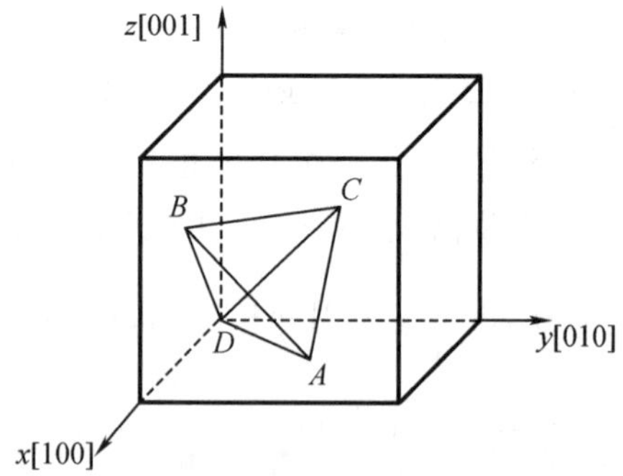

图 A-34 面心立方晶体中滑移系所在的四面体

以 A、B、C 和 D 为顶点连成一个四面体,并且各个面点相对的面分别以圆括号的小写字母标记,如(a)、(b)、(c)、(d),显然(a)=$(11\bar{1})$,(b)=$(1\bar{1}1)$,(c)=$(\bar{1}11)$,(d)=(111)。这就是四个可能的滑移面。

四面体的六个棱为

$$\boldsymbol{AB}=\frac{1}{2}[01\bar{1}],\ \boldsymbol{DC}=\frac{1}{2}[011],\ \boldsymbol{AC}=\frac{1}{2}[\bar{1}01]$$

$$\boldsymbol{DB}=\frac{1}{2}[101],\ \boldsymbol{BC}=\frac{1}{2}[\bar{1}01],\ \boldsymbol{DA}=\frac{1}{2}[110]$$

此中括号内的数字与一般晶体学的符号相同,表示该四面体上六个棱的晶向,而括号外的 1/2 则表示在此晶向上各原子之间的距离为 1/2,也可以看作$\boldsymbol{AB}$ 矢量在三个轴上的投影为$[0,\overline{\frac{1}{2}},\frac{1}{2}]$,简写为$\frac{1}{2}[0\bar{1}1]$。应当注意,数字 1/2 并非指面心立方晶体单胞边长的 1/2。这六个矢量以及与它们大小相等但方向相反的另外六个矢量就构成了面心立方晶体中全位错的 12 个可能的 Burgers 矢量。

(a)、(b)、(c)、(d)四个面的中心依次以 α、β、γ、δ 表示,于是四个 $\boldsymbol{n}$ 矢量可表示为

$$\boldsymbol{A\alpha}=\frac{1}{3}[\bar{1}\bar{1}1],\ \boldsymbol{B\beta}=\frac{1}{3}[\bar{1}1\bar{1}],\ \boldsymbol{C\gamma}=\frac{1}{3}[1\bar{1}\bar{1}],\ \boldsymbol{D\delta}=\frac{1}{3}[111]$$

最后,12 个在[112]方向的滑移矢量为

$$\boldsymbol{\delta A}=\frac{1}{6}[11\bar{2}],\ \boldsymbol{D\gamma}=\frac{1}{6}[211],$$

$$\boldsymbol{\delta B}=\frac{1}{6}[1\bar{2}1],\ \boldsymbol{A\gamma}=\frac{1}{6}[\bar{1}\bar{2}1],$$

$$\boldsymbol{\delta A}=\frac{1}{6}[\bar{2}11],\ \boldsymbol{B\gamma}=\frac{1}{6}[\bar{1}1\bar{2}],$$

$$\boldsymbol{C\beta}=\frac{1}{6}[1\bar{1}\bar{2}],\ \boldsymbol{B\alpha}=\frac{1}{6}[\bar{2}\bar{1}1],$$

$$\boldsymbol{D\beta}=\frac{1}{6}[121],\ \boldsymbol{C\alpha}=\frac{1}{6}[1\bar{2}\bar{1}],$$

$$\boldsymbol{A\beta}=\frac{1}{6}[\bar{2}\bar{1}1],\ \boldsymbol{D\alpha}=\frac{1}{6}[112]$$

图 A-35 中的四面体,称为 Thompson 四面体。根据 Thompson 四面体,面心立方晶体中所有重要的滑移面和滑移矢量都可以图 A-35 的形式表现出来,应用起来非常方便。

A.5.3　扩展位错

面心立方晶体结构中的最短点阵矢量就是连接立方体顶角原子和相邻面心原子的矢量,该矢量就是观测到的滑移方向。图 A-36(a)给出了面心立方晶体在(111)面内的滑移过程。如前所述,面心立方晶体可以看作由(111)面按…*ABCAB*…顺序堆垛而成。在图 A-36(a)中,第一层原子占 *A* 位置,此时有两种凹坑出现,这里将△形状的凹坑看作 *B* 位置,将▽形状的凹坑看作 *C* 位置,则当滑移矢量为单位位错 Burgers 矢量 $\boldsymbol{b}_1=\frac{a}{2}[10\bar{1}]$时,*B* 层原子直接滑过 *A* 层原子的“高峰”,所需的能量较高。而如果 *B* 层原子沿着 *B*→*C*→*B* 的锯齿形路径进行运动,先由 *B* 位置滑移到 *C* 位置,再由 *C* 位置滑移到下一个 *B* 位置就比较省力,

即用(b_2+b_3)两个不全位错的运动代替 b_1 全位错的运动，其中 $b_2=\frac{a}{6}[\bar{1}2\bar{1}]$，$b_3=\frac{a}{6}[\bar{2}11]$。为了描述上述滑移期间的原子运动，Heidenreich 和 Shockley 指出，全位错必须分解为两个不全位错。对于上述滑移情况，分解过程要按照以下公式进行，即

$$\frac{a}{2}[10\bar{1}]\rightarrow\frac{a}{6}[\bar{2}11]+\frac{a}{6}[\bar{1}2\bar{1}] \tag{A-10}$$

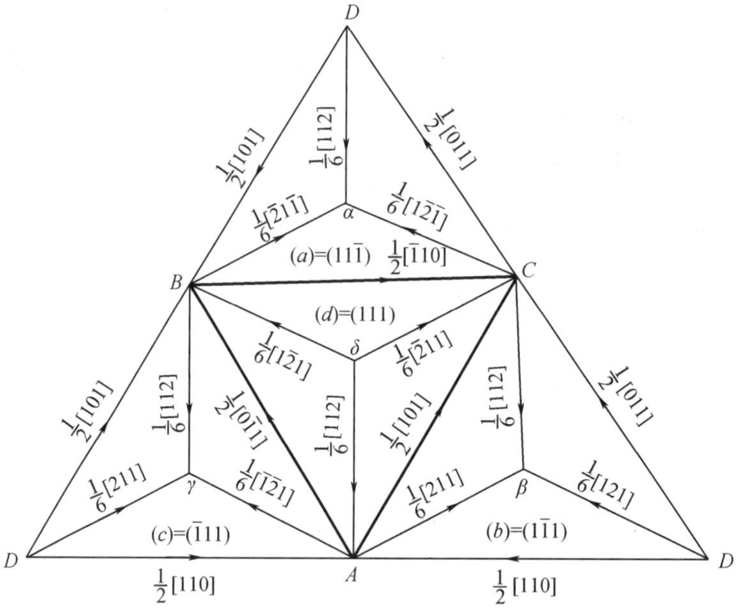

图 A-35　四面体的展开图

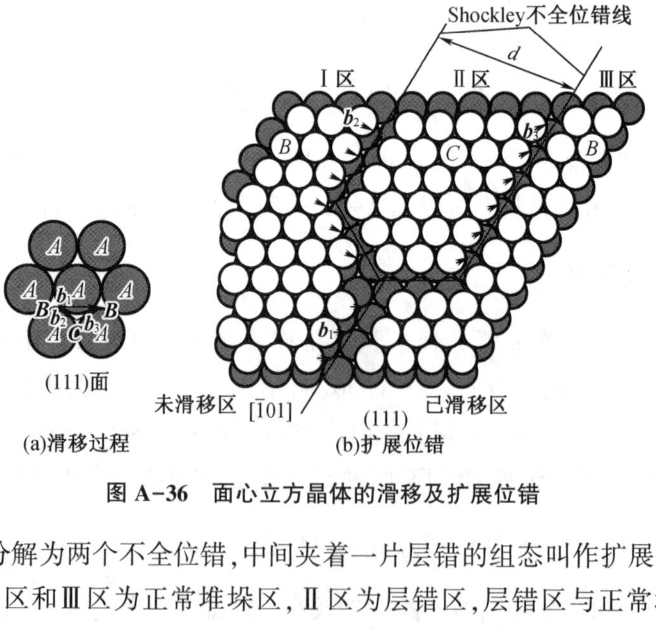

图 A-36　面心立方晶体的滑移及扩展位错

一个全位错分解为两个不全位错，中间夹着一片层错的组态叫作扩展位错，如图 A-36(b)所示。图中Ⅰ区和Ⅲ区为正常堆垛区，Ⅱ区为层错区，层错区与正常堆垛区的交界为

Shockley 不全位错线,其中Ⅰ区和Ⅲ区的交界为 Burgers 矢量 $\boldsymbol{b}_2=\frac{a}{6}[\bar{1}2\bar{1}]$ 的 Shockley 不全位错,Ⅱ区和Ⅲ区的交界为 Burgers 矢量 $\boldsymbol{b}_3=\frac{a}{6}[\bar{2}11]$ 的 Shockley 不全位错。Ⅰ区是未滑移区,Ⅲ区是已滑移区,Ⅰ区和Ⅲ区的交界为全位错线 $\boldsymbol{b}_1=\frac{a}{2}[10\bar{1}]$。

在图 A-36(b)中,位错向左运动,图中小箭头表示原子移动的大小及方向,即各位错的 Burgers 矢量。在 $\boldsymbol{b}_1=\frac{a}{2}[10\bar{1}]$ 全位错线向左扫动的过程中,原子由一个 B 位置滑移到下一个 B 位置,已滑移区扩大,正常堆垛顺序并未改变。$\boldsymbol{b}_2=\frac{a}{6}[\bar{1}2\bar{1}]$ 的 Shockley 不全位错向左扫动的过程中,原子由 B 位置滑移到 C 位置,层错区向左扩大,与此同时,$\boldsymbol{b}_3=\frac{a}{6}[\bar{2}11]$ 的 Shockley 不全位错也向左滑移,以维持扩展位错宽度 d 为定值,原子由原来的 C 位置滑移到 B 位置,使已滑移区扩大,未滑移区减小。显然,$\boldsymbol{b}_2+\boldsymbol{b}_3=\boldsymbol{b}_1$,即 Burgers 矢量为 $\boldsymbol{b}_2$ 和 $\boldsymbol{b}_3$ 的两条 Shockley 不全位错扫过,原子排列顺序恢复正常,这与 Burgers 矢量为 $\boldsymbol{b}_1$ 的全位错扫过的效果是一样的。

A.5.4 压杆位错

压杆位错是在一个离解位错从一个滑移面向另一个滑移面弯折时或该位错与另一个滑移面上的位错相交时形成的不全位错。如图 A-37 所示,假设位错 $\boldsymbol{AC}$ 在平面 δ 和 β(δ 和 β 分别代表相应平面的中心点)上均能滑移,该位错线可以从平面 δ 向平面 β 转弯,从而在两个平面的层错间形成一个如图 A-37(a)所示的锐角,或者形成一个如图 A-37(b)所示的钝角。首先考虑图 A-37(a)所示的夹角为锐角的情况,此时一个离解位错 $\boldsymbol{AC}$ 沿着 Thompson 四面体中的两平面相交线 $\boldsymbol{AC}$ 从 δ 平面向 β 平面转弯。当一个 Burgers 矢量为 $\boldsymbol{AC}$ 的螺型位错转到一部分在 δ 平面而另一部分在 β 平面时,便会发生图 A-37(a)所示情况。当从远离该相交线的方向看 δ 平面上的位错时,将这条相交线看作位错上的双重节点,则根据 δ 平面上的位错离解规则,Burgers 矢量为 $\boldsymbol{AC}$ 的位错可以离解为右侧的 Shockley 不全位错 $\boldsymbol{A\delta}$ 和左侧的 Shockley 不全位错 $\boldsymbol{\delta C}$。同理,当从远离该相交线的方向看 β 平面上的位错时,根据 β 平面上的位错离解规则,Burgers 矢量为 $\boldsymbol{AC}$ 的位错可以离解为右侧的 Shockley 不全位错 $\boldsymbol{C\beta}$ 和左侧的 Shockley 不全位错 $\boldsymbol{\delta A}$。在结点 P' 处,δ 平面上的 Shockley 不全位错 $\boldsymbol{C\beta}$ 和 β 平面上的 δ 便会相遇。作为一个双重结点,它们不能使 Burgers 矢量得到抵消。因此,结点 P' 和 P 必定是一个三重结点,沿着 P' 和 P 的连线必然会存在第三个不全位错将这两个结点连接到一起。如果从 P 点向 P' 点方向看,该位错的 Burgers 矢量为 $\boldsymbol{\beta\delta}$。如果从 P' 点向 P 点方向看,则该位错的 Burgers 矢量为 $\boldsymbol{\delta\beta}$。这样,便能满足结点规则了,并且在 P' 点和 P 点分别有

$$\boldsymbol{\delta C}+\boldsymbol{C\beta}+\boldsymbol{\beta\delta}=0 \tag{A-11}$$

和

$$\boldsymbol{A\delta}+\boldsymbol{\beta A}+\boldsymbol{\delta\beta}=0 \tag{A-12}$$

Burgers 矢量$\boldsymbol{\delta\beta}$将 Thompson 四面体中的 δ 和 β 连接在一起，大小为 $b/3$ 的不全位错将层错包围在一个锐角里，称为第一种压杆位错。

类似地，如果位错 $\boldsymbol{AC}$ 将一个从 δ 平面转向 β 平面的层错包围在一个钝角里，便可得到如下结论：沿着两平面交线的 P 点与 P' 点之间存在另一个不全位错。如果从 P 点向 P' 点方向看，这个位错的 Burgers 矢量为 $\boldsymbol{AC/\beta\delta}$。根据结点规则，在 P' 点和 P 点分别有

$$\boldsymbol{\beta A}+\boldsymbol{\delta C}+\boldsymbol{AC/\beta\delta}=0 \tag{A-13}$$

和

$$\boldsymbol{A\delta}+\boldsymbol{C\beta}+\boldsymbol{\beta\delta/AC}=0 \tag{A-14}$$

这个新位错的 Burgers 矢量是线段 $\boldsymbol{\beta\delta}$ 的中点与线段 $\boldsymbol{AC}$ 的中点之间的连线，反之亦然。该位错的 Burgers 矢量大小为 $b\sqrt{2}/3$，将层错包围在一个钝角里，称为第二种压杆位错。

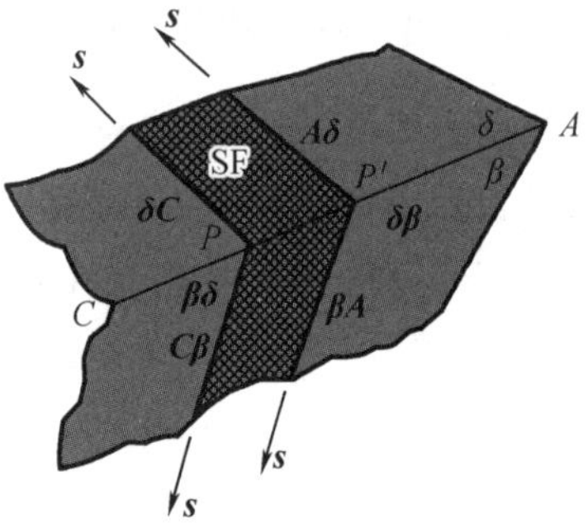

(a)第一种压杆位错

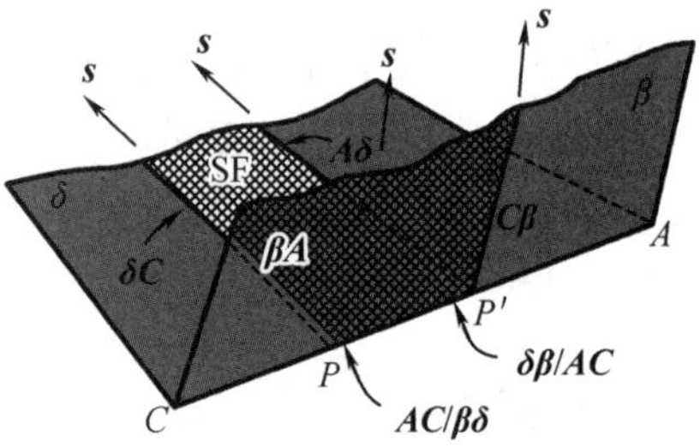

(b)第二种压杆位错

图 A-37　压杆位错形成示意图

A.6　层错与孪晶的关系

A.6.1　面心立方金属中的层错与孪晶

由前面的知识可知，在面心立方晶体中能够产生层错的晶面是(111)面，它是面心立方晶体的滑移面，同时也是孪生面。因此，孪生自然就会在层错面上发生，因为在孪生中原子的运动恰好是平行于孪生切面变到另一个平衡位置，所发生的位移虽不是恒点阵矢量，但是一个引向低能位置的具有一定晶体学意义的矢量。因此，一薄层的孪晶是最可能的层错。

通过对比前面的图 A-18 和图 A-21 可以看出，当层错形成后，就形成了一个薄层孪晶，该孪晶只有一个原子厚度，如图 A-38 所示。

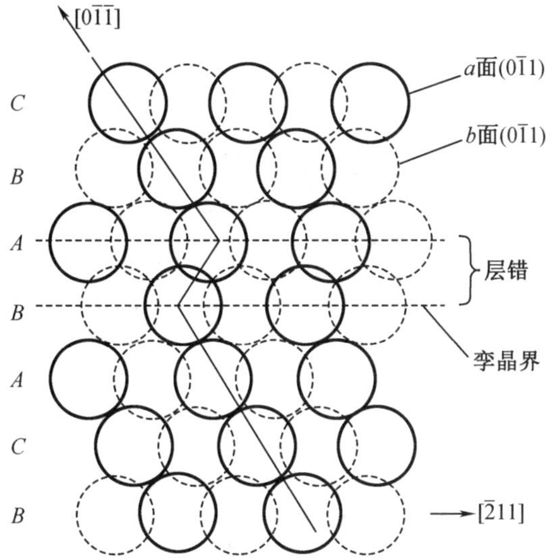

图 A-38 面心立方晶体中由层错产生的孪晶

图 A-38 中的孪晶是由滑移形成的层错诱发的。当面心立方晶体通过插入一层原子而形成外禀层错时,同样可以形成孪晶,图 A-22 就产生了一个具有两个原子厚度的孪晶层。

A. 6. 2 体心立方金属中的层错与孪晶

在体心立方晶体中,最常观察到的孪生面是(112)面,孪生切变方向是[111]。为了明确(112)面层错的情况,首先要弄清楚体心立方晶体中(112)面的堆垛次序。图 1-39 表示体心立方晶体的一个孪晶。该图为孪晶的原子在(110)面上的投影。应用上面引入的记号,这样孪晶可以表示为

$$\cdots A_1 \quad A_2 \quad B_1 \quad B_2 \quad C_1 \quad C_2 \quad A_1 \quad A_2 \quad B_1 \quad B_2 \cdots$$
$$\uparrow$$

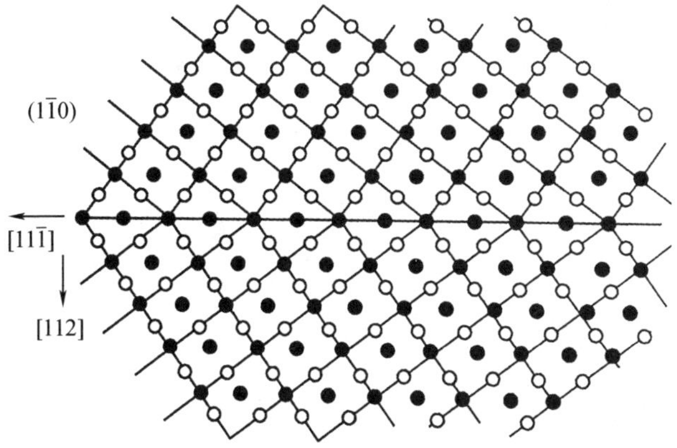

图 A-39 体心立方晶体中在(1$\bar{1}$0)面上沿着[11$\bar{1}$]方向位移$\frac{a}{6}$[11$\bar{1}$]或$\frac{a}{3}$[$\bar{1}\bar{1}$1]距离所形成的孪晶

这里的孪晶界是 C_2 面。比较图 A-39 与图 A-26 可以看出，在孪晶中相邻两(112)面上原子的位移矢量为 $\frac{a}{6}[11\bar{1}]$ 或 $\frac{a}{3}[\bar{1}\bar{1}1]$，于是得出形成这样孪晶的切应变是

$$\frac{\frac{a}{6}[11\bar{1}]}{\frac{a}{6}[112]}=\frac{1}{\sqrt{2}} \text{ 或 } \frac{\frac{a}{3}[\bar{1}\bar{1}1]}{\frac{a}{6}[112]}=\sqrt{2}$$

由图 A-28 可以看出，当形成一个该图所示的层错时，就会形成一个相当于一层厚的孪晶，其孪晶界如图 A-40 所示。

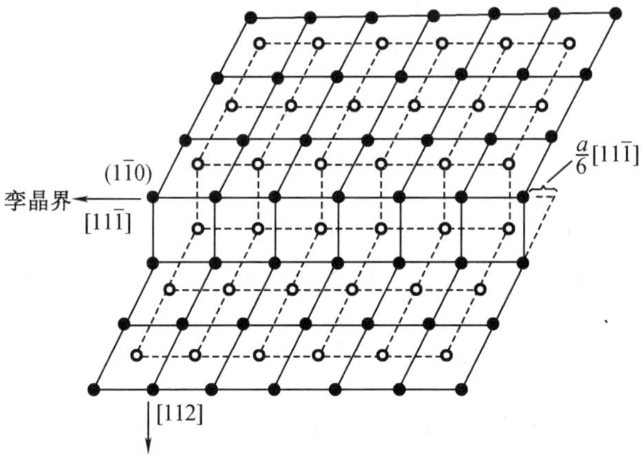

图 A-40　体心立方晶体中由层错形成的孪晶